香辛料生产工艺与配方

徐清萍　张靖楠　编著

中国纺织出版社有限公司

图书在版编目(CIP)数据

香辛料生产工艺与配方 / 徐清萍,张靖楠编著. --
北京:中国纺织出版社有限公司,2021.10
ISBN 978-7-5180-8737-2

Ⅰ.①香… Ⅱ.①徐…②张… Ⅲ.①香料—食品添
加剂—生产工艺 ②香料—食品添加剂—配方 Ⅳ.
①TS264.3

中国版本图书馆 CIP 数据核字(2021)第 146794 号

责任编辑:郑丹妮　国　帅　　　　责任校对:高　涵
责任印制:王艳丽

中国纺织出版社有限公司出版发行
地址:北京市朝阳区百子湾东里 A407 号楼　邮政编码:100124
销售电话:010—67004422　传真:010—87155801
http://www.c-textilep.com
中国纺织出版社天猫旗舰店
官方微博 http://weibo.com/2119887771
三河市宏盛印务有限公司印刷　各地新华书店经销
2021 年 10 月第 1 版第 1 次印刷
开本:880×1230　1/32　印张:11.25
字数:307 千字　定价:49.80 元

凡购本书,如有缺页、倒页、脱页,由本社图书营销中心调换

❧ 前言 ❧

　　香辛料风味独特，多数为药食两用类原料，不仅能给食品增色、增香、调味并赋予刺激性味感，还含有多种生物活性成分。随着餐饮业、食品加工业的发展及对健康、功能性产品的需求增加，优质香辛料的市场需求持续上涨。

　　香辛料产业是我国调味品产业的一个分支，分为香辛料和香辛料调味品两大类。其应用领域不断拓展，香辛料提取物作为食品防腐剂、抗氧化剂、着色剂、增味剂等天然食品添加剂被广泛开发应用于食品加工。各种香辛料挥发油产品、功能性有效成分都是重要的轻工、化工、食品工业的原辅料和加工产品，在国民经济中具有不可替代的重要作用。香辛料产品种类众多，生产加工工艺和技术有了较大完善，蒸馏、萃取、吸附、微胶囊化等各种技术都用于香辛料的加工。

　　本书系统地总结了香辛料的类别、常见香辛料、香辛料成分检测、香辛料生产工艺、生产设备、质量标准及在食品行业中的应用，以促进香辛料的应用及工业发展，为从事香辛料生产人员提供参考。本书着重介绍了70余种常用常见香辛料的特征及应用，香辛料成分检测，香辛料提取物及香辛料调味品等不同类型香辛料产品的生产工艺和配方，香辛料生产主要设备、质量标准和应用领域等内容。本书可作为科研、教学、工程技术人员的实用参考书。

　　本书由郑州轻工业大学徐清萍教授、张靖楠老师编著，全书由徐清萍统一整理。

　　本书在编写过程中查阅了大量相关文献，由于篇幅有限，参考文献未能一一列出，在此，谨向文献的作者表示衷心感谢！

　　由于编者水平有限，不当之处在所难免，敬请读者批评指正。

编著者

2021.3

目录

第一章　香辛料的分类 ………………………………………… 1
　第一节　香辛料概述 ………………………………………… 1
　第二节　香辛料的分类 ……………………………………… 7
　第三节　香辛料的发展前景 ……………………………… 16
第二章　香辛料原料 ………………………………………… 19
　第一节　辛辣型香辛料 …………………………………… 19
　第二节　浓香型香辛料 …………………………………… 43
　第三节　淡香型香辛料 …………………………………… 75
　第四节　其他类香辛料 ………………………………… 105
第三章　香辛料成分及检测 ……………………………… 116
　第一节　香辛料香气成分 ……………………………… 116
　第二节　香辛料的成分检测 …………………………… 121
第四章　香辛料产品的生产 ……………………………… 135
　第一节　香辛料产品类型 ……………………………… 135
　第二节　香辛料的直接应用 …………………………… 140
　第三节　香辛料提取物 ………………………………… 149
　第四节　香辛料调味油 ………………………………… 196
　第五节　香辛料调味粉 ………………………………… 213
　第六节　香辛料调味汁 ………………………………… 224
　第七节　香辛料调味酱 ………………………………… 229
第五章　香辛料生产设备 ………………………………… 246
　第一节　香辛料生产输送设备 ………………………… 246
　第二节　香辛料分选分级设备 ………………………… 249
　第三节　原料处理设备 ………………………………… 260
　第四节　香辛料物料混合设备 ………………………… 271
　第五节　香辛料的杀菌设备 …………………………… 277

第六节　香辛料的包装设备 …………………………… 282

第六章　香辛料质量标准及应用 ……………………… 291

第一节　香辛料中添加剂限量标准 ………………… 293

第二节　常见香辛料标准 ……………………………… 296

第三节　香辛料的应用 ………………………………… 327

参考文献 ………………………………………………… 354

第一章　香辛料的分类

第一节　香辛料概述

一、香辛料的定义

香辛料(Spice)是指具有天然味道或气味等味觉属性、可用作食用调料或调味品的植物特定部位,是一类能够使食品呈现香、辛、麻、辣、苦、甜等特征气味的食用植物香料的简称。单纯从香辛料三个字来讲:香,指的是香气;辛是麻,代表口感成分。总的来说,既有一定香气,又有一定口感的调味品就叫香辛料。

美国香辛料协会认为:"凡是主要用来作食物调味用的植物,均可称为香辛料。"香辛料也称辛香料(包括香草类),是生产天然香料的主要来源,也是人们日常生活中的重要食品配料。中国饮食素来讲究"味为先""五味调和""色、香、味俱全",而香辛料能给食品增色、增香、调味并赋予刺激性味感。丁香、八角茴香、小茴香、肉豆蔻、肉桂、花椒、姜、蒜、黑胡椒等香辛料均属于药食同源类食品,除调味外,还具有一定的药理活性。世界香辛料常用的有50~60种,产地主要集中于印度—中国—东南亚的亚洲热带亚热带地区、地中海地区至西亚和热带美洲,非洲较少,其中东南亚可利用的有150种,重要种类61种,次要种类65种。人们使用的香辛料多为该植物的种子、根、茎(鳞茎或球茎)、叶片、花蕾、皮、果实、全株或其提取物等植物性产品或混合物,最古老的香辛料要数八角、花椒、辣椒、桂皮、生姜等中国传统调味料。香辛料可赋予食品一定的香型,改善食品风味,从而提高食品质量与价值,香辛料的运用对菜肴的质量起着重要的作用,它不仅能使人们在感官上享受到真正的乐趣,而且直接影响食物的消化吸收。利用多种香辛料的配合还可以开创出新的特色食品,许多香辛料还具有遮蔽腥膻、抑菌防腐、防止氧化及药理作用。因此不论中餐还是西餐,不管是居家烹调还是酒楼盛宴,香辛料都是人们有滋有味享受生活的重要食品配料。香辛料含有挥发油(精油)、辣味成分及有机酸、纤维素、淀粉粒、树脂、黏液物质、胶质等成分,其大部分香气均来自蒸馏后的精油。

随着我国食品工业的快速发展,追求食品安全、营养卫生、独特风味已经成为发展趋势。在市场需求与科技进步的双重驱动下,香辛料深加工产业蓬勃兴起,但香辛料行业中成规模的企业数量有限,行业市场整合度不高。以香辛料精油和油树脂为代表的深加工产业不仅对传统食品升级换代起着革命性的助推作用,而且对改善风味,提升质量,实现标准化起着深远的影响。随着世界经济的发展,对香辛料的要求也越来越高,国际贸易潜力大,前景广阔。

二、香辛料的起源

香辛料是一类用作食品调理或饮料调配的香料植物,它是调味品的一种,能够赋予食品各种辛、香、辣等味。与百姓生活息息相关的方便面、肉食制品、复合调味料、速冻食品、调理食品、配方食品等,无一例外地与香辛料有着不解之缘,有着质量与数量上的密切关系。

人类使用香辛料的历史是从食用开始,可以追溯到 5000 年前。古代东方人认为香辛料发源于帕米尔高原,而在西方则认为公元前20 世纪至 18 世纪的古埃及为其发源地。从埃及金字塔墙壁上的象形文字记载的遗迹上,可推断出人类利用香辛料的历史在没有文字记载以前就已经开始,《圣经》中也有应用香辛料的记载。

中国是使用香辛料最早的国家之一,早在黄帝时代就开始使用椒、桂等芳香植物调味,到商代已总结出五味调和的一些规律。花椒的栽培有 1500 年的历史,其利用可追溯到公元前 11 ~ 前 10 世纪的周代;公元前 551 ~ 前 497 年,孔子的著作中就记载过生姜的利用;早在春秋时期,齐国的易牙混合多种香辛料并以"十三香"命名之,用于烹饪。"十三香"之名流传至今,已经成为一种历史的延续和传承。而复合调味料的调配技术更体现了对香辛料的香与味相生相克的运用。

古代还把香料植物及精油作为药材使用。在我国的《神农本草经》中把生药分为上品、中品、下品3类,现在我们称为香辛料的多数属于上品药。《神农本草经》中也把桂皮当作一种保健药加以介绍,且目前仍有多种药源性香辛料在使用。我国土生土长的香辛料中八角茴香和花椒产量较高。

三、香辛料国际贸易史

香辛料为人类最早交易项目之一,也是古代文明进化史的重要组成部分,东西两地的文化交流,也是从香料交易开始。肉桂、生姜、姜黄、胡椒等香辛料,很早以前就已在东方国家或地区中使用。远在南宋赵汝南著的《诸蕃志》中,丁香、胡椒与珍珠、玛瑙并驾齐驱地列为国际贸易商品。由于中国14世纪航海业十分发达,与当时世界闻名的陆上贸易丝绸之路相互呼应,以福建泉州为枢纽构成香料之路,可见我国古代香辛料贸易十分兴盛。1271年,意大利人马可波罗历时24年游历了欧洲、亚洲,最后到达中国。马可·波罗在他所著的《东方见闻录》上记载了我国胡椒进口和使用的盛况,据记载当时杭州1年胡椒的消费量就达1500 t。在他的著作中还翔实记载了印度的大量天然植物香料。所罗门国王、阿拉伯商人、亚历山大港商人等由于经营香辛料而获得巨利。哥伦布也是为了寻找生产香料的印度,从而把发现的加勒比海地区命名为西印度,哥伦布在发现的新大陆上没有找到印度所产的香料,却发现了当地出产的辣椒,并从印第安人手里拿取了辣椒带回欧洲,之后辣椒传播全世界。葡萄牙人麦哲伦也是为了寻求香辛料海上贸易的最短路线而绕过了好望角,完成了环绕地球的旅程。其实,经现代的植物学家考证,月桂、丁香、豆蔻等香辛料原产自印度尼西亚的摩鹿加群岛,胡椒产自印度,辣椒产自美洲。

印度是香辛料国际贸易的主导者,年产量超百万吨。印度2019~

2020 年出口的香辛料共 215 种,香辛料出口额为 30.33 亿美元。就出口国而言,印度香辛料出口至全球 185 个国家,主要包括中国、美国、孟加拉国、泰国、阿联酋、斯里兰卡等国家。世界香辛料的主要进口国和消费国集中在欧美和亚洲等地区。目前,纽约已成为世界香辛料贸易中心,美国也成为香辛料最大进口国之一。英、美香辛料市场已经发展较为成熟,美国零售香辛料市场规模显著高于英国,2018年美国零售端香辛料销售总额达 36.17 亿美元,约为英国销售总额的8 倍。英美两国香辛料零售端人均消费量均呈现连续上升的趋势,2018 年美国达到 386 g/人,英国仅为 84 g/人。主要进口品种有:黑白胡椒、肉桂、茴香、辣椒、肉豆蔻、罗勒和众香子等,其中,消费量较高的为辣椒和胡椒。

2013 年全球香辛料行业产量增长至 686.3 万 t,市场规模增为324.8 亿美元;2014 年全球香辛料行业产量达到 712.6 万 t,市场规模达到 336.7 亿美元。香辛料在世界各国有广泛的消费群体,香辛料生产国多为热带或亚热带国家(中国、印度、马来西亚、印度尼西亚、泰国、越南、巴西等),但工业上大规模生产仍局限于少数几个国家和地区:如南亚和东南亚主产黑、白胡椒;斯里兰卡主产肉桂;中国产肉桂、八角、茴香、小豆蔻;印度、巴基斯坦生产辣椒和姜黄;非洲坦桑尼亚、马达加斯加生产丁香;牙买加是生姜、众香子的生产基地。而进口国和消费国多为发达国家,如美国、加拿大、德国、法国、英国、日本等。欧洲主要进口油树脂等香辛料加工品,主要有:黑白胡椒、红辣椒、肉豆蔻和生姜油树脂;欧洲国家中进口量位居第一的是德国,其次是法国;亚洲的日本一直是使用香辛料较多的国家,需求的主要品种有芥子末、胡椒、生姜及辣椒等,中国是日本主要香辛料的进口国,印度、中国和巴西是世界上三大薄荷油出口国。在食用植物香料的国际贸易中,9 种香辛料(胡椒、丁香、小豆蔻、斯里兰卡肉桂、肉豆蔻、肉豆蔻衣、中国肉桂、生姜和众香子)占总贸易额的90% 左右。生产国出于对本国环境保护和提高资源利用率的需要,越来越重视规模化、集约化生产经营,以提高产量、质量和土地效率;在加工利用方面多数采用高新技术,以提高植物性原料利用率,同时也注重发掘香辛料潜在功能,以求获得更大效益。增加香辛料的科研投入、改进技术装备和工艺、发展综合利用、寻找优新香辛料品种已成为香辛料产业化发展的必然趋势。

四、国内香辛料发展及应用状况

香辛料是我国特产植物资源,其品种数、产销量和贸易量居世界前列。目前世界各国使用的香辛料有 500 种左右,我国使用的香辛料有 60 多科、400 余种。主要出口支柱品种 19 个,约占天然香料品种的 10%。中国是香辛料产品的主要生产国和出口国,多数以植物性产品(原料)形式销往国内外市场。香辛料产品主要包括 3 大类、3 小类和其他类。3 大类即胡椒、花椒和辣椒;3 小类即葱、姜、蒜;其他类即八角茴香(俗称大料)、桂皮、陈皮、丁香、芥籽、辣根、砂仁、豆蔻、橄榄油、孜然等品种。自新中国成立以来,这些产品一直远销欧美和亚洲等地区。

在我国,香辛料的主产地集中在南部沿海和黄河、长江流域的省份。其中胡椒的主产地分布在海南、广东、广西、云南和福建等省,海南胡椒产量占中国总产量的 90% 以上,主要分布于海口、文昌、安定、琼中、三亚等县市。2018 年中国胡椒产量约为 4.51 万 t,胡椒出口数量为 1606.33 t,出口金额为 971.39 万美元,胡椒进口数量为 5269.67 t,进口金额为 2325.56 万美元。花椒的主产地分布在四川、陕西、河北、河南、山东、山西、云南等省,其中四川花椒质量好,河北、山西产量高。2012 年以来我国花椒产量维持在 30 万 t 以上(干品),2017 年产量突破 40 万 t,2018 年我国花椒产量在 45.85 万 t 左右。辣椒在我国种植遍布各地,主要生产省为贵州、四川、湖南、陕西、河北等。中国辣椒产量约为 4000 万 t,是居全球之首的辣椒生产、消费大国。3 小类产品葱、姜、蒜既是蔬菜又是香辛料类调味料,其用作调料主要是加工后的产品,也是这 3 类调料工业化发展的方向。除八角茴香外,其他香辛料产品大多产量较少,产地分布在广西、广东、云南和四川等省,其中近年来八角茴香(干品)的年产量维持在 10 万 t 以上,2018 年我国八角产量在 17.65 万 t 左右,主产地广西占有 80% 的产量。

2018年度,中国调味品行业著名品牌百强企业中香辛料和香辛料调味品企业(7家)生产总量为11万t。

在我国,香辛料类调味料的进出口业务主要由中国土产畜产进出口有限责任公司主营。据FAO统计数据,2004年中国香辛料调味品年产量25万t,年销售额30亿元,进出口总量200万t。目前全球桂皮生产以中国、越南、印度尼西亚为主,自2013年以来中国桂皮产量基本维持全球第一的位置。2014年中国桂皮产量创下近年来桂皮产量峰值,年度总产量为11.37万t;2018年我国桂皮产量约为9.85万t,桂皮进口数量为425.67t,进口金额为141.33万美元;2018年我国桂皮出口数量为52302.38t,出口金额为11638.89万美元。中国辣椒干出口量在全球占比达26%,位居全球第2位,年产量超30万t。2018年,我国出口干辣椒7.74万t,出口金额1.55亿美元。花椒是中国传统的出口商品,主要销往日本、泰国、美国和欧洲等国家及地区,国内花椒产品每年出口量是进口量的430多倍。2019年出口量为15.39万t,出口额为17.42亿美元。我国其他类香辛料调味料品种多、批量小,每年主要品种的出口量为200万t以上,出口到欧美、东南亚等十几个国家和地区。

近年来,香辛料品种数不断增加,应用范围广,产品形式多种多样。由于其与人们日常生活息息相关,香辛料消费水平成为世界上判断一个国家科技文化发展水平的尺度。香辛料产业在国民经济中具有不可替代的重要作用,其中一些产品如茴香油、桂油、辣椒油、姜油及其树脂等,都是利用我国特产的香辛料植物资源生产和加工的香辛料加工品,八角茴香油占世界总产量的80%,肉桂油占世界总产量90%,薄荷油和薄荷脑在国际市场上享有盛誉。

香辛料如花椒、八角茴香、桂皮、大葱、大蒜、生姜等广泛应用于餐饮业,以茴香、花椒、芥末粉、生姜、丁香、辣椒、杏仁等香辛料作为佐料的主体,配以动物脂肪和油类,巧妙地发挥了香辛料的调味作用,从而构成了中国菜所具有的独特风味,还潜存着一种由油脂和草药所构成的复合口味。

根据《2019年餐饮业年度报告》的数据分析,我国餐饮业年营业额已经超过 4 万亿元。而香辛料作为重要的餐饮业食品配料也必将冲破传统的使用方法，克服档次低、易掺杂使假、易霉变、加香量不准、储存困难等诸多不可忽视的问题，朝着精深加工、工业化、高附加值、节约资源的方向健康发展。

香辛料产业是我国调味品产业 17 大类中的一个分支，分为香辛料和香辛料调味品两大类。其中，香辛料是单一的调味品；香辛料调味品则是以香辛料为主要原料，几种混合或添加辅料而成的调味品。2018 年度，香辛料和香辛料调味品百强企业共 7 家，生产总量为 11 万 t。以香辛料为原料，提取的香辛料精油、油树脂则属于食品添加剂的范畴。几乎每个与食品有关的行业都与香辛料有关，食品工业、医药工业、日化工业的迅速发展，为香辛料产品提供了广阔的用武之地，有效带动了香辛料加工业的飞速突起，这对提高香辛料植物资源的利用率，拓宽植物性产品使用范围，以及提高其附加值有重要意义。

香辛料加工业在我国国民经济建设中的作用主要表现为 4 个方面：科学地综合利用资源，为其他产业部门提供植物性原料；提供具有一定竞争能力的香辛料出口换汇商品；用完善的加工技术和工艺，生产适合市场发展需求的香辛料加工品；通过标准化示范区生产模式的建立和推广，促进优良品种培育和改良，以及香辛料生产效率和土地利用率的提高，增加生产经营者的收入，繁荣经济。不断扩大的香辛料植物性产品和香辛料加工品销售市场所创造的社会效益和经济效益将会随时间的推移，越来越显示其强大的市场潜力和对香辛料产业的重要支撑和推动作用。可以预见，未来香辛料加工品的研发、利用前景将更加光明，香辛料"小产品，大市场"将得到实践的有力验证。

第二节　香辛料的分类

世界各地有使用报道的香辛料超过百种。为研究和学习方便，需将香辛料进行分类。按照不同的方法归类，香辛料可以有以下 5 种分类方法。

一、按香辛料的植物学分类

按香辛料所属植物科目进行的分类属植物学范畴。这有利于各种香辛料的优良品种的选择、香辛料之间的取代和香辛料新品种的开发。如表1-1所示。

表1-1　香辛料的植物分类

科目		植物名称
双子叶植物(科)	唇形科	薄荷、牛至、甘牛至、罗勒、风轮菜、留兰香、百里香、鼠尾草、迷迭香、紫苏、藿香
	茄科	红辣椒、甜椒
	胡麻科	芝麻
	菊科	龙蒿、木香、母菊、菊苣
	胡椒科	黑胡椒、白胡椒、荜拔
	肉豆蔻科	肉豆蔻、肉豆蔻衣
	樟科	肉桂、月桂叶
	木兰科	八角茴香、五味子
	十字花科	芥子、辣根
	豆科	葫芦巴
	芸香科	花椒
	桃金娘科	丁香、多香果
	伞形花科	欧芹、芹菜、枯茗、茴香、葛缕子、芫荽、蒔萝、白芷
	桑科	酒花
单子叶植物(科)	百合科	大蒜、洋葱、韭菜、细香葱
	鸢尾科	番红花
	姜科	豆蔻、草豆蔻、草果、小豆蔻、姜、姜黄
	兰科	香荚兰

利用香辛料植物学的分类对配方进行微调可形成自己的风格和使风味多样性。一般而言,属于同一科目的香辛料在风味上有类似

性,如有时大茴香和小茴香可以互换使用。

二、按植物的利用部位分类

在香辛料中,呈味物质常集中于该植物的特定器官。除少数(如芫荽等)可以整体做调味品外,多数是选用植物中富含呈味物质的部分应用。按所用植物的利用部位将其分为果实型、叶和茎型、种子型、树皮型、鳞茎型、地下茎型、花蕾型、假种皮型、果荚型、柱头型。

(一)果实型

胡椒、众香子、八角茴香、辣椒、花椒、小豆蔻、小茴香等。

(二)叶和茎型

薄荷、月桂、鼠尾草、迷迭香、香椿等。

(三)种子型

芹菜、莳萝、芝麻等。

(四)树皮型

肉桂等。

(五)鳞茎型

洋葱、大蒜等。

(六)地下茎型

姜、姜黄等。

(七)花蕾型

丁香、芸香科植物等。

(八)假种皮型

肉豆蔻。

(九)果荚型

香荚兰。

(十)柱头型

番红花。

三、按风味分类

按风味对香辛料分类是最有实际应用价值的分类法。如表1-2所示,大体可分为辣味、香味、苦味、麻味、甘味、着色性香辛料等。

表1-2　香辛料风味特征分类表

种类	香辛料	风味特征					功能		
		芳香	辣味	苦味	甘味	着色性	脱臭性	增进食欲	防腐性
辣味香辛料	辣椒		+++					++	++
	芥末		+++						++
	高良姜		+++						
	胡椒	++	+++				++	++	++
	生姜	+	+++	+			++	++	++
	大蒜	++	++				+++		
	草果	++	++	++					
	洋葱	++			++		+++		++
麻味香辛料	花椒	++	+++					++	
着色性香辛料	红辣椒		+			+++			
	郁金	++	++			++			
	姜黄		++	++		++			
香和味兼有的香辛料	白芷	+++	++	++					
	白豆蔻	+++	++	++					
	小豆蔻	+++	++	++					
	多香果	+++	+	++			++		
	肉桂	+++	++		++				
	丁香	+++					++		
	芫荽	+++			++				+
	小茴香	+++			++		++		

续表

种类	香辛料	风味特征					功能		
		芳香	辣味	苦味	甘味	着色性	脱臭性	增进食欲	防腐性
芳香性香辛料	大茴香	＋＋＋							
	百里香	＋＋							
	山柰	＋＋							
	洋苏叶	＋＋		＋＋			＋＋＋		
	月桂叶	＋＋		＋			＋＋＋		
苦味香辛料	砂仁	＋＋		＋＋					
	陈皮			＋＋＋		＋＋	＋＋		
甘味香辛料	甘草				＋＋＋				

注：＋表示强弱；＋为具有，＋＋为较强，＋＋＋为强。

也有按表1-3所示风味进行分类的,大致分为9种。但是,由于有些香辛料有多种风味特性,很难将其归属于某种风味。

表1-3　香辛料的风味分类

风味特征	香辛料
辛辣和热辣	辣椒、姜、辣根、芥菜、黑胡椒、白胡椒等
辛甜风味	玉桂(肉桂)、丁香等
甘草样风味	甜罗勒、小茴香、茴香、龙蒿、细叶芹等
清凉风味	罗勒、牛至、薄荷、留兰香等
葱蒜类风味	洋葱、细香葱、冬葱、大蒜等
酸涩样风味	续随子等
坚果样风味	芝麻子、罂粟子等
苦味	芹菜子、葫芦巴、酒花、肉豆蔻衣、甘牛至、迷迭香、姜黄、番红花、香薄荷等
芳香样风味	众香子、鼠尾草、芫荽、莳萝、百里香等

四、按香辛料使用频率分类

根据香辛料的使用频率、使用数量和使用范围,可将香辛料分为主要香辛料和次要香辛料两类,如表 1 - 4 所示。

表 1 - 4　主要香辛料和次要香辛料

类别	名称	可利用部位
主要香辛料	八角	干燥果实
	芥菜	新鲜全草和籽
	芫荽	新鲜全草或种子
	甘牛至	干叶及花
	肉桂	干燥树皮
次要香辛料	草果	干燥果实
	山柰	干燥根茎
	杜松	果实
	无花果	果实
	辛夷	花蕾

主要香辛料和次要香辛料的区分随地区、民族、国家、风俗等不同而变化很大。某种香辛料在这个地区是主要香辛料,而在另一地区就很少使用。

五、按香辛料使用形态分类

目前,我国常用的天然调味香辛料及香草可归纳为 4 大类,即香辛蔬菜(鲜菜料)类、干货料类、粉末类和花草类,它们在不同的原料和制作条件下,发挥着不同的作用。

(一)香辛蔬菜的种类

香辛蔬菜是指具有特殊的香味、辛辣味,食用量较小,多作为调味用的蔬菜种类,主要包括葱、蒜、姜、小茴香、芫荽、香芹等。香辛蔬菜是人们根据食用习惯、口味而划定的蔬菜类别,它既不同于植物分类,又不同于农业生产习惯分类。大多数香辛蔬菜具有明显的药用保健价值,是日常生活中重要的蔬菜。近年来,香辛蔬菜的出口量逐年加大,成为我国重要的换汇蔬菜之一。

根据农业生产习惯、植物学分类,香辛蔬菜可分为如下几种不同的类别。

1. 葱蒜类香辛蔬菜

葱蒜类蔬菜在植物学分类上为百合科葱属中以嫩叶、假茎、鳞茎或花薹为食用器官的二年生或多年生草本植物。该类蔬菜包括韭菜、葱、洋葱、大蒜、韭葱、细香葱、胡葱和薤。上述蔬菜均具有香味、辛辣味。其中韭菜、韭葱、洋葱和薤等在人们生活中常作为大量蔬菜食用,很少作为调料蔬菜。葱、大蒜、细香葱、胡葱这几类蔬菜在大多数地区是作为调味蔬菜食用,少数地区虽然也作为大量蔬菜食用,但因其强烈的辛辣味,食用量不如黄瓜、番茄等大,所以一般把它们列为香辛蔬菜。

2. 薯芋类香辛蔬菜

姜是属于薯芋类作物的香辛蔬菜,在植物学分类上为姜科姜属,与其他薯芋类蔬菜并不是同科。姜具有强烈的辛辣味,基本上是作为调料食用,是标准的香辛蔬菜。

3. 叶菜类香辛蔬菜

小茴香、芫荽、香芹等属于叶菜类香辛蔬菜。这3种蔬菜在植物学分类上均为伞形花科,分别为茴香属、芫荽属和欧芹属。这3种蔬菜均具有香辛味,虽然也可作为大量蔬菜食用,但总体来看食用量不大,以调料蔬菜食用为主。小茴香和芫荽的种子是重要的调味香料,又是中药材之一。

除了上述3类香辛蔬菜外,蔬菜中具有香味、辛香味、辣味的种类很多,如芹菜具有芳香味;芥菜种子具有辛辣味;辣椒具有辣味等,这些蔬菜也可作为调味蔬菜,但是人们在分类习惯上不把它们列入香辛蔬菜。

常见鲜菜类有姜、葱、蒜、九层塔、芫荽、香芹、鲜辣椒、洋葱、紫苏、荷叶。

(二)干货类

常见干货类有花椒、八角、小茴香、胡椒、丁香、陈皮、肉桂、芫荽籽、干辣椒等。

(三)粉末类

主要有姜粉、花椒粉、胡椒粉、芥末粉、辣椒粉、五香粉和姜黄粉等。

(四)花草类

主要有玫瑰花、茉莉花和桂花等。

六、按产品类型分类

香辛料加工品类型包括香辛料和香辛料调味品,以及天然香料等。一般来说,我们常说的香辛料指的是天然香辛料,即可直接使用的具有赋香调香、调味功能的植物果实、种子、花、根、茎、叶、皮或全株等天然植物产品。

香辛料经过提取、精制等工艺后可生产天然香料。天然香料又包括天然复合香料和天然单体香料。用于食品工业的香辛料精油、香辛料提取物、馏出液或经焙烤、加热或酶解的香味产物都属于食品用天然复合香料。通过物理方法、酶法或微生物法工艺从香辛料来源材料中获得的化学结构明确的具有香味特性的物质,则属于食品用天然单体香料。此外,还有些其他功能的香辛料提取物,如经有机溶剂提取精制而成的食品添加剂姜黄,其功能类别是着色剂。

七、按用途分类

香辛料按作用用途可分为辣味型(生姜、大蒜、胡椒等)、麻味型(花椒)、苦味型(陈皮、砂仁等)、着色型(辣椒、姜黄、藏红花等)、芳香型(肉桂、丁香、肉豆蔻等)、去异脱臭型(白芷、桂皮、良姜等)、增香型(百里香、茴香、香叶等)。

香辛料按使用用途可分为食品用香辛料、酒用香辛料、烟用香辛料、药用香辛料4大类。其中食品类香辛料是最主要的品种,可以具体分为:烘烤食品香辛料、软饮料香辛料、糖果香辛料、肉制品香辛料、奶制品香辛料、调味品香辛料、快餐食品香辛料、微波食品香辛料等。

八、按香气特点分类

根据香气特点,天然香辛料可以分为浓香型、辛辣型和淡香型。

浓香型香辛料以浓香为主要呈味特征,无辛辣等刺激性气味,最常见的种类有丁香、八角、茴香等。

辛辣型香辛料主要以辛辣等强刺激性气味为主要呈味特征,最常见的包含大蒜、大葱、辣椒、薄荷、白胡椒、木姜子、洋葱、姜等。

淡香型香辛料香气特征平和、香韵温和,无辛辣等刺激性气味,最常见的种类有草果、迷迭香等。

九、按香辛料的功能分类

香辛料具有多种功能,根据香辛料的功能可分为 4 类。

(一)赋香作用香辛料

人类最初发现香辛料的功用是赋香作用,各种香辛料都具有其独特的精油香气成分,主要是赋予食物令人愉快的香味。具有这种芳香的香辛料有:多香果、八角茴香、罗勒、月桂叶、葛缕子、小豆蔻、芹菜子、肉桂、丁香、芫荽、小茴香、莳萝、大蒜、姜、豆蔻皮、薄荷、肉豆蔻、洋葱、欧芹、迷迭香、鼠尾草、茵陈蒿、百里香、姜黄、香草等。

(二)矫臭作用香辛料

香辛料可抑制鱼的腥味或掩饰食物令人讨厌的气味。具有此种作用的香辛料有:多香果、月桂叶、葛缕子、丁香、香菜籽(芫荽籽)、小茴香、大蒜、姜、豆蔻皮、肉豆蔻、洋葱、披萨草、胡椒、迷迭香、鼠尾草、八角茴香、百里香等。

(三)辛味作用香辛料

香辛料的辣味,具有增进食欲的功效。此种辣味作用的香辛料有:辣椒、姜、豆蔻皮、芥菜子、肉豆蔻、洋葱、姜黄、花椒、山葵等。

(四)着色作用香辛料

利用香辛料中的天然色素作为区域性菜肴的特定着色香料或提供食品美观的颜色。具有这种着色作用的香料有:胭脂木、葛缕子、红椒、姜、芥末、匈牙利椒、紫苏、番红花、姜黄等。

十、按剂型分类

香辛料产品按剂型可分为:水溶性香辛料、油溶性香辛料、水油溶性香辛料、膏状香辛料、乳化香辛料和粉末香辛料6大类。

第三节　香辛料的发展前景

随着食品工业和食品添加剂的发展以及生活水平的提高,人们对食品口味和风味提出了更高要求,人们秉承药食同源的饮食理念,因此更注重使用香辛料,促使香辛料品种及需求量急剧增长,特别是随着世界食品加工业技术水平的提高和高新技术设备的应用,使香辛料产品结构发生了巨大变化,传统植物性香辛料产品和香辛料加工品都得到了快速发展,市场对香辛料产品的认知和定位也随之发生变化,对香辛料产品的需求更加多样化,香辛料植物性产品产量逐年增加,国内贸易和进出口量不断增长。

香辛料类调味品广泛应用于家庭厨房、餐饮烹饪行业和食品加工业。葱、姜、桂皮、八角、胡椒、丁香、砂仁、豆蔻和薄荷等都是熟知的香辛料,古老的调味品,可以单独使用,也可以配比调和。在国内过去主要是以原产品形式使用,加工产品和成品较少。主要加工成粉状品,如五香粉、咖喱粉、花椒粉、姜粉、蒜粉和洋葱粉等。由于粉状香辛料易变质、难保存。因此,又发展了下列不同类型制品:

浓缩制品,把洋葱、大蒜、辣椒等进行冷榨或萃取,浓缩而得,其制品水溶性好;精油是通过蒸汽蒸馏、冷榨或萃取而制得,可以单独用,也可作为调香原料,如芥末油、花椒油、茴香油、姜油、胡椒油、大蒜油和辣椒油等;乳化制品是将精油、乳化剂、稳定剂等混合,制成O/W(水包油)型制品,对食品渗透快,使用性能好;吸附型制品,是用淀粉、植物胶、微晶纤维素、糖类载体将精油吸附,或溶于食用油或乙醇,其制品的香味表现性能好;微胶囊型制品,是将精油放入天然胶制成的水溶液中,经乳化、喷雾干燥制得,制品稳定性好。

粉状制品也并非被淘汰产品,如咖喱粉仍是一种很时髦的香辛料,主要成分是郁金香、枯茗(孜然)等。目前,在许多国家风味食品日见盛行,特别是英国传统的小吃店又兴旺起来,对咖喱粉及咖喱食品的消费量明显增加。咖喱食品也是日本传统的风味食品,街头巷尾的饭店、小吃店,都有咖喱食品。日本已成为咖喱粉需用量最多的国家。

香辛料提取物,可不经调香直接用于食品、饮料或烟草中,香气不如精油强烈,但口感强,且多数具有营养滋补作用。这类提取物也可以制成浸膏、汁液、浓缩物和粉状制品。如苜蓿提取液,具有鲜叶、果蔬香味和浓郁的口感。海藻提取物的香味,很适合贝壳等水产品类加香。灵香草提取物,具有强烈的香味和苦蛋白味,可用作佐料的原料,也可加入烟草,以去其涩味、苦味,提高烟草档次。尚有许多香草药提取物含丰富的维生素及滋补成分,早已用于各种酒或饮料中。"即用"香辛料提取物,是一种新发展起来的粉末状饮料,易溶于水,可制清凉饮料及冰制品等。

复合香辛调料,包括如著名的河南王守义"十三香"调味料、上海"味好美"调料、贵阳南明"老干妈"辣酱和重庆"美乐迪"辣椒制品(饭遭殃)等复合产品。目前,家庭用于蒸、煮、卤、酱和凉拌菜的复合调味品和单一调味料很多。但是用于食品加工的复合调味料还远远不能满足市场的潜在需求。比如,河北大厂县的凯馨豆制品厂生产的方便豆腐丝产品,其加工用的调料是用十几种香辛料经大锅熬制而成,很难达到标准化和规范化生产,产品质量不能保证,尤其是对成品缺乏相关的研究与开发。又如,在日本新神户一家超市销售的盒装豆腐由于在包装中搭配了一种调味料,同样产品的价格增长了40%,大大提升了产品的附加值。

另外,香辛料可作为药膳之用,具有理疗作用,如降脂香辣调和油以大豆色拉油为载体,以蜂胶、沙棘油、维生素 E 和香辛料为主要原料制成,有降脂保健作用。有些香辛料可在中药店买到,如花椒可驱虫;小茴香理气;葱、姜、蒜有杀菌作用,大蒜还是心血管病、脑中风、癌症、糖尿病的主要克星。此外,有些香辛料如八角茴香油也可用于香皂、牙膏和香水等日用产品的生产。

我们不仅要研究单一香辛料产品的开发，还要研究系列香辛料产品的开发及深加工，以提高产品的附加值。如辣椒在我国属于资源丰富的品种，很多地区都有种植。辣椒除了可以生产辣椒粉、辣椒油和辣椒酱等市场需要的经济调味品外，还可以进行深加工，生产如辣椒籽油、辣椒红色素、辣椒碱、辣椒天然防腐剂及天然抗氧化物等产品。

第二章　香辛料原料

世界各国使用的香辛料有 500 种左右,其中列入 GB/T 21725—2017《天然香辛料　分类》的我国常用品种共有 67 种。根据 GB/T 21725—2017《天然香辛料　分类》的规定,依据天然香辛料呈味特征,将其分为浓香型天然香辛料、辛辣型天然香辛料和淡香型天然香辛料三大类。浓香型天然香辛料以浓香为主要呈味特征,呈味成分多为芳香族化合物,无辛、辣等刺激性气味,如丁香、小豆蔻、茴香等。辛辣型天然香辛料以辛、辣等强刺激性气味为主要呈味特征,呈味成分多为含硫或酰胺类化合物,如大葱、花椒、生姜等。淡香型天然香辛料以平和淡香、香韵温和为主要呈味特征,无辛辣等刺激性气味的天然香辛料产品,如甘草、迷迭香、孜然等。

第一节　辛辣型香辛料

一、大蒜

【英文名】Garlic

【学名】*Allium sativum* L.

【别名】蒜、蒜头、独蒜、胡蒜。

【科属】百合科葱属。

【特征与特性】大蒜呈扁球形或短圆锥形,外面有灰白色或淡棕色膜质鳞皮,剥去鳞叶,内有 6 ~ 10 个蒜瓣,轮生于花茎的周围,茎基部盘状,生有多数须根。每一蒜瓣外包薄膜,剥去薄膜,即见白色、肥厚多汁的鳞片。有浓烈的蒜臭,味辛辣。

好的蒜头大小均匀,蒜皮完整而不开裂;蒜瓣饱满,无干枯与腐烂;蒜身干爽无泥,不带须根,无病虫害,不出芽。

【分布及栽培】原产于西亚和中亚,现在温带和亚热带的地区都有栽种。大蒜的品种很多,按照鳞茎外皮的色泽可分为紫皮蒜与白皮蒜两种。紫皮蒜的蒜瓣少而大,辛辣味浓,产量高,多分布在华北、西北与东北等地,耐寒力弱,多在春季播种,成熟期晚;白皮蒜有大瓣和小瓣两种,辛辣味较淡,比紫皮蒜耐寒,多秋季播种,成熟期略早。

【使用部位】大蒜整枝植物都可用作香辛料,这里指的是大蒜的根茎(即蒜头)。

【应用】香辛料中主要使用的是新鲜的蒜头、脱水蒜头、粉末脱水蒜头、大蒜精油、大蒜油树脂、水溶性大蒜油树脂和脂溶性大蒜油树脂。完整的大蒜是没有气味的,只有在食用、切割、挤压或破坏其组织时才有气味。这是因为在完整大蒜中所含蒜氨酸无色、无味,但大蒜细胞中还存在有一种蒜酶,二者接触则形成有强烈辛辣气味的大蒜辣素。大蒜辣素就是大蒜特殊气味的来源。

蒜香为强烈持久且刺激性辛辣香气,口味与此类似,但更辛辣些。大蒜精油和油树脂是更为强烈刺激的大蒜特征辛辣香气和香味。大蒜精油的产率为 0.2%,为棕至黄色液体,具有极其突出的很难调和的辛辣香气,其香气强度是脱水大蒜的 200 倍,是新鲜大蒜的 900 倍。所以经常把它配成稀溶液使用,浓度为 5%~10%。

大蒜在东西方饮食烹调中均占有相当重要的地位,相对而言,大蒜在中国、西班牙、墨西哥和意大利食品中稍多一些。大蒜头经加工成蒜粉、蒜米、蒜茸后,是制作鸡味、牛肉味、猪肉味、海鲜味、虾子味等调味料中不可缺少的主要香辛料。使用大蒜可提升菜肴的风味,用于汤料(如清汤)、卤汁(肉类、家禽类、番茄类菜肴和豆制品)、调料(用于海鲜、河鲜产品和沙拉)、作料(酱、酱油)等。它可以掩盖各种腥味,增加特殊的蒜香风味,并使各种香味更柔和、更丰满。

二、大葱

【英文名】Welsh onion

【学名】*Allium. fistulosum* L. var. gigantum Makino

【别名】青葱、事菜。

【科属】百合科葱亚科葱属。

【特征与特性】大葱为葱种下一变种,区别于分葱(小葱)变种与红葱(楼葱)变种。植株高大,以叶鞘和叶身为产品,叶鞘肉质,甘甜脆嫩,其包裹着内部的新叶,形成假茎,为主要食用部分。按假茎的高度可将大葱分为长葱白类型、短葱白类型和鸡腿葱类型。大葱分蘖能力弱,在抽薹前不分蘖,抽薹后也只在花薹基部发出1个侧芽,将来长成1棵新桓株,极少数可分成2棵单株。大葱能开花结实,以种子繁殖。

【分布及栽培】原产于中国西北高原和国外的西伯利亚地区。中国是世界上主要栽培葱的国家,全国各地均有栽培,其中淮河流域、秦岭以北和黄河中下游地区为大葱的主产区。

【使用部位】植株。

【应用】大葱主要加工产品有:大葱速冻产品、大葱脱水干制加工产品、大葱油等。速冻葱丝又称葱花,将清理、清洗等处理后的大葱切成葱段,再经过烫煮、冷却、快速冻结、包装等工序加工而成。将新鲜大葱快速冷冻后,再送入真空容器中脱水而成冻干葱粉。葱粉是一种上乘的调味品,应用面广,使用方便,可使用在凉菜、汤、方便汤料中;可用来加工葱香食品,如葱味饼干、葱油饼等。葱油是从大葱中提取的油状物质。葱油可以增加菜肴的清香味,多用于拌食蔬、肉类原料,如葱油鸡、葱油萝卜丝等。

三、小葱/细香葱

【英文名】Chives

【学名】*Allium schoenoprasum* L.

【别名】小葱、香葱、火葱、四季葱。

【科属】百合科葱属。

【特征与特性】多年生草本,簇生。根坚韧,鳞茎不明显,外包皮膜。细香葱叶细筒形,长30~40 cm,淡绿色。叶鞘基部稍肥大,呈长卵形假茎,长8~10 cm,粗(直径)0.6 cm,皮灰白色,有时带红色,分蘖力强,每株茎部有活力较强的芽,在适宜条件下能很快长成稠密的株丛,根系交叉边接。生长第二年抽薹,花茎细长,聚伞花序,小花粉红至紫色,不易结种子,和其他葱类不易杂交。

【分布及栽培】北美、加拿大、北欧以及亚洲均有野生种,但很早就被驯化,现广泛分布于热带、亚热带地区。中国长江以南各地有少量栽培。

【使用部位】百合科植物细香葱的全草或根头部。嫩叶和假茎可食用。产品柔嫩,具特殊香味,多作调味用。

【应用】调料中所用细香葱有新鲜香葱、脱水细香葱和葱油。葱类植物的品种很多,因此它们的风味成分变化很大,至今还没有对细香葱挥发成分的详细分析报道,大多为定性的分析。细香葱在世界各国都有广泛应用。细香葱的香气能兴奋嗅觉神经,刺激血液循环,增加消化液的分泌,增加食欲。细香葱的味道比人们一般食用的葱温和,味道也没有那么刺激,叶子多用于色拉、汤、蛋炒饭等,或作为料理鸡肉、鱼时的佐料。在鱼肉菜肴中适量加入可提升香气,消除腥味;可用于沙拉调味料、汤料和腌制品调味料等,可用于饼干、面包等面食品;荷兰和美国有细香葱风味的牛奶和奶酪。花除了可当色拉外,也可制成干燥花。

细香葱精油,为浅黄色澄清透明液体,具纯正的葱油风味,相较葱油更加有辛辣味。可作为调味品直接供家庭和餐饮业使用;也可作为食品添加剂,用于方便食品、速冻食品、膨化食品、焙烤食品及海鲜制品等。

四、芥菜

【英文名】Mustard

【学名】*Brassica juncea*(L.) Czern. et Coss.

【别名】大芥。

【科属】十字花科芸薹属。

【特征与特性】种子类圆球形,直径 $1 \sim 1.6$ mm,种皮深黄色至棕黄色,少数呈红棕色。用放大镜观察,种子表面现微细网状纹理,种脐明显,呈点状。浸水中膨胀,除去种皮,可见子叶两片,沿主脉处相重对折,胚根位于 2 对折子叶之间。干燥品无臭,味初似油样,后辛辣。粉碎湿润后,产生特殊辛烈臭气。以子粒饱满、大小均匀、黄色或红棕色者为佳。

【分布及栽培】原产于我国,在世界各地都有种植。全国各地皆产,以河南、安徽产量最大。芥菜经过长期栽培和选育,有多种类型和变种。以种子的颜色来分,除上述的芥菜(*Brassica juncea*,其种子称"黄芥子")外,尚有产于欧洲和北美的白芥(*Sinapis alba*,其种子称"白芥子")和产于意大利南部的黑芥(*B. mgra*,其种子称"黑芥子")。白芥菜或黄芥菜,广泛栽种于中国、日本、印度、澳大利亚、美国西部、加拿大、智利、北非、意大利、丹麦等地;棕芥菜仅生长于英国和美国;黑芥菜仅在阿根廷、意大利、荷兰、英国和美国有种植。

【使用部位】为植物芥菜的成熟种子,称为芥子,又称芥菜子、青菜子、黄芥子。夏末、秋初果实成熟时采收,将植株连根拔起,或将果实摘下,晒干后,打下种子,去除果壳、枝、叶等杂质。

【应用】香辛料用芥菜干燥的整籽、粉碎物(即芥末)和油树脂。

芥菜子可直接使用或捣成粉末后使用。芥子含黑芥子甙,遇水经芥子酶的作用生成挥发油,主要成分为异硫氰酸烯丙酯,有刺鼻辛辣味及刺激作用。加水时间越久越辣,但放置太久,香气与辣味会散失。加温水可加速酶解活性,会更辣。粉状芥末也如此,变干后会失去香味,若把芥末混水做成酱,则可散发其辛辣味。黄芥子主要成分为芥菜子甙和少量芥子酶。此外尚含有芥子酸、脂肪、蛋白质等。芥菜子的风味成分与品种有极大的关系,干黄芥菜子基本无气味,即使在粉碎时也是如此,遇水以后变化为十分辛辣的气息,上口微苦,后转化为强烈的而又使人适意的刺激性火辣味。棕、黑芥菜子在干的时候就有芥菜特征性的辛辣刺激性气息,在湿的时候气息更强,味道开始为苦,后为极端刺激性的辣。棕芥菜和黑芥菜的辣度相似,可以换用,但都比黄芥菜辣度高。使用时经常将这三种芥菜子末按不同的比例调和,以制取不同辣味的调味品。

整粒芥菜子可用于腌制、熬煮肉类、浸渍酒类,还可用于调制香肠、火腿、沙拉酱、糕饼等。芥末可用于各种烹调料理中,白芥末尤其得到广泛应用,如用于牛肉、猪肉、羊肉、鱼肉、鸡肉、鸟肉、沙拉、酱料、甜点等,起去腥提味的作用。芥末主要用于给出辣味的肉食品,如意大利式香肠、肝肠、腊肠、火腿等;烧烤肉类如烤全羊、牛羊肉串等;烘烤豆类如怪味豆等;蔬菜冷菜的拌料,主要用于白菜、黄瓜和甜菜等;各种调味料如海鲜、色拉等。

芥菜子碾磨成粉末,粉末加工调制成糊状,即为芥辣酱,为调味香辛料。芥辣酱多用于调拌菜肴,也用于调拌凉面、色拉,或用于蘸食。风味独特,有刺激食欲的作用。

芥末油为淡黄色油状液体,芥菜油树脂为黄至棕色油状物,均具有极强的辛辣刺激味及催泪性。以独特的刺激性气味和辛香辣味而受到人们的喜爱,并可解腻爽口、增进食欲。芥末油主要用于拌凉菜,可用作酸菜、蛋黄酱、色拉、咖喱粉等的调味品。

五、胡椒

【英文名】Pepper

【学名】*Piper nigrum* L.

【别名】古月、黑川、百川。

【科属】胡椒科胡椒属。

【特征与特性】黑胡椒,呈球形,直径 3.5 ~ 5 mm。表面黑褐色,具隆起网状皱纹,顶端有细小花柱残迹,基部有自果轴脱落的疤痕。质硬,外果皮可剥离,内果皮灰白色或淡黄色。断面黄白色,粉性,中有小空隙。气芳香,味辛辣。

【分布及栽培】原产于印度西南海岸西高止山脉的热带雨林。现已遍及亚、非、拉近 20 个国家和地区。主要产地是印度、印度尼西亚、马来西亚和巴西,主要消费国为美国、德国、法国。我国于 1951 年从马来西亚引种于海南省琼海县试种,1956 年后,广东、云南、广西、福建等省区也陆续引种试种成功,栽培地区已扩大到北纬 25°。

【使用部位】胡椒科植物胡椒的干燥近成熟或成熟果实。

【品种】胡椒有白胡椒、黑胡椒和野胡椒之分。野胡椒比人们种植的胡椒粒要小,呈浅褐色。一般人认为野胡椒纯属天然,其香味更为浓烈。

商品胡椒分白胡椒和黑胡椒两种,白胡椒是成熟的果实脱去果皮的种子,色灰白,在果实变红时采收,用水浸渍数日,擦去果肉,晒干,为白胡椒;黑胡椒是未成熟而晒干的果实,果皮皱而黑,在秋末或次春果实呈暗绿色时就采收,晒干,为黑胡椒。

【应用】胡椒是世界上著名的主要调味香料。香辛料用胡椒的干燥整籽、籽粉碎物、胡椒精油和油树脂。

高质量的黑胡椒来自泰国、马来西亚、印度和巴西等地;来自苏门答腊和砂拉越州这两地区的白胡椒最好。除产地外,胡椒的颗粒是否均匀、饱满、坚实、完整等,对其质量也有很大影响。

黑胡椒为刺激性的芳香辛辣香气,有较明显的丁香样香气,味觉粗冲火辣,主要作用在唇、舌和嘴的前部。与黑胡椒相比,白胡椒的辛辣香气要弱些,香味更精致和谐。胡椒含精油 $1\% \sim 3\%$,主要成分为 $\alpha -$ 蒎烯、$\beta -$ 蒎烯及胡椒醛等,所含辛辣味成分主要是胡椒碱和胡椒脂碱等。

黑胡椒精油为无色至淡绿色液体,具胡椒特征的刺激性甜辛辣香气,有萜类烯和丁香气息,有木香的底韵,白胡椒精油的花香气和蘑菇样香气比黑胡椒精油要多一些,而芫荽和丁香样的气息则弱,其余与黑胡椒精油相同。黑胡椒油树脂为暗绿色,固液夹杂的油状物,黑白胡椒油树脂的风味特征与原物相似,与精油不同的是,也为极端的辣。

胡椒是当今世界食用香辛科中消耗最多、最为人们喜爱的一种香辛调味料,在食品工业中广为使用。其果实中的芳香油,作为食用香精的原料,用于香料调和。胡椒有粉状、碎粒状和整粒三种形式,依各地区人们的习惯而定。一般在肉类、汤类、鱼类及腌渍类等食品的调味和防腐中,都用整粒胡椒。在蛋类、沙拉、肉类、汤类的调味汁和蔬菜上用粉状多。粉状胡椒的辛香气味易挥发掉,因此,保存时间不宜太长。胡椒在肉制品中使用非常广泛,在烤肉串、煲汤、热炒、腌腊酱卤、香肠火腿、炸鸡等中都是不可缺少的香辛料。胡椒一般用量为 $0.1\% \sim 0.3\%$ 。美国食品香料和萃取物制造者协会(FEMA)的最高参考用量,在肉制品中白胡椒 600 mg/kg,黑胡椒 1700 mg/kg。烤肉串时,将胡椒、孜然、辣椒等混合后撒在肉串的表面,煲汤、热炒是直接加入,腌腊酱卤、香肠火腿、炸鸡一般在拌料时加入。

由于胡椒的芳香气易在粉状时挥发出来,故胡椒以整粒干燥密闭贮藏为宜,并于食用前始碾成粉。胡椒精油具有特殊的胡椒辛辣刺激味和强烈的香气,有去腥、提味、增香、增鲜和味、除异味、防腐和抗氧化等作用。

六、木姜子

【英文名】Litsea

【学名】*Litsea pungens* Hemsl.

【别名】山胡椒、山姜子、腊梅柴、滑叶树。

【科属】樟科木姜子属。

【特征与特性】木姜子是一种落叶小乔木,高 3~10 m,树皮灰白色;幼枝黄绿色,顶芽圆锥形,叶互生,常聚生于枝顶,披针形或倒卵状披针形,膜质,羽状脉,叶柄纤细,伞形花序腋生;每一花序有雄花 8~12 朵,先叶开放;花被裂片黄色,倒卵形,花丝仅基部有柔毛。果实类圆球形,直径 4~5 mm,幼时为绿色,成熟时为蓝黑色。除去果皮,可见硬脆的果核,表面暗棕褐色,质坚脆,有光泽,外有一隆起纵横纹。破开后,内含种子 1 粒,胚具子叶 2 片,黄色,富油性。味辛辣,微苦而麻。

【分布及栽培】分布于中国湖北、湖南、广东北部、广西、四川、贵州、云南、西藏、甘肃、陕西、河南、山西南部、浙江南部。生于溪旁和山地阳坡杂木林中或林缘。

【使用部位】果实。

【应用】木姜子果含芳香油,可作食用香精和化妆香精,已广泛利用于高级香料、紫罗兰酮和维生素 A 的原料;种子含脂肪油,可供制皂和工业用。木姜子是一种天然的调味料,它具有浓郁的辛香味,能提味增香和祛除异味。木姜子可用作炖鸡、煮鱼等的调味料,可制成木姜子酱用于配饭、拌面等。新鲜木姜子具有非常强的季节性,且极易破损变质,鲜食时间较短,因此经常采集果实、晾晒加工得到木姜子干品,或者制作木姜子油用于调味。

七、花椒

【英文名】Prickly ash

【学名】*Zanthoxylum bungeanum Maxim.*

【别名】秦椒、凤椒、川椒、红椒、蜀椒、南椒、巴椒、汉椒、大椒、点椒。

【科属】芸香科花椒属。

【特征与特性】花椒是一种杆、枝、叶、果实都具有浓郁辛香的乔木,树身上下密密地长着坚硬的扁刺和瘤状的突起,树叶上也有毛刺,叶子碧绿,花朵色黄,果皮色红,并且密生粒状突起的油囊,果实黑亮。花椒形状球形,椒皮外表红褐色,古人因其皮色名为"椒红",晒干后呈黑色。有龟裂纹,顶端开裂,内含种子1粒,果皮张开露出黑亮的籽粒名之为"椒目",圆形,有光泽。而犹如细斑布满种皮的腺点似蕾如花,故名之为"花椒"。日本有一亚种也用作香辛料,称为山椒。

【分布及栽培】原产于我国中西部,已有2600多年的种植历史,现在广泛分布于我国南北各地。

【使用部位】芸香科灌木或乔木花椒树的果实的果皮。

【品种】中国花椒在种植利用的2600多年之中,分布及品种极为复杂。

1. 按花椒果实的色泽分

(1)红椒。

(2)青椒。

就外观而言,青椒多为2~3个上部离生的小蓇葖果,集生于小果梗上,蓇葖果球形,沿腹缝线开裂,直径3~4 mm。外表面草绿色至黄绿色,少有灰绿色或暗绿色,散有多数油点及细密的网状隆起皱纹;内表面类白色,光滑。残存种子呈卵形,长3~4 mm,直径2~3 mm,表面黑色。外果皮皱纹细,油腺呈深色点状、不甚隆起;内果皮与外果皮常由基部分离,两层果皮皆向内反卷,尤其是 3 个小蓇葖果基部合生者,反卷更明显,有的小蓇葖果中,残留有 1 粒黑色种子,光亮、卵圆形。气香,味麻辣。

红花椒的蓇葖果多单生,为由腹面开裂或伸至背面也稍开的蓇葖果的果皮,呈基部相连的两瓣状,形如切开的皮球,直径 4 ~ 5 mm。表面红紫色至红棕色、极粗糙、顶端有不甚明显的柱头残迹,基部常见有小果柄及未发育的 1 ~ 2 个离生心皮,呈小颗粒状,偶见有 2 个小蓇葖果并生于小果柄尖端。果枝表面有纵皱纹,外果皮表面极皱缩,可见许多呈疣状突起的油腺,油腺直径 0.5 ~ 1 mm,对光观察透亮。内果皮光滑、淡黄色,常由基部与外果皮分离而向内反卷。有时可见残留的黑色种子,果皮革质。具有特殊的强烈香气,味麻辣而持久。以风味而言,后者为优。

2. 从风味的香型上分

(1)青香。

(2)蒿香。

(3)橘香。

3. 花椒按大小分

(1)大型花椒:大椒、狮子头、大红袍、正路椒、娃娃椒等。

(2)小型花椒:小椒、小红袍、小黄金、茂椒、豆椒、火椒等。

(3)其他花椒:秋杂椒、白沙椒、高脚黄、枸椒、臭椒等。

4. 按采收季节分

(1)秋椒。

(2)伏椒。

5. 从椒形上分

(1)大狮子头:又称秦安 1 号,大红袍个体变异类型,果实颗粒大,鲜果千粒重88 g 左右。果实成熟时呈鲜红色,晒干后的椒皮呈浓红色,麻香味浓。

(2)大红袍:也叫大红椒、狮子头、疙瘩椒,是栽培最多、范围较广的优良品种。成熟的果实艳红色,表面疣状腺点突起明显,直径 5 ~ 6 mm,鲜果千粒重85 g 左右。晒干后的果皮呈浓红色,麻味浓,品质上乘。一般 4 ~ 5 kg 鲜果可晒制 1 kg 干椒皮。

（3）大椒：又称油椒、二红袍、二性子等。成熟时为红色，且具油光光泽，表面疣状腺点明显，果实颗粒大小中等、均匀，直径 4.5 ~ 5.0 mm，鲜果千粒重 70 g 左右。晒干后的果皮呈酱红色，果皮较厚，具浓郁的麻香味，品质上乘。

（4）小红椒：也叫小红袍、小椒子、米椒、马尾椒等。果实成熟时鲜红色，颗粒小，大小不甚整齐，直径 4.0 ~ 4.5 mm，鲜果千粒重 58 g 左右。晒干后的果皮红色鲜艳，麻香味浓郁，特别是香味浓，品质上乘。一般 3.0 ~ 3.5 kg 鲜果可晒 1 kg 干椒皮。

（5）白沙椒：也叫白里椒、白沙旦。果实成熟时淡红色，颗粒大小中等，鲜果千粒重 75 g 左右，晒干后干椒皮呈褐红色，麻香味较浓，但色泽较差。一般 3.5 ~ 4.0 kg 鲜果可晒 1 kg 干椒皮。白沙椒的丰产性和稳产性均强，但椒皮色泽较差，市场销售不太好。

（6）豆椒：又称白椒，果实成熟前由绿色变为绿白色，颗粒大，果皮厚，直径 5.5 ~ 6.5 mm，鲜果千粒重 91 g 左右。果实成熟时呈淡红色，晒干后呈暗红色，椒皮品质中等。一般 4 ~ 6 kg 鲜果可晒制 1 kg 干椒皮。

6. 按地域分布分

（1）云南：青椒。

（2）四川：金阳的青椒、江津的青椒、汉源椒、茂汶椒。

（3）陕西：韩城的大红袍、凤椒。

（4）甘肃：伏椒、秋椒。

（5）山东：大椒、小椒。

（6）河北：大椒、小椒。

【应用】花椒含有柠檬烯、香叶醇、异茴香醚、花椒油烯、水芹香烯、香草醇等挥发性物质，具有独特浓烈芳香气味，味微甜，有些药草芳香，主要是味辛麻而持久，对舌头有刺痛感。花椒的品种很多，风味以川椒和秦椒为好。

花椒的使用形式为花椒整粒、花椒粉、花椒精油和花椒油树脂。

花椒主要在中国、日本、朝鲜使用，花椒的用途可居诸香料之首，由于它具有强烈的芳香气,生花椒味麻且辣,炒熟后香味才溢出,因此是很好的调味佐料。同时也能与其他原料配制成调味品,如五香粉、花椒盐、葱椒盐等。在腌肉时可以其香气驱除肉腥味;可少量用于各种家禽类、牛羊肉用调味料,量一定要控制好以免过分突出影响原味;日本人常将花椒用在鱼和海鲜加工,以解鱼腥毒。

花椒果实精油含量一般为4%~7%,从花椒中提取的挥发性油,是花椒香气的有效成分,1 kg精油相当于40~100 kg原料花椒所具有的香气。花椒精油含有花椒麻素、柠檬烯、香茅醇、萜烯等。花椒油树脂是采用萃取法从花椒中提取的含有花椒全部风味特征的油状制品,1 kg相当于20~30 kg花椒所具有的香气和麻感,为浅黄绿色或浅褐色油状澄清透明液体,具有芳香浓郁、可口绵长的特点。花椒油树脂主要成分有花椒油素、花椒碱、麻味素等。花椒精油和花椒油树脂可作为调味品直接供家庭和餐饮行业使用;可作为食品添加剂,主要用于需要突出麻辣风味的各类咸味食品中,如方便面、火腿类、肉串、肉丸、海鲜制品,以及速冻、膨化、调味食品。

八、阿魏

【英文名】Asafoe tida

【学名】*Ferula assa - foetida* L.

【别名】臭胶、臭阿魏。

【科属】伞形科阿魏属。

【特征与特性】多年生一次结实的草本植物,全株具有强烈葱、蒜样气味,根粗大、圆锥形。阿魏的主要成分为挥发油、树脂及树胶。挥发油含有蒎稀及多种硫化物,其中仲丁基丙烯基二硫化物是本品具有特殊葱、蒜气味的主要原因。

【分布及栽培】主产于中亚细亚及伊朗、阿富汗等地区,我国新疆伊犁也有分布。喜生于河谷带带砾石的黏质土壤山坡上。

【使用部位】为伞形科植物阿魏的树脂。

【应用】用作肉类烹调,可去异臭及鱼类腥味,也可用于印度泡菜和辣酱中。

九、姜

【英文名】Ginger

【学名】*Zingiber officinale Rosc.*

【别名】生姜、干姜、姜皮。

【科属】姜科姜属。

【特征与特性】生姜外观形状呈不规则块状,略扁,具指状分枝,长4~8 cm,厚1~3 cm。表面黄褐色或灰棕色,有环节,分枝顶端有茎痕或芽。质脆,易折断,断面浅黄色,内皮层环纹明显,维管束散生。气香特异,味辛辣。干姜外观性状与生姜相似,呈扁平块状,表面灰黄色或浅灰棕色,粗糙,具纵皱纹及明显的环节。质坚实,断面黄白色或灰白色,粉性和颗粒性。气香特异,味辛辣。

【分布及栽培】生姜多分布于亚洲,尤以中国、印度、马来西亚、菲律宾为多。从全国范围看,大部分地区均有栽培,主要分布在山东、河南、陕西、广东、江西、浙江、安徽、四川、湖南、湖北等省。

【使用部位】姜科植物姜的干燥根茎。夏秋霜降前采挖根茎,除去茎叶及须根,洗净为"生姜";冬季冬至前采挖,去净茎叶、须根、泥沙,经晒干或微火烘干为"干姜"。

【品种】姜的代表品种有广东密轮细肉姜、玉溪黄姜、西畴细姜。

根据姜的外皮色分为白姜、紫姜、绿姜(又名水姜)、黄姜等。片姜(白姜)外皮色白而光滑,肉黄色,辣味强,有香气,水分少,耐贮藏。黄姜皮色淡黄,肉质致密且呈蜡黄色,芽不带红,辣味强,品质佳。

【应用】姜在中国大部分地区和世界许多国家都有栽种,是中国最常用的香辛料之一,民间以鲜姜为主。姜的使用形式有整姜、干姜粉碎物、精油和油树脂。

姜含有姜辣素、姜油酚、姜油酮、姜烯酚和姜醇等,具有独特的辛辣味。姜随产地的不同香味变化很大,中国干姜的芳香气较弱,有些辛辣特征的辛香气,味为刺激性的辣味。其他国家产的姜如印度姜有明显的柠檬味;非洲姜的辛辣味更强。姜精油为淡黄色液体,辛香味浓,具有生姜的辛辣香味,芳香、清新似樟脑味,但辣味要小一些。

油树脂则与原物一般的辣而又有甜味。姜油树脂为棕色半流体油状物，姜油树脂含有多种有效成分，主要包括干姜精油和姜辣素(姜醇、姜酮、姜烯酚等)。

姜的使用面极广，几乎适合各国的烹调，尤其在中国和日本等东亚国家，而在西式餐点中应用一般。姜能圆合其他香辛料的香味，能给出其他香辛料所不能的新鲜感，在加热过程中显出独特的辛辣味。新鲜或干姜粉几乎可为所有肉类调味，是必不可少的辅料，适合于炸、煎、烤、煮、炖等多种工艺；可用于去除鱼腥味和羊膻味，是东方鱼类菜肴的必用作料；可用于制作各种调味料，如咖喱粉、辣椒粉、酱、酱油等；可用于烘烤食品，是姜面包和南瓜馅饼等的主要风味；姜萃取物主要用于酒类、软饮料、冰淇淋、糖果等的调味。姜油树脂最大限度地保留了鲜姜风味物质，与直接使用生姜相比，香味增强，具有浓烈逼真的生姜风味。姜精油和油树脂可作为调味品直接供家庭和餐饮行业使用，用于无渣火锅底料、凉菜、汤类、蒸、炸、煎、烤及微波食品的调味剂；可作为食品添加剂，用于方便食品、速冻食品、膨化食品、焙烤食品及海鲜制品等。同时，由于它是药食两用资源，所以也广泛用于食品、饮料、医药及香料工业。

十、洋葱

【英文名】Onion

【学名】*Allium cepa* L.

【别名】肉葱、圆葱、玉葱、葱头、胡葱、红葱、洋葱头。

【科属】百合科葱属。

【特征与特性】百合科中以肉质鳞片和鳞芽构成鳞茎的二年生草本植物。鳞茎粗大，柱状圆锥形或近圆柱形，单生或数枚聚生，长4~6 cm。鳞茎外皮紫红色、褐红色、淡褐红色、黄色至淡黄色，内皮肥厚，肉质。叶圆筒状，中空，具强烈香气。

【分布及栽培】主产中国、印度、美国、日本。洋葱在我国分布很广，南北各地均有栽培。

【使用部位】鳞茎。

【品种】根据鳞茎的形成特性一般分为分蘖洋葱、普通洋葱、顶球洋葱 3 个类型。分蘖洋葱，每株蘖生多个至十余个鳞茎，大小不规则，铜黄色，品质差，产量低，植株抗旱性极强，适于严寒地区栽培。分蘖洋葱很少开花结实，用分蘖小鳞茎繁殖。普通洋葱，每株形成一个鳞茎，个体大，品质好，多用种子繁殖，广泛栽培。顶球洋葱，通常不能开花结实，仅在花茎上形成 7～8 个气生小鳞茎，可供繁殖用，也可以腌渍。

【应用】现在世界各地都有栽种，但各种间风味相差较大，国外洋葱固形物含量高而风味弱，国内品种风味强度大，固形物含量较低。新鲜洋葱一般用作蔬菜，而脱水洋葱、脱水洋葱粉、洋葱精油和油树脂则用作香辛料。

经分析，洋葱挥发性的主要香气成分有二丙基二硫醚、甲基丙基二硫醚、二甲基二硫醚、二烯丙基二硫醚、二烯丙基硫醚、三硫化物等近 50 种组分。

新鲜洋葱粉碎时产生极其强烈尖刺的有催泪作用的辛辣香气，但脱过水的洋葱在不受潮时这种辛辣气息较小，与水作用后也产生和新鲜洋葱一样的辛辣香气，味极辣，且持久。洋葱精油为琥珀黄至琥珀橙色油状物，主要由含硫的挥发油组成，具有洋葱特有的强烈辛辣香气和香味，适用于方便面调味包、火腿肠和其他调味品。洋葱油树脂为棕黄色黏性液体，风味特征与原植物相仿。

洋葱对东西方烹调都适合，西方国家中用得较多的是美国和法国。洋葱具有增鲜、去腥、加香等作用，多用于各种调味汁，比如用于调制唔汁（又称英国黑醋或伍斯特沙司）、蚝油汁、海鲜酱汁、烧烤汁、葱香汁、串烧汁、陈皮汁等。洋葱还可以腌渍和糖制。脱水洋葱可显著提升菜肴的风味，脱水洋葱末用于大多数西式菜中的汤料、卤汁、番茄酱、肉类作料（如各式香肠、巴西烤肉、炸鸡、熏肉等）、蛋类菜肴作料、腌制品作料、各种调味料（酱、酱油）等。

十一、香茅

【英文名】Lemongrass

【学名】*Cymbopogon citratus*（DC.）Stapf

【别名】香茅草、柠檬草。

【科属】禾本科香茅属。

【特征与特性】香茅是一种禾本科多年生密丛型具香味草本,因叶子上有很浓的柠檬香味,因此又被称作柠檬草。香茅秆高达 2 m,粗壮,节下被白色蜡粉。叶鞘无毛,不向外反卷,内面浅绿色;叶舌质厚,长约 1 mm;叶片长 30～90 cm,宽 5～15 mm,顶端长渐尖,平滑或边缘粗糙。

香茅天然含柠檬香味,味辛辣,嚼时有清凉麻舌感。以色灰绿、粗壮、叶多、香气浓烈者佳。

【分布及栽培】香茅原产东南亚热带地区,喜高温多雨的气候,在无霜或少霜的地区生长良好。我国的广东、辽宁、河北、山东、河南、安徽、江苏、浙江、江西、湖北等地均有种植。

【使用部位】叶。

【应用】香茅入药可改善风湿、偏头痛和改善消化,香茅油也可用于美容、抑菌。此外,香茅因独特的香气可用于煮粥、泡茶或炖菜,具有增加食欲、提神醒脑的作用。香茅用于饮料调味及料理调味,极能增进食欲。香茅一般用于熬制卤水;可用于鸡、鱼、排骨、牛肉、猪肉、虾等的烹调,如制作香茅烤鸡、香茅大虾、香茅烤鱼。香茅熬制成的香茅油用于炒制异味较重的荤菜,增香效果明显。

十二、砂仁

【英文名】Villosum

【学名】*Amomum villosum* Lour.

【别名】阳春砂仁、长泰砂仁、小豆蔻。

【科属】姜科豆蔻属。

【特征与特性】砂仁株高可达 3 m,茎散生;根茎匍匐地面,中部叶片长披针形,上部叶片线形,顶端尾尖,两面光滑无毛,叶舌半圆形;穗状花序椭圆形,总花梗被褐色短绒毛。蒴果椭圆形,成熟时紫红色,干后褐色,种子多角形,有浓郁的香气,味苦凉。

砂仁有矮砂仁和缩砂密两个变种。矮砂仁植株矮小,株高有 1 ~ 1.5 m,花序较小,总花梗较纤细,蒴果熟时绿色或略带棕色。分布于中国云南富宁;生于林下荫湿处,海拔 200 m。果实供药用,功效与砂仁近似。缩砂密蒴果成熟时绿色,果皮上的柔刺较扁。分布于中国云南南部(勐腊、沧源等地);生于林下潮湿处,海拔 600 ~ 800 m。老挝、越南、柬埔寨、泰国、印度也有分布。

砂仁以广东阳春的品质最佳,称阳春砂,呈椭圆形或卵圆形,有不明显的三棱,长 1.5 ~ 2 cm,直径 1 ~ 1.5 cm。表面棕褐色,密生刺状突起,顶端有花被残基,基部常有果梗。果皮薄而软。种子集结成团,具三钝棱,中有白色隔膜,将种子团分成 3 瓣,每瓣有种子 5 ~ 26 粒。

【分布及栽培】砂仁分布于中国福建、广东、广西和云南;栽培或野生于山地荫湿之处。

【使用部位】果实。姜科植物阳春砂的干燥成熟果实。夏、秋二季果实成熟时采收,晒干或低温干燥。

【应用】砂仁是一味中药,也是火锅、卤料中常用的一种香料,可用于熏烤肉等。味辛,性温,甜、酸、苦、辣、咸五味皆有,添加到菜肴中具有去膻、除腥、增味、增香等作用。果实成熟时采收,低温焙干,用时打碎;或者以未成熟嫩果,通过加工食用。

十三、韭葱

【英文名】Winter leek

【学名】*Allium porrum* L.

【别名】扁葱、扁叶葱、洋蒜苗。

【科属】百合科葱属。

【特征与特性】韭葱叶宽条形至条状披针形,实心,略对褶,背面呈龙骨状,基部宽 1 ~ 5 cm 或更宽,深绿色,常具白粉。花葶圆柱状,实心,伞形花序球状,无珠芽,密集花;花白色至淡紫色;花丝稍比花被片长,子房卵球状。

【分布及栽培】韭葱原产欧洲中部和南部;目前我国广西栽培时

间较长。韭葱对土壤适应性广,沙土、黏土均可栽培。适宜在富含有机质、肥沃、疏松的土壤上栽培,土壤 pH 7.7 的微碱性最好。韭葱可全年栽培,以春秋二季种植为主。

【使用部位】叶、鳞茎。

【应用】韭葱富含叶酸、铁、钾、维生素 C、维生素 B_6、镁、钙和铜,每 100 g 生韭葱中水分 83%,蛋白质 1.5%、碳水化合物 14%。韭葱能除菌、利尿,对于消化系统也有清洁作用,还具有增进食欲、降低血脂的作用。韭葱嫩苗、鳞茎、假茎和花薹,可炒食、做汤或用作调料。韭葱可生食也可烹食,烹制方式与其他蔬菜基本一样,宜简单烹饪,如果烹饪时间过长,容易变软。韭葱宜与火腿和乳酪搭配,也可以和柠檬、罗勒、百里香一起烹饪。韭葱饼香酥松脆,制作简单,有很高的营养价值。

十四、高良姜

【英文名】Greater galanga

【学名】*Alpinia galanga*（L.）Wild

【别名】风姜、小良姜、膏凉姜、蛮姜、海良姜。

【科属】姜科山姜属。

【特征与特性】多年生草本,具根状茎,株高 40~110 cm,根状茎圆柱形,直径 1~1.5 cm,有节,节处具环形膜质鳞片,节上生根,芳香味。叶二列,叶片线状披针形,长 15~30 cm,宽 1.5~2 cm,先端渐尖或近尾状,基部渐窄,全缘或具不明显的疏钝齿。圆锥花序顶生,直立或略弯,长 5~15 cm。蒴果球形,直径约 1.2 cm,橘红色,种子具有干燥的假种皮,有钝棱角,棕色。

【分布及栽培】分布于中国广东、海南和广西,我国台湾和云南也有栽培。垂直分布于海拔 700 m 以下,但以 1000 m 以下最多。野生高良姜生长于阳光充足的丘陵、缓坡、荒山坡、草丛、林缘及稀林中。

【使用部位】根、茎。高良姜的根茎呈圆柱形,多弯曲,有分枝,长 5~9 cm,直径 1~1.5 cm。表面棕红色至暗褐色,有细密的纵皱纹和灰棕色的波状环节,节间长 0.2~1 cm,一面有圆形的根痕。质坚韧,不易折断,断面灰棕色或红棕色,纤维性,中柱约占1/3。气香,味辛辣。

【应用】高良姜的根茎可作药用或调味品。夏末秋初挖取生长4~6年的根茎,除去茎、叶、须根和鳞片,洗净,然后切成小段,晒干,碾磨成粉末者称为"良姜粉"。

高良姜根茎供药用,功能温中散寒、止痛消食。高良姜具有强烈的姜味和独特香气,在烹调中主要去除肉类食材的腥膻味,赋予食材独特的香气,多用于制作卤菜。高良姜是五香粉、十三香等复合调味品的重要组成部分。

十五、荜茇

【英文名】Long Pepper

【学名】*Fructus piperislongi.*

【别名】荜茇、荜拨,荜拨梨、阿梨诃咃、椹圣、蛤蒌、鼠尾、必卜。

【科属】胡椒科胡椒属。

【特征与特性】多年生草质藤本。茎下部匍匐,枝横卧,质柔软,有棱角和槽,幼时密被短柔毛。叶互生,长圆形或卵形,全缘。雌雄异株,穗状花序,子房倒卵形,浆果卵形。

荜茇的果穗呈圆柱状,稍弯曲,长2~4.5 cm,直径5~8 mm。总果柄多已脱落。表面黑褐色或棕色,由多数细小的瘦果聚集而成,排列紧密整齐,形成交错的小突起,基部有果穗梗残存或脱落。小瘦果略呈圆球形,被苞片,直径约1 mm。质坚硬而脆,易折断,断面不整齐、微红,胚乳白色。有特异香气;味辛辣。以果穗肥大、干燥、饱满、坚实、气味浓者为佳。

【分布及栽培】生于海拔约600 m的疏林中。分布于云南东南至西南部,在福建、广东和广西有栽培。国外主产于印度尼西亚、菲律宾及越南等地。商品有云南荜茇和进口荜茇2种。

泗水荜茇:为产于印度尼西亚的泗水地区者。表面棕褐色,条顺直,谷粒状小突起物紧密,香气浓,品质优。

安南荜茇:又名越南荜茇。为产于越南(古称安南)者。表面棕红色,条弯曲,谷粒状小突起物疏松,香味淡,品质次。

云南荜茇:为产于我国云南者。形状气味与泗水荜茇相似,品质也佳。

【使用部位】为胡椒科植物荜茇的未成熟果穗,9~10月间,果实由黄变黑时摘下,晒干。

【应用】果实含胡椒碱、棕榈酸、四氢胡椒酸、1-十一碳烯基-3,4-甲撑二氧苯、哌啶、挥发油、N-异丁基癸二烯(反-2,反-4)酰胺、芝麻素等。荜茇挥发油中含有α-姜烯、α-葎草烯、十七烯、十七烷、β-芹子烯、β-荜澄茄油烯等。荜茇味辛辣,有特异香气,是烹调肉类菜肴的佐料。在烹调中与白芷、豆蔻、砂仁等香辛料配合使用,去除动物性原料中的腥臊异味。特别是用于卤、酱食品,可除异味,增添香味,增加食欲。

十六、辣椒和甜椒

【英文名】Capsicum;Chillies

【学名】*Capsicum annum* L. ;*Capsicum frutescens* L.

【别名】

(1)辣椒,又叫海椒、秦椒、辣子、辣角、牛角椒、红海椒、海椒、番椒、大椒、辣虎。

(2)甜椒,又叫柿子椒、灯笼椒。

【科属】茄科辣椒属。

【特征与特性】一年生草本植物。果实通常成圆锥形或长圆形,未成熟时呈绿色,成熟后变成鲜红色、黄色或紫色,以红色最为常见。

这里介绍的辣椒以红辣椒(干了以后呈红色,长度5 cm左右)为主。红辣椒果实呈圆锥形或纺锤形,顶尖,基部微圆,带有宿萼及果柄。宿萼绿色,5齿型。果皮带革质,鲜品绿色或红色,肉质;干缩而薄,外表鲜红色或红棕色,有光泽。内部空,由中分隔成2~3室,中轴胎座,每室有多数黄色的种子;种子扁平,呈肾形或圆形,直径各不相同。

从颜色上看,辣的程度与辣椒的颜色有一定关系,一般红色辣椒要比绿的辣,绿的则比紫色、黄色、黑色辣椒辣,这是因为辣椒在成熟时都会变成红色,辣味最强,黄色、紫色辣椒等大多为甜椒。甜椒一般果实较大,呈圆形、扁圆形或圆筒形,味甜、微辣或不辣。

【分布及栽培】在世界各地都有种植,但主要种植国是中国、印度、巴基斯坦、墨西哥、匈牙利、西班牙和美国。

【使用部位】辣椒果实。

【品种】辣椒的品种极多,品种不同,其辣度和色泽就有很大的不同。

(1)樱桃类辣椒,叶中等大小,圆形、卵圆形或椭圆形,果小如樱桃,圆形或扁圆形,红、黄或微紫色,辣味甚强,制干辣椒或供观赏,如成都的扣子椒、五色椒等。

(2)圆锥椒类,植株矮,果实为圆锥形或圆筒形,多向上生长,味辣。如仓平的鸡心椒等。

(3)簇生椒类(朝天椒),叶狭长,果实簇生,向上生长,果色深红,果肉薄,辣味甚强,油分高,多作干辣椒栽培。晚熟,耐热,抗病毒力强,如贵州七星椒等。

(4)长椒类,株型矮小至高大,分枝性强,叶片较小或中等,果实一般下垂,为长角形,先端尖,微弯曲,似牛角、羊角、线形。果肉薄或厚,肉薄、辛辣味浓供干制、腌渍或制辣椒酱,如陕西的大角椒;肉厚,辛辣味适中的供鲜食,如长沙牛角椒等。

(5)甜柿椒类,分枝性较弱,叶片和果实均较大。

根据辣椒的生长分枝和结果习性,也可分为无限生长类型、有限生长类型和部分有限生长类型。

【应用】辣椒的果实因果皮含有辣椒素而有辣味,能增进食欲。辣椒可以鲜用,但香辛料用整椒、辣椒粉和辣椒油树脂。

辣椒的挥发油含量极小,但气息仍很强烈,初为宜人的胡椒样辛辣香气,以后为尖到刺激性辛辣;具强烈并累积性和笼罩性的灼烧般辣味,辣味持久留长,主要作用在舌后部及喉咙口。辣椒油树脂依据原料不同,可为红色至深红色稍黏稠液体,风味与原物相同。使用辣椒油树脂时要十分小心,它会对皮肤和眼睛产生刺激性伤害。

鲜辣椒富含维生素 C、胡萝卜素,其辣味成分以辣椒碱、二氢辣椒碱和高辣椒碱为主。它是我国重要的调味品之一,川、湘、鄂、赣等菜系都离不开辣椒。除中国外,喜爱辣椒的色泽和辣味的国家和地区有墨西哥、印度、意大利和美国南部等。主要用于制作各种辣酱、辣酱油、汤料、咖喱粉、辣酱粉、腌制作料等,辣椒是意大利风味香肠、墨西哥风味香肠中的必用作料。

同辣椒一样,甜椒的品种也很多,品种不同,其色泽和辣味也不同。与辣椒不同的是,采用甜椒的目的主要是利用其色泽,而不是辣味,因此高质量的甜椒色泽鲜艳(干后为红色)而辣味很弱。甜椒可以鲜用,香辛料可用其干整核、甜椒粉和油树脂。

甜椒的原产地是荷兰,产品有紫色、白色、黄色、橙色、红色、绿色等多种颜色,与普通辣椒相比,具有较高的含糖量和维生素 C。主要用于生食或切丝拌沙拉酱。

甜椒油树脂为深红色油状物,具甜辛香味,有点辣。甜椒可给肉类(包括禽类)食品、海鲜、蛋类食品、汤料、调味料、腌制作料、白色蔬菜、沙拉等赋予色泽,甜椒油树脂大多用于冷菜调料,因其中色素成分易被热、盐或光破坏。

十七、辣根

【英文名】Horseradish

【学名】*Armoracia rusticana* P. Gaertn. B. Meyei et Scherb

【别名】马萝卜、西洋山葵、西洋山嵛菜、山葵萝卜。

【科属】十字花科辣根属。

【特征与特性】多年生宿根草本,全株无毛。根圆柱形,肉质,粗且长,多枝根,有强烈辣味。根皮浅黄色,肉白色。茎上部分枝。基生叶大型,有柄,具圆齿;茎生叶较细小,无柄,抱茎。总状花序,花冠白色。芳香。短角果球形,成熟开裂。种子较大,黑色。

【分布及栽培】在大多数温带国家都有栽种,原产欧洲芬兰,现主产于中东南欧和美国,中国也有引种。

【使用部位】辣根的肉质根。

【应用】鲜辣根的水分含量为75%,香辛料用其新鲜的地下茎和根,切片磨糊后使用,还可加工成粉状。辣根具芥菜样火辣的新鲜气,味觉也为尖刻灼烧般的辛辣风味。辣根的主要香气成分与芥菜相似,为由黑芥子苷水解而产生的烯丙基芥子油、异芥苷、异氰酸烯丙酯、异氰酸苯乙酯、异氰酸丙酯、异氰酸酚酯、异氰酸丁酯和二硫化烯丙基等。辣根具有增香防腐作用,炼制后其味还可变浓,加醋后可以保持辛辣味。辣根是日本人最喜爱的香辛料之一,在西式饮食中也有相当使用。辣根是制造辣酱油、咖喱粉和鲜酱油的原料之一,是制作食品罐头不可缺少的一种香辛料,常与芥菜配合带给海鲜、冷菜、沙拉等火辣的风味,常用作肉类食物的调味品和保存剂。磨成糊状的辣根可与乳酪或蛋白等调制成辣根酱。

十八、薄荷(野薄荷)

【英文名】Wild Mint Herb;Herba Menthae Heplocalycis

植物学上,薄荷属植物有30种左右,140多个变种,主要栽培品种包括亚洲薄荷、欧洲薄荷(椒样薄荷、胡椒薄荷)、柑橘薄荷等20多个品种。我们通常所说的薄荷主要指亚洲薄荷。

冬香薄荷(正式名风轮菜,中文别名夏香薄荷)、绿薄荷(正式名留兰香)、柠檬薄荷(正式名香蜂花)、欧尼花薄荷(正式名马祖林)、柳薄荷(正式名海索草)这些虽然叫作薄荷,其实并不是薄荷。

薄荷为芳香植物的代表,品种很多,每种都有清凉的香味。花色有白、粉、淡紫等,低调而不张扬,组成唇形科特有的花茎。薄荷是世界三大香料之一,号称"亚洲之香",广泛应用于医药、化工、食品等领域,世界年消费量在万吨以上,且以每年5%~10%的速度增长。常见的品种:薄荷、野薄荷、胡椒薄荷、芳香薄荷(也叫香薄荷)、水薄荷、科西嘉薄荷、普列薄荷、红毛薄荷、古龙薄荷。

【学名】*Mentha haplocalyx* Brip. 或者 *Mentha arvensis* L.

【别名】番薄荷、苏薄荷、南薄荷、水薄荷、番荷菜、土薄荷、鱼香草、野薄荷。

【科属】唇形科薄荷属。

【特征与特性】薄荷为唇形科植物薄荷的全草或叶,为多年生宿根草本。其株高 30~60 cm,茎下部匍匐,节上生根,上部直立。叶对生,披针形或椭圆形,两面皆有毛及油点,用手揉碎后,有强烈的香气和清凉感,是主要的药用部分。花淡紫色,坚果卵球形黄褐色。

干全草长 15~35 cm,直径 0.2~0.4 cm,黄褐色略带紫,或淡绿色,茎方柱形,有对生分枝,有节,节间长 2~5 cm,茎表面披白色绒毛,角棱处较密,质脆易折断,断面类白色中空,对生的叶片都卷缩或破碎,表面深绿色,下面灰绿色,具有白色绒毛,质脆易碎,腋生的花序上残留有花萼,气芳香、味辛凉。以叶多深绿、气浓香者为佳。

以植物学分类来看,薄荷有黑种和白种两个品种,黑种薄荷即椒样薄荷(*Mentha Vulgaris*),主产地为美国和欧洲;白种薄荷(*Mentha Officinalis*)的主产地为中国和印度。从风味角度来看,白种薄荷比黑种薄荷好。薄荷按花梗长短可分为长花梗和短花梗两个类型。短花梗类型花梗极短,轮伞花序,我国大多数栽培品种属于这一类型,主要品种有赤茎圆叶、青茎圆叶及青茎柳叶等;长花梗类型花梗很长,着生在植株的顶端,为穗状花序,含薄荷油很少,欧美各国栽培的品种多属此类型,品种有欧洲薄荷、美国薄荷及荷兰薄荷等。薄荷依茎叶形状、颜色可分为青茎圆叶种、紫茎紫脉种、灰叶红边种、紫茎白脉种、青茎大叶尖齿种、青茎尖叶种、青茎小叶种 7 种,鉴别不同品种的形态特征,主要根据茎色、叶形、茸毛有无和多少,以及叶缘锯齿的深浅等。

【分布及栽培】原产于北温带的日本、朝鲜和我国东北各省。世界上分布较多的有俄罗斯、日本、英国和美国等国家,德国、法国、巴西也有栽培。我国各地均有栽培,主产地为江苏、江西、安徽、河北、四川等省。

【使用部位】嫩茎叶。

香辛料可用薄荷的鲜叶、干叶和精油。将采摘下的新鲜茎叶,切成小段后,于通风处晒干。干燥后呈黄褐色带紫或绿色。气香,味辛凉。以身干、无根、叶多、色绿、气味浓者为佳。薄荷叶为甜凉的薄荷特征香气,味觉为薄荷样凉味,极微的辛辣感,后味转为甜的薄荷样凉(黑种薄荷的凉感比白种薄荷更明显和持久,辛辣味也多一些)。薄荷精油为清新、强烈的薄荷特征香气,口感中薄荷样凉味为主(黑种薄荷稍有些甜和膏样后味)。

薄荷新鲜叶含挥发油0.8% ~ 1%,干基叶含1.3% ~ 2%。油中主要成分为薄荷醇,含量为77% ~ 78%,其次为薄荷酮,含量为8% ~ 12%,还含有乙酸薄荷酯等。

薄荷是食品烹饪调料,在中西式复合调味料中常有应用。薄荷在英国和美国较为多见,适合于西餐中的甜点,印度在烹调中也会添加薄荷,其他地区则很少用。传统上,整鲜薄荷叶可给水果拼盘和饮料增色,粉碎的鲜薄荷常用于威士忌、白兰地、汽水、果冻、冰果子露等,也可用于自制的醋或酱油等调味料。薄荷精油用于口香糖、糖果、牙膏、烟草、冰淇淋等。薄荷味辛芳香,有调味、疏风、散热、避秽、解毒等作用。薄荷含有特殊的浓烈的清凉香味,除了凉拌食用可以解热外,还有去腥去膻作用,是食用牛羊肉时必备的清凉调料;薄荷具有解热、杀菌、止痛、发汗、驱风、消暑、化痰、止呕吐等作用,自古用作药材;薄荷可用于制造清凉油、八封丹等,还可加入糕点或作为牙膏、香皂的添加剂。

第二节　浓香型香辛料

一、丁香

【英文名】Clove;Flos Caryophyllata

【学名】*Syzygium aromaticum*(L.)Merr. et Perry

【别名】丁子香、鸡舌、支解香、雄丁香、公丁香。

【科属】桃金娘科蒲桃属。

【特征与特性】常绿乔木。叶对生,革质,卵状长椭圆形。夏季开花,花淡紫色,聚伞花序。果实长倒卵形至长椭圆形,称为"母丁香";干燥花蕾入药,称为"公丁香",性温,味辛,功能温胃降逆,主治呃逆、胸腹胀闷等。

干燥的花蕾略呈短棒状,长1.5~2 cm,红棕色至暗棕色;下部为圆柱状略扁的萼管,长1~1.3 cm,宽约5 mm,厚约3 mm,基部渐狭小,表面粗糙,刻之有油渗出,萼管上端有4片三角形肥厚的萼;上部近圆球形,径约6 mm,具花瓣4片,互相抱合。将花蕾剖开,可见多数雄蕊,花丝向中心弯曲,中央有一粗壮直立的花柱,质坚实而重,入水即沉;断面有油性,用指甲划之可见油质渗出;气强烈芳香,味辛。

【分布及栽培】原产马鲁古群岛,主产于印度、马来西亚、印度尼西亚、斯里兰卡和非洲接近赤道地区。我国广东、广西、海南等地也有栽培。

【使用部位】以干燥果实和花蕾为香料,其中果实称为母丁香,花蕾称为公丁香。以花蕾干燥、个大、饱满、色棕紫而新鲜、香气浓烈、油性足者为佳。通常在9月至次年3月间,花蕾由青转为鲜红色时采收。

【应用】用作香辛料的是丁香的干燥整花蕾(以下简称丁香)、丁香粉、丁香精油和丁香油树脂,不要用其叶或茎掺入。

丁香的香气随产地不同而不同,热带地区产的丁香质量较好。丁香是所有香辛料中芬芳香气最强的品种之一,为带胡椒和果样香气、强烈的甜辛香,暗带些酚样气息、木香和霉气,微苦涩,舌头上有强烈麻感。丁香精油和油树脂的香气为清甜浓烈的带丁香特征花香的辛香香气;口感与原香料相似。

丁香的树根(丁香根)、树皮(丁香树皮)、树枝(丁香枝)、果实(母丁香)、花蕾蒸馏得到挥发油(丁香油)。通常丁香精油为丁香的干燥花蕾(丁香)经蒸馏所得的挥发油(古代则多为母丁香所榨出的油),为淡黄或无色的澄明油状液,有丁香的特殊芳香气。露置空气中或贮存日久,则渐浓厚而色变棕黄。丁香油树脂为棕至绿色黏稠状液体。

除了日本外,丁香是众多地区都常用的香辛料之一,印度使用更多,主要用其芳香气和麻辣味。丁香可用于烘烤肉类作料(如火腿、汉堡牛排、红肠等)、汤料(番茄汤和水果汤)、蔬菜作料(沙拉、胡萝卜、南瓜、甘薯、甜菜等)、腌制品作料(肉类及酸泡菜)、调味料(茄汁、辣酱油等)。丁香精油则用于酒和软饮料的风味料、口香糖、面包风味料等。除了制作泡菜外,整丁香很少使用。另外,由于丁香的香气强烈,应控制使用量,如在肉食中的加入量要小于0.02%。

二、八角茴香

在中国有两种茴香,一种是大茴香,另一种是小茴香。大、小茴香都是常用的调料,是烧鱼炖肉、制作卤制食品时的必用品。因它们能除肉中臭气,使其重新添香,故称为茴香。但二者是完全不同的两种物种。大茴香即大料,属木兰科,学名叫八角茴香。它的果实也可以作香料,外观有八个角,深棕色。主要在我国广东、广西、福建、台湾等地人工栽培。小茴香属伞形科。它是以果实为香料、茎叶为食用器官的一种蔬菜。小茴香外观像谷壳,颜色也与谷壳一样。

【英文名】Star Anise

【学名】*Illicium verum Hooker*

【别名】大料、大茴香、八角茴香、五香八角、八角、唛角、八月珠。

【科属】木兰科八角属。

【特征与特性】常绿乔木,树皮灰色至红褐色。叶互生或螺旋状排列,革质,椭圆形或椭圆状披针形,花为淡红至深红色。

聚合果放射星芒状,直径3.5 cm,红褐色;常由8枚蓇葖果集成聚合果,蓇葖顶端钝呈鸟嘴形,每一蓇葖含种子1粒。种子扁卵形,红棕色或灰棕色,有光泽,气味香甜。呈浅棕色或红棕色。整体果皮肥厚,单瓣果实前端平直圆钝或钝尖。

【分布及栽培】生长于阴湿、土壤疏松的山地。主产地是中国福建、广东、广西、贵州、云南,以及越南。

【使用部位】八角茴香的果实。秋、冬季果实由绿变黄时采摘,置沸水中略烫后干燥或直接干燥。

【应用】八角茴香果实和叶均含挥发油,并带甜味。油中主要成分为大茴香脑、黄樟油素、大茴香醛、茴香酮。香辛料采用的是八角茴香干燥的种子,所用形态有整八角、八角粉和八角精油。八角由种子和籽荚组成,种子的风味和香气的丰满程度要比籽荚差。八角的特殊香气浓郁而强烈,滋味辛、甜。与小茴香相比,除了香气较粗糙、缺少非常细腻的酒样香气外,与小茴香类似,为强烈的甜辛香;味道也与小茴香相似,为口感愉悦的甜的茴香芳香味。

八角精油为无色至淡黄色液体,香味与原香料区别不大,也为甜浓的茴香香味。没有八角油树脂这种产品。

八角是中国和东南亚人们喜欢使用的香辛料,印度以西地区就很少在烹调中使用八角,东亚的日本除外。八角主要用于调配作料,如它是五香粉的主要成分之一;肉食品的作料(如牛肉、猪肉和家禽);蛋和豆制品的作料;腌制品作料;汤料;酒用风味剂;牙膏和口香糖风味料等。八角茴香油,用于制造甜香酒、啤酒等食品工业,也是制牙膏、香皂、香水、化妆品的香料。八角的果实与种子除可作调料外,还可入药。有驱虫、温中理气、健胃止呕、祛寒、兴奋神经等功效,作驱风剂及兴奋剂,还是合成雌激素己烷雌酚的原料。中国八角出口占世界市场的80%以上。八角木材红褐色,纹理直,结构细致,质轻软,有香味,抗虫害,供作家具、箱板、玩具、细木工用材。

八角的同科同属不同种植物的果实统称为假八角。假八角茴香含有毒物质,食用后会引起中毒。常见的假八角有红茴香、地枫皮和大八角。

三、小豆蔻

【英文名】Small cardamon;India cardamom
【学名】*Eletteria cardamomum* Maton
【别名】三角豆蔻、印度豆蔻。
【科属】姜科小豆蔻属。
【特征与特性】多年生草本。根茎粗壮,棕红色。叶两列,叶片狭长披针状,叶鞘具棕黄色柔毛。穗状花序由茎基部抽出。花序显著伸长,花排列稀疏,花冠白色。成熟干燥的小豆蔻果实长卵圆形,为深褐色细小籽粒。果皮质韧,不易开裂。种子团分三瓣,每瓣种子5~9枚,种子气味芳香。味辛,性温。
【分布及栽培】在印度、苏门答腊、斯里兰卡、越南、老挝、印度尼西亚有栽种,以印度、斯里兰卡和印度尼西亚的品种最好。中国国内栽种的小豆蔻不是正宗的小豆蔻,它的主要产地是广东。

【使用部分】为姜科植物小豆蔻的干燥果实。果实成熟时收采,除去残留的果柄,晒干。

【作用】主要成分含有挥发油、少量皂甙、色素和淀粉等。挥发油的主要成分为 d – 龙脑(d – Borneol)、d – 樟脑(d – Camphor)及桉油素伞花烃。

小豆蔻是世界上最昂贵的香辛料之一,仅次于番红花。香辛料用的是干燥的整粒种子、粉末、精油和油树脂。小豆蔻的粉末必须在粉碎后立即使用,不能久置,因为粉碎后小豆蔻的香气挥发得很快。

小豆蔻的香气特异、芬芳,有甜的辛辣气,有些许樟脑样清凉气息;其味与此类似,辣味较明显。小豆蔻精油是无色、淡黄色或淡棕色的液体,穿刺性很强的甜辛香,有桉叶素、樟脑、柠檬样的药凉气,与空气接触久后,则产生显著的霉样杂气;有甜、凉、辛辣或火辣的口味。小豆蔻油树脂为暗绿色液体,香味与其精油相仿。

小豆蔻是印度人最喜爱的香辛料,在西方国家小豆蔻的应用面相对较小。小豆蔻与白豆蔻、爪哇白豆蔻同作调味料,用于肉类、禽类及鱼类食品的调制,如肉制品(德国式的红肠、瑞士的肉九、法兰克福的香肠、美国的腊肠和肝肠、西式火腿)、肉制品调味料(适合于牛肉、猪肉、羊肉、鸡等),其为"咖喱粉"的原料之一。小豆蔻也可用于奶制品(如甜奶油)、蔬菜类调味品(如土豆、南瓜、萝卜等)、饮料调味品(如印度咖啡、柠檬汁)、脯制品调料、面食品风味料(如丹麦面卷、意大利比萨饼、苏格兰式甜饼等)和汤料等。小豆蔻精油则用于腌制品、口香糖、酒类饮料、药用糖浆和化妆品香精。小豆蔻的香气非常强烈,使用时要小心。小豆蔻精油的挥发性虽然很大,但耐热性较好。小豆蔻也可用作消食驱风剂及芳香兴奋剂。

备注:小豆蔻市场上也作为白豆蔻出售,但品质较差,芳香味也稍逊。

四、小茴香

【英文名】Fennel

【学名】*Foeniculum vulgare* Mill.

【别名】茴香、蘹香、菜茴香、香丝菜、山茴香。

【科属】伞形科茴香属。

【特征与特性】多年生草本,全株有粉霜,有强烈香气。茎直立,上部分枝,有棱。叶互生,2~4回羽状细裂,最终裂片丝状,基部鞘状抱茎。复伞形花序顶生,花小,金黄色。

小茴香清明后下种,八月采其果实。到了冬季秆茎脱落,来年初春,嫩芽从其根部重新发出,年复一年,故名曰茴香。

小茴香双悬果细椭圆形,有的稍弯曲,长4~8 mm,直径为1.5~2.5 mm。表面黄绿色或淡黄色,两端略尖,顶端残留有黄棕色突起的柱基,基部有时有细小果梗。分果瓣呈长椭圆形,背面有5条纵棱,接合面平坦而较宽。横切面略呈五边形,背面的四边约等长。有特异香气,味微甜、辛。小茴香有甜和苦两个品种,以甜的品种好。

【分布及栽培】原产地欧洲、地中海地区、南亚,现在世界各地都有栽培。我国各地普遍栽培,主产于山西、陕西、甘肃、辽宁、内蒙古、安徽、四川、江苏等地。

【使用部位】叶、种子。平常所提小茴香实际是植物茴香的果实。秋季果实初熟时采割植株,晒干,打下果实,去净杂质。有时与盐炒用。小茴香籽呈灰色,形如稻粒,又名茴香、小茴、小香、角茴香、谷茴香、土茴香、野茴香、谷香、香子等。

【应用】小茴香以晒干的整粒、干粒粉碎物、精油和油树脂的形态使用。

小茴香含茴香醚、α - 茴香酮、甲基胡椒酚(methylchavicol)、茴香醛等,香气类似于茴香和甘草,有些许樟脑样香韵;其味更类似于甘草的甜,并有些苦的后味。小茴香精油为无色或淡黄色液体,具强烈芬芳的、令人愉快的清新的茴香样辛香,有点樟脑气,干了以后则以樟脑气为主;味温辛芳香,甜而微焦苦。小茴香油树脂为棕至绿色液体,香味与精油类似。

小茴香是世界上应用最广泛的香辛料之一,是烧鱼炖肉、制作卤制食品时的必用品。消耗小茴香最多的国家是英国和印度。小茴香的种子是调味品,而它的茎叶部分也具有香气,可炒吃、凉拌、包包子、包饺子,自有一股清香的味道。在西菜制作中,茴香的嫩茎叶可做调味蔬菜,多切碎后撒在色拉、热菜或汤的表面,用于提味、增香、点缀,但通常不单独成菜。小茴香(茴香籽)可用于汤料(英国和波兰风格的肉汤料)、烘烤作料(印度的烤鸭、烤鸡、烤猪肉)、海鲜作料、腌制作料、调味料(番茄酱)、肉用作料(西式肉丸、意大利红肠)、沙拉调味料(包菜、芹菜、黄瓜、洋葱、土豆等)、面包风味料(德国式面包)、饮料和酒风味料(法国酒)等。小茴香味辛、甘、温。有理气健胃、散寒止痛等作用。小茴香还有抗溃疡、镇痛、性激素样作用等,茴香油有不同程度的抗菌作用。

五、牛至

牛至是唇形科牛至属植物的总称。牛至属包含的种类较多,其中最受欢迎的为甜牛至,又名马月兰花、牛膝草(详见甘牛至);另一种称为披萨草或野牛至。它们都是宿根草本植物,原产于地中海沿岸及西亚一带,欧洲、美国都有栽培。

【英文名】Oregano;Marjoram

【学名】*Origanum vulgare* L.

【别名】滇香蕾、土香薷[贵州]、白花茵陈[江西、云南]、五香草、暑草、琦香、满坡香、满山香[云南]、小甜草、止痢草、小叶薄荷。

【科属】唇形科牛至属。

【特征与特性】常绿多年生草本或亚灌木,生长茂盛,生长高度25 cm。秋冬叶转为暗红色。茎基部木质,常有柔毛,叶绿色,钝圆形,长1~3 cm,叶全缘或具疏齿;常为雌花、两性花异株;小穗状花序圆形或长圆形,花冠白色或粉红至紫色,钟状;花柱顶端两裂小坚果,小坚果棕褐色,卵圆形,略具棱角,无毛。花果期7~11月。

【分布及栽培】牛至的分布受地理环境的影响,生于海拔500~

3600 m 的山坡、路旁、灌丛、草地、林下。主要分布于地中海地区至中亚、北非、北美及我国大部分地区。在我国,牛至主要分布在华北、西北至长江以南各地。甜牛至在我国广东、广西、上海、北京都有引种,但尚未大面积生产。野牛至在我国分布于河南、陕西、甘肃、安徽、江苏、浙江、湖南、江西、湖北、四川、广东、云南等省。

【使用部位】为唇形科牛至属牛至全草。牛至夏末秋初开花时采收,将全草齐根头割起,或将全草连根拔起,抖净泥沙,晒干后扎成小把。

全草长 20~60 cm,根细小,直径 0.2~0.4 cm,表面灰棕色,稍弯曲略有韧性,断面黄白色。茎下部近圆柱形,上部方柱形,少分枝。紫棕色或黄棕色,密被贴伏细绒毛。叶对生,皱缩,展平后叶片卵形至宽卵形,长 0.6~1.8 cm,宽 0.4~1.2 cm,黄绿色或灰,全缘,两面被棕黑色腺点;叶柄长 1.5~2.5 mm,被毛。聚伞花序顶生,花萼钟状,5 裂;小坚果扁卵形,红棕色。

【应用】牛至全草具有芳香气味,含挥发油,主要有对—聚伞花素、香荆芥酚、麝香草酚、香叶乙酸酯等。全草可以提取香油,作烹饪调味料。

香辛料用牛至干燥的地上部分(包括茎、叶和花)、其粉碎物、精油和油树脂。牛至的香气成分随产地有很大不同,有的牛至以百里香酚为主要成分,有的则以香芹酚为主要成分。烹调主要采用西班牙品种,主要成分是百里香酚和蒎烯。

牛至为强烈的芳辛香气,稍有樟脑气息,味感辛辣,微苦,但此苦又似转化为宜人的甜味。牛至精油为淡黄色液体,清新爽洁的甜辛香气,稍带花香,有桉叶样清凉后韵,香气持久;味感为强烈的辛香味,稍有涩和苦味,同原植物一样,此苦可以演变为甜味。油树脂为暗棕色、半固体状黏稠的物质。

牛至适用于西方饮食,特别是意大利、中美州和拉美国家。广泛用于各种肉类调料、炸鸡、汤料、卤汁、番茄酱、熟食酱油等调味料;为比萨饼的必用香料。牛至鲜叶做沙拉、做汤、做饭,能增加饭菜的香味,促进食欲,用鲜叶或干粉烤制香肠、家禽、牛羊肉,风味尤佳。使用时应注意用量,控制在肉食品的 1/200 以内;粉碎了的牛至叶不宜久放,应用前及时粉碎。全株可药用,可利尿、促进食欲、改善消化、去痰、抗菌。

六、龙蒿

【英文名】Tarragon

【学名】*Artemisia dracunculus* L.

【别名】香艾菊、狭叶青蒿、蛇蒿、椒蒿、青蒿、他拉根香草。

【科属】菊科蒿属。

【特征与特性】根粗大或略细,木质,垂直;根状茎粗,木质,直立或斜上长,直径 0.5~2 cm,常有短的地下茎。茎通常多数,成丛,龙蒿高 40~200 cm,褐色或绿色,有纵棱,下部木质,稍弯曲,分枝多,开展,斜向上。叶无柄,初时两面微有短柔毛,后两面无毛或近无毛,下部叶花期凋谢;中部叶线状披针形或线形,长 1.5~10 cm,宽 2~3 mm,先端渐尖,基部渐狭,全缘;上部叶与苞片叶略短小,线形或线状披针形,长 0.5~3 cm,宽 1~2 mm。头状花序多数,近球形、卵球形或近半球形,直径 2~2.5 mm,具短梗或近无梗,斜展或略下垂,基部有线形小苞叶,在茎的分枝上排成复总状花序,并在茎上组成开展或略狭窄的圆锥花序。瘦果倒卵形或椭圆状倒卵形。

主要变种有:宽裂龙蒿、杭爱龙蒿、青海龙蒿和帕米尔蒿。

宽裂龙蒿(*Artemisia dracunculus* L. var. *turkestanica* Krasch.):与原变种区别在于该变种植株高大。叶宽大,椭圆状披针形,宽 3~6 mm,叶先端不分裂或间有 3 深裂或 3 浅裂。头状花序直径 3~4 mm,无梗或具极短梗。分布于中国(新疆)和俄罗斯(中亚地区);生长于海拔 800~2500 m 的干河谷、河岸阶地、草原、路旁及田边等地。新疆民间入药用于治胸腹胀满、消化不良等症。

杭爱龙蒿[*Artemisia dracunculus* L. var. *changaica* (Krasch.) Ling et Y. R. Ling]:与原变种的区别在于该变种叶不分裂或侧边偶有 1 (~2)枚细小、狭线形的侧裂片。头状花序直径 3~4 mm,近无梗,在茎上组成狭窄、总状花序式的圆锥花序。分布于中国和蒙古国;在中国分布于宁夏、甘肃、青海和新疆北部。

青海龙蒿（*Artemisia dracunculus* L. var. *qinghaiensis* Y. R. Ling）与原变种区别在于该变种头状花序近球形或近半球形，直径 2～3 mm，下垂，具明显梗，梗长 2～5mm，在茎上组成疏松、略狭窄的圆锥花序。分布于中国青海东部与北部；分布在海拔 2500～3500 m 地区的荒地、路旁。

帕米尔蒿（*Artemisia dracunculus* L. var. *pamirica*（C. Winkl.）Y. R. Ling et C. J.）：与原变种区别在于该变种植株略小。茎、枝、叶初时被密绒毛，后渐稀疏。头状花序在茎上排成总状花序或为狭窄而紧密的圆锥花序。分布于中国、巴基斯坦（西部）、阿富汗和塔吉克斯坦；在中国分布于青海、新疆（西部）及西藏（西部）；生长于海拔 3000～3400 m 地区的草甸草原或砾质坡地上。

【分布及栽培】龙蒿分布于中国、蒙古国、阿富汗、印度（北部）、巴基斯坦（北部）、克什米尔地区、俄罗斯、欧洲（东部、中部及西部）和北美洲各国；在中国分布于黑龙江、吉林、辽宁、内蒙古、河北（北部）、山西（北部）、陕西（北部）、宁夏、甘肃、青海和新疆。

中国东北、华北及新疆分布在海拔 500～2500 m 地区，甘肃、青海分布在海拔 2000～3800 m 地区，多生于干山坡、草原、半荒漠草原、森林草原、林缘、田边、路旁、干河谷、河岸阶地、亚高山草甸等地区，也见于盐碱滩附近，常成丛生长，局部地区成为植物群落的主要伴生种。

【使用部位】根、茎、叶。

【应用】龙蒿含挥发油，主要成分为醛类物质，还含少量生物碱。中国青海民间入药，治暑湿发热、虚劳等。根有辣味，新疆民间取根研末，代替辣椒作调味品。牧区作牲畜饲料。龙蒿在法国烹饪中被认为是一种优雅的风味物，可用于肉、鱼和蛋制品。新鲜龙蒿香草也可用于风味醋，用于烹饪。龙蒿是一种良好的风味剂，可用于一些蔬菜制备物、肉类、调味料和汤。

七、百里香
【英文名】Thyme

【学名】*Thymus vulgaris* L.

【别名】五助百里香、山胡椒、麝香草、地椒、山椒、地花椒。

【科属】唇形科百里香属。

【特征与特性】百里香为多年生草本,植株小型,高约 20 cm,全株具有香气和温和的辛味。茎红色,匍匐在地。叶对生,椭圆状披针形,叶面边缘会略向背面翻卷,两面无毛。花紫红,轮伞花序,密集成头状。草叶长 2 ~ 5 cm,可见油腺。小坚果为椭圆形。

【分布及栽培】原产于地中海沿岸,主要产地为南欧的法国、西班牙、地中海国和埃及。较老的枝条会木质化,因品种不同,植株有直立型及匍匐型,全株都有芳香的气味。常见的品种有开白花的百里香(直立型),及开红花的铺地香(又名红花百里香,匍匐型)。在我国,百里香生于山地、杂草丛中,分布于中国西北、西南、华北地区:内蒙古、陕西、甘肃、宁夏、青海、山西、河北。人工栽培尚不广泛。

【使用部位】为唇形科植物百里香的全草。

【应用】百里香植株含有高含量的芳香油,香气温馨宜人,作为调味品可使食物香气四溢,在西方国家应用广泛。香辛料所用百里香是其整干叶、粉碎的干叶、百里香精油和油树脂。

新鲜的百里香为辛辣的有薄荷气息的药草香,但其干叶则为强烈的药草样辛香气,与鼠尾草类似,为些许刺激性辛辣香味,味感多韵丰富,很有回味。百里香精油为淡黄色至红色液体,具强烈粗糙有些药草气、甜草香和辛香,干了以后是甜的酚样气息和微弱药草香;百里香油树脂为暗绿色或暗棕色有些黏稠的半固体状物质,香味更强烈,辛辣味更强和尖刻,也兼有药草等多种风味。

在西方,尤其是法国和意大利,百里香是一种家喻户晓的香草。人们常用它的茎叶进行烹调。法国菜常用一种作料 Bouquet garni,是由百里香、欧芹和月桂叶组成的。美国新奥尔良地区的特色菜肴是以百里香为基础的。法国的勃兰地酱油(burgundy)中加入百里香,专用于鸡、鹅、火鸡、畜类肉制品冷菜的调味;百里香用于煎炸作料(家禽),与其他芳香料混合成填馅,塞于鸡、鸭、鸽腔内烘烤,香味醉人;用于水产品作料(海虾、河虾和牡蛎等),在烹调鱼及肉类时放少许百里香能去腥增鲜;用作汤料(甲鱼和鱼丸),可使汤味更加鲜美;沙拉调味料(小量用于胡萝卜、甜菜、蘑菇、青豆、土豆和番茄)。做饭时放少许百里香粉末,饮酒时在酒里加几滴百里香汁液,能使饭味、酒味清香馥郁;百里香的天然防腐作用还使其成为肉酱、香肠、焖肉和泡菜的绿色无害的香料添加剂,罗马人制作的奶酪和酒也都用它作调味料。百里香精油除用于上述场合外,也用于软饮料和酒风味(如法国 Benedictine 甜酒就是以百里香风味为主)。百里香香味强烈,使用时要小心。

百里香在中国也早有应用,在元朝《居家必用事类全集》中就有百里香加入驼峰驼蹄调味的记载。在烹调海鲜、肉类、鱼类等食品时,可加入少许百里香粉,以去除腥味,增加菜肴的风味;腌菜和泡菜时加入百里香,能提高它们的清香味和草香味。

八、阴香

【英文名】Indonesia cassia

【学名】*Cinnamomum burmannii C. G.* Nees ex Blume

【别名】阴草、胶桂、土肉桂、假桂枝、山桂、月桂等。

【科属】樟科樟属。

【特征与特性】阴香乔木,高达 14 m,胸径达 30 cm;树皮光滑,灰褐色至黑褐色,内皮红色,味似肉桂。枝条纤细,绿色或褐绿色,具纵向细条纹,无毛。叶互生或近对生,稀对生,卵圆形、长圆形至披针形,长 5.5~10.5 cm,宽 2~5 cm,先端短渐尖,基部宽楔形,革质,上面绿色,光亮,下面粉绿色,晦暗,两面无毛,具离基三出脉,中脉及侧脉在上面明显,下面十分凸起。圆锥花序腋生或近顶生,花绿白色,长约 5 mm。果卵球形,长约 8 mm,宽 5 mm。

【分布及栽培】阴香分布于我国广东、广西、云南及福建。生于疏林、密林或灌丛中,或溪边路旁等处,海拔 100~1400 m(在云南境内海拔可高达 2100 m)。

【使用部位】皮。

【应用】阴香树姿优美整齐,枝叶终年常绿,有肉桂香味。阴香的皮、叶、根均可提制芳香油,从树皮提取的芳香油称广桂油,含量0.4% ~ 0.6%,从枝叶提取的芳香油称广桂叶油,含量0.2% ~ 0.3%,广桂油可用于食用香精,也用于皂用香精和化妆品,广桂叶油则通常用于化妆品香精。叶可代替月桂树的叶作为腌菜及肉类罐头的香料。

九、多香果

【英文名】Allspice

【学名】*Pimenta officinalis* L.

【别名】众香子、牙买加胡椒、三香子甘椒、香辣椒。

【科属】桃金娘科多香果属。

【特征与特性】高大常绿乔木,树皮具芳香气味。叶片长椭圆形,全缘,革质,叶面光亮,有芳香味。花簇生于叶腋,花朵细小,花冠白色,充满香气。浆果圆球形,青绿色,成熟时深绿色,外皮粗糙,端有小突起,类似黑胡椒,果实内有种子2枚,有强烈的芳香和辛辣味。

【分布及栽培】原产于西印度群岛及中美洲,主产地为牙买加、危地马拉、洪都拉斯和墨西哥。喜生于酷热及干旱地区。在我国也有引种。在历史上,牙买加多香果被认为是最好的,因为它富含油分,有较好的外观和风味。牙买加多香果有丁香似的香气,而洪都拉斯和墨西哥的品种则有一种洗发水的香味。

【使用部位】叶、果实。

为桃金娘科植物多香果的干燥种子。在果实已成熟仍是绿色时采收。采收后于酷日下晒干至果皮红棕色。干燥后种子产生类似肉桂、丁香和肉豆蔻的混合芳香气味,故称多香果。

【应用】香辛料所用多香果是其整粒干燥种子、种子粉碎物、精油和油树脂。多香果种子和多香果叶的香气成分相差不大,因此,多香果精油中经常掺入多香果叶油。多香果为类似于丁香的辛香气,但是比它更强烈,有明显的辛辣气味。因多香果这种辛辣的风味与肉桂、丁香、肉豆蔻、胡椒等众多香料相谐而能混合使用,故而得名多香果。

对多香果树的浆果(也称众香子、甜胡椒)和叶子分别进行水蒸气蒸馏,可制得多香果油和多香果叶油。多香果精油为略带些黄或红黄色液体,主要成分有丁香酚、水芹烯、石竹烯、桉叶油素、丁香酚甲醚等。具有温和的类似胡椒的辛辣香味,并有水果样、肉桂和丁香似的风味,后味有点涩。多香果油树脂为棕绿色,香味特征与精油相似。

多香果的作用是提升食物的风味,在西方烹调中占重要地位,广泛用于加勒比海、墨西哥、印度、英国、德国及北美的菜肴。多香果整粒品作为汤类、烹饪、腌制等用。浆果干碾磨而成多香果粉,加勒比海烹饪法就靠多香果粉作为主要成分制作熏肉佐料,还可用于混合调料中,比如熏肉佐料和咖喱。多香果可用作几乎所有牲肉食品和禽类食品的作料,如德国香肠、红肠等,尤适合于熏、烤或煎肉类,牙买加特色烤肉即以多香果为主料;可用于配制汤料,主要为鸡、番茄、甲鱼、牛排和蔬菜等;用于制作各种调味料,如番茄酱、果酱、南瓜酱、辣椒酱、肉酱、卤汁、咖喱粉、辣椒粉等;各种蔬菜的风味料和沙拉调料;西式面制品风味料,如苹果饼、肉馅饼、布丁、生姜面包、汉堡包等;腌制品作料;糖果风味料,如墨西哥的巧克力曾用多香果来增强甜香味。多香果精油可用于调配食用香精和酒用香精,咖啡中用多香果有独特的效果。在最终加香食品中浓度为 10 ~ 120 mg/kg,口香糖中可到 1700 mg/kg。

十、肉豆蔻

【英文名】Semen Myristicae;Nutmeg

【学名】*Myristica fragrans Houtt.*

【别名】肉蔻、肉果、玉果、顶头肉。

【科属】肉豆蔻科肉豆蔻属。

【特征与特性】常绿乔木,高达 15 m,全株无毛。叶互生,卵状椭圆形,全缘。总状花序,腋生;雌雄异株。果实梨形或圆球形,淡红或黄棕色,熟则分裂 2 瓣,显出红色不规则分裂的假种皮。

肉豆蔻果实种仁呈卵圆形或椭圆形,长 2 ~ 3 cm,直径 1.5 ~ 2.5 cm。表面灰棕色或灰黄色,有时外被白粉(石灰粉末)。全体有浅色纵行沟纹及不规则网状沟纹。种脐位于宽端,呈浅色圆形突起,合点呈暗凹陷。种脊呈纵沟状,连接两端。质坚,断面显棕黄色相杂的大理石花纹,宽端可见干燥皱缩的胚,富油性。气香浓烈,味辛。

【分布及栽培】产于印度、印度尼西亚、马来西亚、巴西等赤道沿海地区,中国广东、云南和台湾有栽种。

【使用部位】肉豆蔻的干燥种仁。肉豆蔻除去杂质,洗净,干燥。煨肉豆蔻:取净肉豆蔻用小麦粉加适量水拌匀,逐个包裹或用清水将肉豆蔻表面湿润后,如水泛丸法裹小麦粉 3~4 层,倒入已炒热的滑石粉或沙中,拌炒至面皮呈焦黄色时,取出,过筛,剥去面皮,放凉。每100 kg 肉豆蔻,用滑石粉 50 kg。

【应用】香辛料用肉豆蔻干燥的果实、粉碎物、精油和油树脂。肉豆蔻有若干亚种,这些亚种是否与惯用的肉豆蔻性能相似还不得而知。肉豆蔻具强烈的甜辛香,香气浓厚又极飘逸,有微弱的樟脑似气息;其味为强烈和浓厚的辛香味,有辛辣、苦和油脂的口味,稍有萜类物质样的味感。

肉豆蔻精油为黄色或淡黄色液体,为强烈和浓重的甜辛香,有些许桉叶和樟脑样气息,与原植物相比,香气飘逸,但显得粗糙些,也为浓重、强烈的、有油脂和辛辣味的甜辛香味。肉豆蔻油树脂为淡黄色半固体物。需注意的是,肉豆蔻精油中含有相当高比例的肉豆蔻醚,有报道称,该物质对人体有害,如食用过多,使人有昏睡感,应控制用量。而肉豆蔻衣中肉豆蔻醚的含量就低很多。

肉豆蔻是东西方烹调都能接受的香辛料,只有日本用得较少,总体而言,西式饮食中的用量要稍多一些。肉豆蔻经常用于带甜辛香的面制食品中,如面包、蛋糕、烤饼等,用于巧克力食品、奶油食品和冰激凌(加入香荚兰类增香剂的)可赋予奇妙的香味;用于肉类调料(香肠、红肠、肝肠、肉馅等)、水产品作料(适用于清炖鱼类和牡蛎)、蔬菜调味料(主要适用于茄子、番茄、洋葱、嫩玉米和豆类菜);可作各种形式调味料,如酱、汁、卤等。肉豆蔻精油主要用于软饮料、酒类、糖果等。

十一、肉豆蔻衣

肉豆蔻衣是肉豆蔻果实外的假种皮,世界许多地方都将肉豆蔻衣和肉豆蔻分别处理和使用,因此列出专条予以介绍。

【英文名】Mace

【别名】肉豆蔻花、玉果花。

【特征与特性】本品为扁平的裂瓣,长约 25 mm,或过之,厚约1 mm,呈淡红棕色或橙红棕色,作半透明状,性脆,浸入水中即恢复为种子上时固有的形状,上部为不整状裂瓣,下端相连,略作碗状。具有肉豆蔻固有的香气,味香而微苦。

【使用部位】为肉豆蔻科植物肉豆蔻的假种皮。植物形态详见肉豆蔻条。成熟时,果实裂成两瓣,暴露出网状条纹的膜,就是"肉豆蔻衣",颜色鲜红,有网状花纹。采集肉豆蔻种子时,剥取假种皮,晒干。肉豆蔻皮包裹着一个深褐色的、易碎的壳,壳里就是一个椭圆形、褐色的、光滑的、含油的种子,即肉豆蔻。

【应用】肉豆蔻衣含挥发油 4% ~ 15%,其成分与其种子成分相似。棕榈酸占假种皮脂肪中脂肪酸的 37.6%,其余为不饱和脂肪酸油酸、亚油酸等。

香辛料用其整干燥物、粉碎物、精油或油树脂。肉豆蔻衣有比肉豆蔻更甜美、更丰满和辛香特征更强的辛香味,并带少许果香,国外有人将它作为辛香气的代表。肉豆蔻衣精油为强烈甜辛香,稍带果香和油脂香,头香有微弱的松油样萜的气息,具油脂样果香底韵;为柔和浓重的甜辛香味,味略有苦和辣,并有持久的辛香后味。

需注意的是:市场上有售的肉豆蔻衣精油主要来源于印度或印度尼西亚肉豆蔻衣,为黄色液体;肉豆蔻衣油树脂主要来源于西半球,为橙红色液体。

肉豆蔻衣是印度人最喜欢的香辛料,西方国家除英国外对肉豆蔻衣的应用面要远大于东亚地区。肉豆蔻衣可用于所有肉豆蔻可使用的场合,由于香味更强烈,所以用量要比肉豆蔻少20%。肉豆蔻衣和肉豆蔻常用来烹饪甜味食物,用作烘烤类食品的风味料,如蛋糕、水果饼、炸面包、馅饼、布丁和饼干等。美国有一甜点在奶油蛋糕中加一些酒和肉豆蔻衣,以给出特有风味;用作多种肉类制品调料;腌制肉类或泡菜类作料;肉豆蔻衣精油或油树脂用于冰淇淋、软饮料、酒和糖果等。

备注:豆蔻(Jave Amonum Fruit)区别

豆蔻有草豆蔻、白豆蔻、红豆蔻几种。肉豆蔻与白豆蔻、草豆蔻均为烹饪中常见的香辛料,由于三者均带有"豆蔻"二字,因此很容易被人们误解,在此作出说明。

草豆蔻又名草蔻,辛辣芳香,性质温和;白豆蔻又称白蔻、蔻仁,皮色黄白,具有油性,辣而香气柔和;红豆蔻也叫玉果、肉豆蔻,颜色深红,有辣味和浓烈的香气。它们都可作为菜肴、肉制品及酱腌菜的调味料食用。

草豆蔻用时须研碎成末状,待主料加热后加入;白豆蔻可粉碎但不可炒用,否则将失去或减弱其特有的芳香味;红豆蔻可直接放入炖煮的锅中。豆蔻是温燥的调料,多吃会口干、伤肺、损目。

十二、芹菜子

【英文名】Celery seeds

【学名】*Apium graveolens* L.

【别名】香芹、药芹、水芹、旱芹。

【科属】伞形科旱芹属。

【特征与特性】二年生草本。芹菜株高 60～90 cm,侧根发达,多分布在土壤表层,叶着生在短缩茎上,叶柄基部有分生组织,能逐渐伸长。茎绿、浅绿或白色,少数品种并带有紫色。叶为 2 回羽状全裂叶,有光泽,也可食用。复伞形花序。

芹菜分为本芹(中国类型)和洋芹(西芹类型)两大类,本芹叶柄细长,西芹则是从国外引入的一个芹菜变种,叶柄宽而扁。芹菜是欧亚大陆普遍生长的草本植物,叶片翠绿,呈薄薄的三尖形,以叶片和叶柄鲜绿而光亮为优质,味道清香,作装饰菜料,既为菜肴锦上添花,也可促进食欲。

【分布及栽培】原产地中海沿岸的沼泽地带、北非、南欧和近东地区,现在世界各地都有种植。中国南北各地广泛种植。

【使用部位】种子。

【应用】芹菜子是欧芹科两年生植物芹菜的种子,体形非常细小,呈卵形,浅棕色,味道微辛而香,含多种有效成分,对风湿症、风湿关节炎、痛风、高尿酸症等具有舒解作用,也是极佳的利尿剂,并对中枢神经系统有镇安作用,能安神、舒解胀气及缓解消化不良。

香辛料用干燥的芹菜种子、芹菜子末、芹菜子精油和油树脂。据报道,南欧野生的芹菜子香气最好,但现在使用的都是栽种的芹菜子,它们之间的香气区别也很大。芹菜子为粗粝的芹菜特征的青辛香气,有强烈的芹菜样苦味。芹菜子精油为淡黄色至棕黄色液体,穿刺力很强的芹菜样强烈青辛香气,带些脂肪气息和果香气,香气持久;口味与此相仿,非常苦并具灼烧般辣味。芹菜子油树脂为深绿色较黏稠液体,风味与精油相似。中国土产芹菜子不适用作香辛料,因有明显的药味。

总体而言,芹菜子在西方烹调中的使用要多于东方烹调,德国、意大利和东南亚非常喜欢以芹菜子作风味料。芹菜子的风味与大家熟悉的新鲜芹菜类似,它可用于新鲜芹菜不能适用的菜肴。在欧洲,芹菜子粉用于汤、汁等的调味,如番茄汁、蔬菜汁、牛肉卤汁、清肉汤、豌豆汤、鱼汤、鸡汤和火鸡汤等;肉用调料,如制作德式和意式香肠、肝肠和腊肠;腌制用泡菜调料;色拉用调味料,特别适合以白菜、萝卜、卷心菜为主料的色拉;烘烤饼类的风味料,如荷兰式面包和意大利的比萨饼等。芹菜子精油多用于软饮料、糖果、点心、冰激凌等食品。

十三、芫荽

【英文名】Coriander

【学名】*Coriandrum sativum* L.

【别名】香菜、胡荽、松须菜、香荽、天星、园荽、胡菜。

【科属】伞形科芫荽属。

【特征与特性】一二年生草本植物。芫荽主根较粗大,白色,子叶披针状。根出叶丛生,1~2回羽状全裂,羽片卵形,有缺刻或深裂。伞形花序,花白色,双悬果,每一单果内各有1粒种子。芫荽依种子的大小可分为两类,大果型的果实直径7~8 mm,小果型直径仅3 mm左右。中国栽培的属小粒种,平均千粒重8 g左右。植株及种子具香气。

芫荽子,多呈圆球形,直径3~5 mm,顶端有2裂的花柱残迹,围绕花柱有5个宿萼裂片,基部圆钝,常附有残存果梗,表面淡棕色或黄棕色,较粗糙,有10条波纹状的初生棱线和12条直出的次生棱线,初生棱线常不很明显;部分果实2裂,分果爿背部隆起,腹面中央下凹,可见3条纵棱线,其中两侧的棱线常弧曲。质稍硬,揉碎后有浓烈的特殊香气,味微辣。以籽粒饱满、无杂质者为佳。

【分布及栽培】原产地中海沿岸,现在所有亚热带和温带地区都有栽种。分布我国各地,主产江苏、安徽、湖北等地,其中江苏产量较大,四季均有栽培。

【使用部位】

(1)嫩茎、叶,茎叶可作调味品。其品质以色泽青绿,香气浓郁,质地脆嫩,无黄叶、烂叶者为佳。

(2)芫荽的干燥成熟果实,含油量达20%以上,可提炼芳香油。入药,有驱风、透疹、健胃及祛痰的功效。

【应用】

1.芫荽的茎叶

芫荽的嫩茎和鲜叶有种特殊的香味,常被用作菜肴的点缀、提味之品,是人们喜欢食用的蔬菜之一。芫荽的气味一般人在第一次接触时较难忍受,尤其是较少使用芫荽的西方国家。但是在中国与东南亚却大受欢迎。不仅芫荽叶可生食,还经常放在食物或酱汁上做除腥提味的香料。芫荽味道温和酸甜,微含辛辣,近似橙皮的味道,并略含木质清香,以及胡椒的风味。芫荽的茎、根、叶用炒等方法加热后,好像有柑桔的香味,但比加热前,香味已严重流失。颗粒的芫荽子外壳很薄,所以应尽量以原颗粒保存,时间可长达1年之久。若研成细粉则只有 6 个月的香气有效期。

2. 芫荽子（*Fructus Coriandri*）

别名胡荽子、香菜子。为芫荽的果实。

香辛料中用的主要是干燥的芫荽子、芫荽子末、精油和油树脂。芫荽的风味成分受品种、种植地区环境等因素影响很大，现一般认为，欧亚交接地区的芫荽风味较好。

芫荽子为强烈的甜辛香气，略带果和膏香气，香气芬芳宜人；口味似葛缕子、枯茗、鼠尾草和柠檬皮的混合物，有玫瑰和果香的后味。芫荽子精油，为淡黄色液体，具扩散性强的青甜辛香，并具花、果等的辅香韵，口味除主要的甜辛香外，有些风辣感。芫荽子为棕黄色液体，风味与原物相似。

芫荽子特别适合东方烹调，首推是印度，其次是中国，西方国家也有相当程度的应用。芫荽子是印度咖喱的原料之一，可以说是万能香料。墨西哥菜中也常用到它。芫荽子末可用于肉制品的调味料，与其他香辛料配合效果更好，波兰式的香肠加入重料芫荽成为特色。芫荽子还可用于色拉的调味料、汤料、烘烤面食风味料如饼干、甜点、面包等。芫荽子精油主要用于软饮料、糖果点心和冰激凌的风味料。

十四、葛缕子

【英文名】Caraway

【学名】*Carum carvi* L.

【别名】藏茴香、黄蒿、蒉蒿、小防风、贡牛、郭鸟、草地小茴香。

【科属】伞形科葛缕子属。

【特征与特性】二年生或多年生草本，全体无毛。主根圆柱状，肉质。茎直立，上部分枝。叶矩圆形或宽椭圆形，2~3 回羽状全裂，最终裂片披针状条形或条形，具宽叶鞘，基部抱茎。复伞形花序顶生和侧生；花冠细小，白色或粉红色。

双悬果，呈细圆柱形，具棱线及油槽。两端略尖，微弯曲顶瑞残留柱基，基部有细果柄，长 2~5 mm，直径 1.5~2 mm，表面黄绿色或灰棕色。分果长椭圆形,背面有纵脊线 5 条,合生面平坦,有沟纹,质硬,横断面略呈五边形或六边形,中心黄白色,具油性。香气特异,叶麻辣。

【分布及栽培】人工栽植于北欧、非洲及俄罗斯。中国北部地区都有种植,分布于东北、华北、西北、四川、西藏等地。

【使用部位】伞形科植物藏茴香的果实。秋季果实成熟时割取全株,阴干,打下果实,除去杂质。果实与茴香、小茴香的果实极为相似,藏茴香的叶子柔软而状如羊齿植物,小小的棕色果实有些卷曲。

【应用】香辛料用其干燥的整种子、籽粉碎物、精油和油树脂。葛缕子的风味随产地的不同而有变化,风味最好的要数荷兰产葛缕子,荷兰的葛缕子也有区别,荷兰北部的比南部的好。葛缕子为香气很特别的清新的甜辛香,似有一丝薄荷般清凉气,有些像茴香一样的持久的药味;口味同上,有些涩味和肥皂样味,有苦的后味。葛缕子粉末为黄棕色。葛缕子精油为黄色液体,具有强烈和独特的甜辛香,略像胡椒味。葛缕子油树脂为黄绿色油状物。

葛缕子为欧洲常用的烹调香料,在印度、东南亚也有相当的应用,在中国和日本用得不多。一般而言,葛缕子可减轻重味荤食品如猪内脏、猪排骨、羊、鹅等的肉腥味,德国熟食店将其用在酱肉、香肠、牛排、熏鱼等,给予特别味美的风味,澳大利亚牛排中也常用葛缕子。除用于肉类的调制外,也用于泡菜、调制杜松子酒和烘焙糕点。用于吐司、面包、馅饼等多种糕点及奶酪,荷兰奶酪以葛缕子为特征风味;用于配制各式调料和作料。葛缕子精油可用作酒和软饮料的风味物,如德国甜酒"Kummel"中就有葛缕子明显的独特风味。

十五、莳萝

【英文名】Dill

【学名】*Anethum graveolens* Linn.

【别名】莳萝、慈谋勒、时美中、莳萝椒、土茴香、野茴香、洋茴香。

【科属】伞形科莳萝属。

【特征与特性】一年生或二年生草本。全株无毛,有强烈香味。

茎直立,绿色,平滑。叶互生,有长柄,基部宽阔叶鞘,边缘膜质,叶片轮廓宽卵形,叶3~4回羽状分裂,裂片线形。复伞形花序,花细小,黄色。双悬果稍扁,呈椭圆形,长3~4 mm,宽2~3 mm,外面棕黄色,肋线膜状,两侧肋线延长成翅状,肋线间有油室4个,腹合面油室2个。

【分布及栽培】原产于欧洲南部,主产于德国、西班牙和俄罗斯,现在世界各地多有栽种。在我国东北、甘肃、广东、广西等地栽培。

【使用部位】茎叶及果实。

【应用】香辛料用其干燥的种子、籽粉碎物、精油和油树脂。

莳萝与茴香的栽培期相近,头状花穗刚形成未开花前可采食。莳萝茎叶及果实有茴香味,尤以果实较浓。嫩茎叶供作蔬菜食用,可炒食或用作调味品,也可切碎置于肉或蛋汤中,增加香味。叶和种子具香味,用于泡菜,可延长泡菜的保质期。莳萝果实可提取芳香油,含挥发油2.8%~4%,油中主要成分是香芹酮,为调合香精的原料。干燥植株作香辛料,具有强烈的似茴香气味,但味较清香、温和,无刺激感。

莳萝子的香气与葛缕子相似,为强烈的甜辛香;味也与葛缕子相仿,稍有刺舌的辛辣感。需注意莳萝子精油与莳萝草制取精油之间的区别。莳萝子精油为黄色液体,具有强烈的葛缕子似的新鲜甜辛香,稍带果和药草样香气。莳萝草精油的草香气明显,有薄荷样后味。莳萝子油树脂为淡琥珀色至绿色油状物,风味与原物相同。

莳萝子主要用于西式烹调,美国是使用最多的国家之一。除印度外,东方国家几乎很少用到。莳萝子大部分用于食品腌渍,如作为腌制青豆、黄瓜、泡菜和肉类香肠类的作料;可制作沙拉用调料、蛋黄酱、鱼用酱油、海鲜酱油等;可作糕点饼干的香辛料添加物。叶经磨细后,加进汤、凉拌菜、色拉的一些水产品的菜肴中,有提高食物风味、增进食欲的作用。欧洲地区将莳萝粉撒在三明治或奶酪上以赋予色泽,莳萝籽也是配制咖喱粉的主料之一。烹调主要用于羊肉和牛肉,可显示异趣和风味;可使鱼肉滑嫩顺口,促进消化。莳萝子精油可用于烘烤食品、腌制品、冰激凌、果冻、软饮料等。作为药用,莳萝味辛、温、无毒,主治小儿气胀、呕逆、食欲不振。果实可入药,有驱风、健胃、散瘀、催乳等作用。

注:孜然、莳萝子与小茴香外形极相似。

孜然尤其常用于烧烤肉食中,风味独特,是肉食品的最佳佐料。小茴香原产于欧洲地中海沿岸,全株具特殊香辛味,能去除肉中臭气,使其重新添香。故称"茴香"。常用于肉类、海鲜及烧饼等面食的烹调。孜然和小茴香外形相象,但比小茴香小得多。

莳萝植株外形与茴香相似,与莳萝比较具有辛香味。莳萝子与小茴香品形极相似,甘肃、广西等部分地区有把莳萝子作茴香使用的人。《本草纲目》也称莳萝子别名小茴香,可见以莳萝子作茴香,历史已久。但二者名实不宜混淆,其主要不同点为:莳萝子较小而圆,分果呈广椭圆形,扁平;横切面背面四边不等长,两侧延展成翅状。气味较弱。气味虽与小茴香相似,但味加辛,性加烈。另一种毒芹的种子与莳萝子、小茴香易混淆,必须注意区别。

十六、香豆蔻

【英文名】Greater Indian cardamom

【学名】*Amomum subulatum* Roxb.

【别名】嘎哥拉、尼泊尔豆蔻。

【科属】姜科豆蔻属。

【特征与特性】香豆蔻株高 1~2 m,叶片长圆状披针形,长 27~60 cm,宽 3.5~11 cm,顶端具长尾尖,基部圆形或楔形,两面均无毛;植株下部叶无柄或近无柄。总花梗长 0.5~4.5 cm,鳞片褐色,穗状花序近陀螺形,直径约 5 cm;苞片卵形,长约 3 cm,淡红色,顶端钻状;小苞片管状,长 3 cm,裂至中部,裂片顶端急尖而微凹。蒴果球形,直径 2~2.5 cm,紫色或红褐色,不开裂,具 10 余条波状狭翅,顶具宿萼,无梗或近无梗。

果实呈长卵形,稍弯曲,一侧平坦,长 1.5~2.5 cm,直径 0.8~1.5 cm。表面灰棕色,有明显纵棱和不规则突起,先端有长形管状花萼。果实 3 室,每室有种子 6~12 粒,灰棕色,呈不规则多面体。果皮厚,不易撕裂。气微,味微辛。

【分布及栽培】香豆蔻生于海拔 300~1300 m 的阴湿林中,在我国分布于广西、云南、西藏等地。

【使用部位】种子。

【应用】果实将成熟时采收,剪下果序,除去杂质,晒干。果实可药用,具有散寒行气,健胃消食的功效;也作甜品和糕点的调料。

十七、桂皮／肉桂

肉桂类植物由于皮、花萼、种子、枝和叶含有大量的芳香油成分,长期被人们用作食用香料或中药,因此,肉桂类植物具有重要的应用价值,是热带和亚热带地区重要的经济树种之一。肉桂树皮叫桂皮,嫩枝叫桂枝,小片桂皮、桂枝叫桂碎,树叶叫桂叶,其中最主要的部分是桂皮。现在所称"肉桂"实际上是肉桂类植物的干燥树皮。桂皮可供药用或做香料,肉桂用于调料入肴,又可用于咖啡、红茶、泡菜等调香,是调制五香粉的重要配料之一,又是十三香、咖喱粉、卤料等复合香辛料的主料之一。在我国不同的地区人们还称桂皮为肉桂、大桂、紫桂、玉桂、阴香等。

在我国,肉桂类植物主要有以下 6 种。

(一)中国肉桂(Chinese Cassia)

【英文名】Chinese Cassia

【学名】*Cinnamomum aromaticum* Nees

【别名】简桂、木桂、杜桂、桂树、连桂、阴桂、玉桂、牡桂、菌桂、筒桂。

【科属】樟科肉桂属。

【特征与特性】常绿乔木,芳香。树皮灰褐色,幼枝有四棱,被褐色茸毛。叶互生或近对生,革质,长椭圆形至近披针形,先端短尖,基部钝,表面光亮绿色,背面灰绿色,被疏生细柔毛,离基三出脉;具叶柄。圆锥花序腋生或顶生;花被 6 片,白色;能育雄蕊 9 枚,内轮花丝基部有腺体 2,子房 1 室。浆果紫黑色,椭圆形,边缘有锯齿而呈浅杯状;种子长卵形,紫色。

【分布及栽培】本种原产于中国和越南,并在马来群岛和喜马拉雅地区有栽培和种植。肉桂在我国已有2000多年的栽培历史,主要分布在北回归线附近地区,广东和广西是肉桂的主产区,海南、福建(南部)、云南(南部)和四川也有少量栽培。经过长期的人工栽培与自然选择,肉桂类植物已形成了许多品种或品系。在广西,肉桂按产地分为"东兴桂"和"西江桂",东兴桂又称"防城桂",主要种植在广西的防城、上思、龙州、大新等地;而西江桂,古又称"浔桂",主要在平南、藤县、桂平等地有栽培。

此外,广西肉桂产区又根据肉桂新芽颜色的不同而将中国肉桂分为红芽肉桂(黑油桂)、白芽肉桂(黄油桂)和沙质肉桂(糠桂)3个品种。红芽肉桂的新芽与嫩叶均呈红色,皮部油层较薄,生长较快,但桂皮、桂油的品质一般,耐旱力较弱;白芽肉桂的新芽和嫩叶呈淡绿色,皮部油层厚,品质优良,且耐旱力较强;沙质肉桂的新芽和嫩叶均呈棕色,韧皮部不显油层,桂皮品质差。

【使用部位】肉桂类植物的干燥树皮。干制桂皮呈浅槽状或卷筒状,长30~50 cm,宽或筒径3~10 cm,厚2~8 mm。外表面灰棕色,稍粗糙,有横向微突起的皮孔及细皱纹;内表面棕红色,平滑,有细纵纹,划之显油痕。质硬脆,断面颗粒性,外层棕色,内层红棕色而油润,两层间有一抹淡黄色线纹(石细胞带)。气香浓烈,味甜、辣。

【应用】中国肉桂常与锡兰肉桂相混淆。此两者无论在香味上还是在价格上有很大差别。中国肉桂的香气成分与锡兰肉桂不同,主要表现为丁香酚的含量极低。现在东南亚也有栽种中国肉桂,以中国产的最好。香辛科所用的中国肉桂是块状干燥的树皮、粉状干树皮、精油和油树脂。

中国肉桂含有水芹烯、丁香油酚、甲基丁香油酚等芳香挥发油,甜辛香味,香气不很强,但持久性好,有一些辛辣和涩的味感。肉桂皮是中国和东南亚地区常用的香辛料,西方饮食用得较少。用于肉类品作料(以牛、羊、家禽为主)、蛋类食品(如茶叶蛋)、腌制品作料(蔬菜如萝卜、甜菜、泡菜等)、汤料。

以干树皮为原料制取的中国肉桂精油,为黄色至深棕色液,香气和香味与原物相仿,但香气强度更大,是高附加值商品,每年都要出口欧美许多国家。由于桂油含有 40 多种化学物质,其中绝大部分无毒且有香气,因此被广泛用于香精、香水、香皂、口腔卫生用品、食品、烟草香精等的加工业中。至今尚无中国肉桂油树脂这一产品。

(二)锡兰肉桂(cinnamon,true cinnamon,Caylon Cinnamon Bark)

【学名】*Cinnamomum verum* Bercht. & Presl;*Cinnamomum zeylanicum* Bl.

【别名】斯里兰卡肉桂。

【特征与特性】常绿乔木,高可达 10 m。幼枝略为四棱形,灰色而具白斑。叶革质或近革质,通常对生,卵形或卵状披针形,下面呈蜂窝状;叶柄长 2 cm,无毛。花序腋生或顶生,长 10~20 cm,被绢状毛;花黄色,长约 6 mm,花被裂片外面被灰色微柔毛。果卵形,长 1~1.5 cm,黑色,果托杯状,具 6 齿裂,齿端截形或锐尖。花期 1~3 月,果期 8~9 月。

【分布及栽培】生于热带海拔 1000 m 以下的潮湿地带。锡兰肉桂是国际上著名的优质品种,主产斯里兰卡、印度、马达加斯加、马来西亚、毛里求斯等热带国家和地区,是一种古老名贵的特有香料植物。我国海南、广东、广西和云南有少量种植。

【使用部位】樟科植物锡兰肉桂(*Cinnamomum zeylanicum* Bl.)的树皮。主要使用部位是树皮的内层部分。本品呈卷筒状或槽状,厚约 5 mm,外表面棕色,有不规则的细纵皱及突起的皮孔;内表面棕色,平坦,划之显油痕。质脆,易折断,断面不平坦。气香,味微辣。"锡兰桂皮",通常 10~40 薄片重叠卷成细长筒状或双筒状,每片厚约 0.5 mm,外表面黄棕色,平滑,有波状纵线纹。

【应用】香辛料用锡兰肉桂的整干树皮、粉状肉桂(以树皮为主)、精油和油树脂。锡兰肉桂为强烈的肉桂特征的甜辛香气,有些木香韵;味觉与此类似,有辛辣感和少许较持久的苦味。

锡兰肉桂精油为淡黄色至棕黄色液体,强烈甜辛香,有些辛辣气,为带木香和丁香样香气,底香为花香底韵的松油烯样香气;味觉也是强烈的似丁香的甜辛风味,有辛辣感,有一些苦的后味,但这后味还是以甜美的辛香味为主。锡兰肉桂油树脂为深棕色液体,风味与精油相同。

锡兰肉桂广泛用于东西方饮食,但使用频率最高的地区是印度和东南亚。总体而言,东方人对肉桂的喜爱超过西方人。肉桂可用于肉食作料,尤适合以熬、煮方式加工的牛、羊、猪肉,以及香肠、肝肠、腊肠、火腿等;用于面制品(糕点、馅饼等)的风味料,如美国人将肉桂加入面包中烘烤以赋予特有的风味;用于各种荤菜和素菜的调味料,肉桂可给胡萝卜、茄子、南瓜、番茄、甜菜、甘薯和洋葱等增味;可用于汤料,如方便面用汤料;也可作为腌制品或泡菜的作料。精油和油树脂可用于饮料,特别适合水果风味的饮料,如柠檬、橙子、葡萄等;可用于制作糖果,如墨西哥式的巧克力中就加入肉桂。

(三)其他类肉桂

1. 越南肉桂(Saigon cassia;Vietnam cassia)

越南肉桂原产于越南清化省,因此又叫"清化桂",这个种在命名上存在着较大的争议。Dao详细研究了越南樟属植物,认为所谓的越南肉桂其实与中国肉桂是同一个种,但是由于收获和加工工艺的不同,越南肉桂和中国肉桂的产品在外表上有着很大的差别。

我国从20世纪50年代开始引种越南肉桂,并获得成功,现已大面积引种,其中以广东种植面积较大,海南、云南、广西、福建、浙江、四川等省区均有引种栽培。该肉桂树皮入药又称南玉桂,为常用中药,有补火助阳、引火归源、散寒止痛、活血通经的功效。

2. 土肉桂(Taiwan cinnamon)

本种是中国台湾特有植物,为中海拔天然林中的常见树种。在形态上,土肉桂与中国肉桂相似,其精油的化学成分也同中国肉桂相似,含有丰富的桂皮醛,因此,食品和医药上可替代中国肉桂,但是一般中药商认为本品的药效不大,只能作香料用。人们也常以土肉桂作为肉桂的代用品,故又有"假肉桂"之称。此外,民间也曾以土肉桂根皮当作零食,有辛辣味及甘味,多被直接用来夹在槟榔中作增味料。

3. 柴桂(Indian cassia)

柴桂,又称印度肉桂,主要生长在热带和亚热带的喜马拉雅地区,在我国云南南部、印度、尼泊尔、不丹、孟加拉国、缅甸均有分布。

基于对本种叶片形态的不同,柴桂被分为4个不同的类型。在印度北部地区,人们把肉桂类称为"Tejpat",并很早就开始把它用作香料。Baruah 等发现在这些地区樟属的其他一些植物,如 *C. impressinervium* Meissn. ，*C. sulphuratum* Nees 和钝叶桂 *C. bejolghota*（Buch. – Ham.）Sweet 也常被当作"Tejpat"使用。

4. 少花桂(Few – flowered cinnamon)

本种自然生长于我国广东北部、湖北、湖南西部、广西、四川东部和贵州,印度东北部也有分布。少花桂的商业价值远不如中国肉桂和锡兰肉桂,但是与当地人们的生活息息相关。少花桂的树皮在四川常作为官桂皮使用,有开胃健脾的功效,其枝叶中芳香油含有丰富的黄樟油素,在食品、日化和医药等方面被广泛应用。少花桂也是我国生产黄樟素的主要植物源之一。由于野生资源日益减少,少花桂已经被列入湖南省地方重点保护野生植物名录。由于少花桂生长较缓慢,规模发展受到限制。

十八、罗勒

【英文名】Basil

罗勒又名兰香,是一个庞大的家族。目前已上市的品种有甜罗勒、圣罗勒、紫罗勒、绿罗勒、密生罗勒、矮生紫罗勒、柠檬罗勒等。

【学名】*Ocimum basilicum*

【别名】毛罗勒、兰香、零陵香、九层塔、香草、鸭香、省头草、矮糠、香佩兰。

【科属】唇形科罗勒属。

【特征与特性】罗勒高度 60～70 cm,平滑或基本上平滑的直立一年生草本。全草有强烈的香味,茎呈纯四棱形,植株绿色,有时紫色。叶对生卵形,长 2.5～7.5 cm,全缘或略有锯齿,叶柄长,下面灰绿色,暗色的油胞点。在顶生的穗状轮散花序上,也间隔生长着总状花,6～8个花轮生,开着白色或微红色的小花。果实为小坚果,种子卵圆形,小而黑色。叶片形状及色泽因种类、品种及栽培地区的气候风土而异。

【分布及栽培】原产于印度及埃及,16 世纪前后由印度传到欧洲。

全球栽培面积为 100 hm^2,广泛栽培于地中海沿岸地区、爪哇、塞舌尔群岛、留尼汪岛、佛罗里达州及摩洛哥等。近年发展很快,我国南北各地特别是南方及沿海一带均有种植。河南省、安徽省栽培较多。

【使用部位】唇形科植物罗勒的嫩茎叶。开花的季节采收后,干燥再制粉末储藏起来,可随时作为香味料使用。

【应用】罗勒称作调味品之王。在日本,它和紫苏都作为香味蔬菜在料理中使用,植物体可提取精油,也可作为药用植物。罗勒的幼茎叶有香气,作为芳香蔬菜在色拉和肉的料理中使用。新鲜的叶片和干叶用来调味,嫩茎叶可以用来作凉菜,也可炒食、作汤,蘸面糊后油炸至酥后食用,或作调味料。如用叶片洗净切丝,放于凉拌西红柿上调味,又红又绿,令人胃口大增。也可将罗勒嫩茎叶切碎后拌上姜末、油盐作馅。在国外烹调鸡、鸭、鱼、肉等菜肴时,罗勒粉是不可缺少的调味料。精油可用于软饮料、冰淇淋、糖果,干叶或粉可用于烘烤食品及肉类制品的加香调味。酊剂在甜酒中用作香味修饰剂。要注意罗勒油品种多,香气各异,要将真正甜罗勒区别于肉桂罗勒和丁香罗勒在酱油、醋、罐头、肉类、烘烤食品和香精中使用。

罗勒是所有香草植物中运用最广泛的食材,举凡地中海、意式、法式及中式料理中,皆可寻到其踪迹。罗勒常被运用在各式料理中,有"香草之王"的称号。罗勒也可用于烹调海鲜以去除腥味,是煮意大利面(pasta)常用的香草之一,市面上就有不少是由罗勒叶制成的香草油、醋和沙拉酱汁,新鲜的罗勒叶冲成香草茶,有促进消化或强壮的效果。

罗勒变异性颇大,在栽培田中,品种极易杂交,因此种类繁多。即使在同一种中,由于土壤、气候及栽培条件等因素,其挥发油的组成也不一样,因此其辛香及风味的变化也大。罗勒精油主成分为沉香醇(Linalool)、小茴香醇(Frenchol)、丁香酚(Eugenol)、甲基黑椒酚(Methyl chavicol)、β - 石竹烯。在众多罗勒品种中,以甜罗勒、皱叶罗勒、灌木罗勒(希腊罗勒)、紫红罗勒 4 种较广泛为大众所采用。

(一)意大利型罗勒

1. 甜罗勒(Sweet basil;Common basil;*Ocimum basilicum* L.)

甜罗勒,又名兰香、香菜、丁香罗勒、紫苏薄荷等。为目前最普遍栽培品种,主产于美国加洲、西班牙、意大利、法国、埃及、保加利亚、马达加斯加与墨西哥。中国有少量种植。植株可达 60~90 cm 高,宽30 cm。有硬的分枝茎,叶片光滑,黄绿至深绿色(视土壤肥沃度而异),卵圆形长 5~7.5 cm。由于叶片较大,也有人称为大叶罗勒。花白色,二唇瓣,长 1.25 cm,着生于叶群上方。植株结实后,会渐趋死亡,若出现花穗时立即摘除,可延长植株寿命。甜罗勒具有极佳的芳香味,非常适合厨房料理。

香辛料用甜罗勒干燥的整叶(不带花)及其粉碎物、精油和油树脂。

甜罗勒随产地的不同风味成分有很大的不同。比利时和法国等地种植的甜罗勒以芳樟醇的香气为主;科摩罗岛产的有明显的樟脑气;保加利亚的以桂酸甲酯的香气为主;印度尼西亚爪哇地区的为丁香酚样杳气。以法国产甜罗勒最好,其主要香气成分为芳樟醇,含量在 40%~50%。

新鲜的甜罗勒叶为带薄荷香的甜罗勒特征甜辛香,略有丁香暗韵。干甜罗勒为甜美强烈的甜罗勒辛香,有点辛辣感,有茴香样底韵,带些苦的后味。

甜罗勒精油为黄色液体,清甜的茴香样辛香,略具凉感和花香气,风味与原物相仿,回味留长。甜罗勒油树脂为暗绿色、黏稠的接近固体样物质,风味十分接近新粉碎的干甜罗勒叶。

美国人和意大利人最喜欢用甜罗勒,主要用于西式餐点,东方国家除印度外很少有人使用。甜罗勒可用于肉类(牛肉、猪肉)作料,美国人喜欢在罐头牛肉回烧时加入甜罗勒以赋予家常菜风味;罗勒还可用于蛋类作料(法国式蛋卷)、鱼用作料(以海鱼为主)、奶酪调味料、面食调味料(意大利细通心粉、比萨饼)、沙拉调味料;与其他香辛料配合用于各种调味料,如番茄汁、法国的甜罗勒、酱油和酱等。甜罗勒精油用于糖果、烘烤食品、布丁、软饮料、酒类和调味料等。

2.皱叶罗勒(Lettuce - leafed basil; Curly basil; *Ocimum basilicum* 'crispum')

植株高度可达 60 cm,像莴苣状的叶片,叶片大,有锯齿波纹亮绿叶片。常作为料理的填充材料。

（二）芳香型罗勒

1. 紫红罗勒（Dark opal basil；*Ocimum basilicum* 'purpurascens'）

植株高度约 30 cm，一年生，具有纤细的分枝根，叶对生，椭圆形，全缘长 5~7 cm，有吸引人的亮褐红紫色。淡紫色花，着生于茎顶，花穗是粉红的淡紫色。此种罗勒生长缓慢且娇弱。主要作为观赏及食品料理点缀用。常用于生菜沙拉加味和装饰。

2. 柠檬罗勒（Lemon basil；*Ocimum basilicum* 'citriodorum'）

柠檬罗勒株形美丽、色泽艳丽，全株具有浓烈的柠檬香气，为罗勒中的珍品，市场走俏。柠檬罗勒为唇形科一年生草本植物。株高一般在 34~60 cm，全株被稀疏柔毛，茎直立，多分枝，钝四棱形；鲜茎叶及花味带清甜，似茴香、辛香、酒香、草香，兼有膏香和木香底韵，并具薄荷美味。在欧美是一种常用的香辛调味蔬菜，又是食品、香料工业及药品制造业的重要原料，香港市场用量很大。柠檬罗勒具有独特的药用、食疗功能。

3. 肉桂罗勒（Cinnamon basil；*Ocimumbasilicum* 'cinnamon'）

此种罗勒原产于墨西哥，植株 75 cm 高，茎红紫色，开漂亮的紫色花，具有肉桂香味，非常适用于酒、茶及水果食品。肉桂罗勒尚有驱蚊的效果。

4. 圣罗勒（Holy basil；Sacred basil；*Ocimum sanctum* L.）

信奉印度教的人视为圣物，原产于热带亚洲，植株高 45~60 cm，紫茎，叶片绿色，有少许绒毛，卵圆形，具丁香味。开粉红及紫色的花。在花园中为极佳的观赏植物，通常不作为烹调用，只有新鲜叶片作为沙拉及冷盘料理，也很可口。

（三）灌木型罗勒（Bush basil）

灌木型罗勒较甜罗勒矮，花也小些。

1. 希腊罗勒［Greek basil；*Ocimum basilicum* 'minimum'（Greek）］

为矮性品种，株形紧密，15~30 cm 高。叶片密生，叶色亮绿，叶柄较短，开白色小花。也具有罗勒的芳香。适合利用花盆种植于靠窗阳台，或作为绿篱、花坛及花园的搭配。

2. 灌木罗勒[Bush basil；*Ocimum basilicum* ' minimum'(bush)]

植株高 30 ~ 40 cm。叶片较希腊罗勒大,香味和一般罗勒的类似。

罗勒主要用于意式、法式希腊料理,在东方的印度及泰国烹调也经常使用。为西红柿料理不可或缺的香草。此外由新鲜罗勒叶片、乳酪、松子、大蒜及橄榄油混合而成的罗勒酱,即为最有名的意大利 pesto 酱,搭配蔬菜及肉可令人食欲大增。做成食用醋也非常好。在烹调时,若温度过高,罗勒特有的香味会散失,因此快炒或烹调好后再将罗勒点缀上去。将罗勒叶切碎与马铃薯泥拌匀,做成的薯球为最佳下酒菜。罗勒由于香味独特,极适用于做开胃菜及拌沙拉。叶片所冲泡的香草茶有促进消化的作用。食过大蒜后,若嚼罗勒叶片,可增加芳香味。花穗与叶片也可用作药草。罗勒也可作为芳香剂、香皂及洁牙剂等产品的成分。有报道指出,厨房放一丛罗勒盆栽可减少苍蝇。

十九、鼠尾草

【英文名】Sage

【学名】*Salvia farinacea*

【别名】秋丹参、洋苏叶。

【科属】唇形科鼠尾草属。

【特征与特性】多年生草本,植株呈丛生状,叶对生,长椭圆形,色灰绿,叶表有凹凸状织纹,香味刺鼻浓郁,夏季开淡紫色小花,生长强健,耐病虫害。

【分布及栽培】分布于热带和温带地,主产于地中海北岸国家,如希腊和阿尔巴尼亚。我国有 80 余种,产自全国各地,尤以西南最多。

【使用部位】花、叶。

【应用】香辛料用鼠尾草的干整叶、叶粉碎物、精油和油树脂。鼠尾草干燥后的气味浓厚,风味成分随产地的不同变化极大。鼠尾草以巴尔干半岛产的最好,主要香气成分是侧柏酮(40% ~ 60%),桉叶油素(15%)和龙脑(16%)。

鼠尾草叶为强烈芬芳的药草样辛香,有独特的膏香后韵;味苦且涩,辛香风味。鼠尾草多用于西式烹调,亚洲地区用得极少。一般常被用于煮汤类或味道浓烈的肉类食物,加入少许可缓和味道,掺入沙拉中享用,更能发挥养颜美容的功效。鼠尾草在以肉为原料的香肠中能起较好的风味作用,可作为烘烤面食、卤汁、汤料、奶酪、辣味料的作料。

鼠尾草精油是由它的叶、花、花芽提取出,为无色或淡黄色液体,以桉叶样的药草味占主导的甜辛香味,有些桉叶样凉气,后为强烈的甜辛香,稍有药草和樟脑气息,香气持久,油树脂为棕绿色黏度很大的物质。鼠尾草精油用于口香糖、果糖和软饮料。

第三节　淡香型香辛料

一、调料九里香

【英文名】Curry

【学名】*Murraya koenigii*（L.）C. sprengel

【别名】麻绞叶、咖喱叶、咖喱树、可因氏月橘。

【科属】芸香科九里香属。

【特征与特性】调料九里香为灌木或小乔木,高达 4 m。嫩枝有短柔毛。有小叶 17 ~ 31 片,小叶斜卵形或斜卵状披针形,生于叶轴最下部的通常阔卵形且较细小,长 2 ~ 5 cm,宽 5 ~ 20 mm,基部钝或圆,一侧偏斜,两侧甚不对称,叶轴及小叶两面中脉均被短柔毛,很少仅在中脉下半部有稀疏短毛,全缘或叶缘有细钝裂齿,油点干后变黑色。近于平顶的伞房状聚伞花序,通常顶生,花甚多;花瓣 5 片,倒披针形或长圆形,白色,长 5 ~ 7 mm,有油点。嫩果长卵形,长约为宽的 1 倍,成熟时长椭圆形,或间有圆球形,长 1 ~ 1.5 cm,蓝黑色,有种子 1 ~ 2粒;种皮薄膜质。

【分布及栽培】调料九里香分布于印度、缅甸、斯里兰卡、中国、澳大利亚和太平洋群岛。在中国分布于海南南部(三亚、东方、昌江黎族自治县等)和云南南部(西双版纳至耿马傣族佤族自治县)一带。

调料九里香实生苗的植距为 3～4 m,在印度最南部,大多在 5 月西南季风雨到来之前种植。种植后 15 个月可以收获叶片。一株成龄树每年可生产叶片约 100 kg。

【使用部位】叶。

【应用】调料九里香可用作许多草药配方。新鲜的调料九里香叶经加压蒸馏产生的一种挥发性油,可用作重型肥皂香料的固定剂。调料九里香的鲜叶有芳香气味,印度、斯里兰卡居民用其叶作咖喱调料。

二、山奈

【英文名】Kaempferia

【学名】*Kaempferia galanga* L.

【别名】沙姜、山辣。

【科属】姜科山奈属。

【特征与特性】山奈是多年生宿根草本植物;块状根茎,单生或数枚连接,淡绿色或绿白色,具芳香气,味稍辣,根粗壮;无地上茎;叶 2～4 枚,几乎无柄,平卧于地面上,圆形或阔卵形,质薄,绿色,有时叶缘及尖端有紫色,无毛或下面被稀疏长柔毛,干时在上面可见红色小点;叶脉 10～12 条。穗状花序自叶鞘中生出,具花 4～12 朵,芳香,花期短;苞片披针形,绿色,花萼与苞片等长。果实为蒴果。

【分布及栽培】山奈分布于我国广东、广西、云南、台湾等省区。

山奈是用根茎繁殖的,收获时可选用当年生、健壮、无病虫害及未受冻害的根茎,沙藏越冬作种苗。

【使用部位】根、茎。

【应用】山奈根茎为芳香健胃剂,有散寒、祛湿、温脾胃、辟恶气的功效,也可作调味香料。山奈,具浓郁持久芳香味,主要用于肉类食品、熏制食品增香。在民间,山奈一直作为药食两用的植物使用,其根、茎、叶常用于白切鸡、白斩鸡的食用佐料。

三、月桂叶

【英文名】Bay leave；Laurell

【学名】*Laurus nobilis* L.

【别名】月桂树、香叶子。

【科属】樟科月桂属。

【特征与特性】月桂属常绿小乔木，树冠卵圆形，分枝较低，小枝绿色，全体有香气。叶互生，革质，广披针形，边缘波状，有醇香。单性花，雌雄异株，伞形花序簇生叶腋间，小花淡黄色。核果椭圆状球形，熟时呈紫褐色。花期4月，果熟期9月。

【分布及栽培】月桂为亚热带树种，主要产地是地中海沿岸国家如法国、希腊、西班牙等，以及西印度群岛。我国长江流域以南江苏、浙江、台湾、福建等省也有少量栽种。月桂喜温暖湿润气候，喜光，也较耐荫，稍耐寒，可耐短时 -8 ~ -6℃低温。耐干旱，怕水涝。适生长于土层深厚、排水良好的肥沃湿润的沙质壤土，不耐盐碱，萌生力强，耐修剪。

【使用部位】月桂叶，又名桂叶、香桂叶、香叶、天竺桂。

【应用】香辛料用月桂叶为浅黄色至褐色的叶片。中国月桂叶的香气与西印度群岛月桂叶相似，和地中海月桂叶比较，有较显著的酚样气息。此香辛料使用其干燥的叶、干叶粉碎物、月桂叶精油或月桂叶油树脂。

月桂叶有浓郁的甜辛香气，夹杂有很微妙的柠檬和丁香样气息；起初味道不是很强，几分钟后味感会越来越强烈，香味甜辛优美，有些苦的后感。月桂叶精油为深棕色液体，具有强烈的、清新的、穿透性的辛甜香气，略带些桉叶油样的樟脑气；风味柔和、甜辛，有些许药样和胡椒样味道，香味持久，后感微苦。月桂叶油树脂为暗绿色的极其黏稠状产品，香气和风味与精油类似。

月桂叶广泛用于西式饮食，普遍用于法国和意大利，其次为德国、英国和美国。月桂叶在东方的应用不广，除东南亚以外，日本人也不喜欢月桂叶的味道。月桂叶或月桂叶精油用作法国和意大利烤肉串、烧烤全牲的作料,以赋予精美的风味;月桂叶有浓浓的香味,适合于烹调肉类,可去除肉腥。法式的小牛肉、羊肉、肉丸、红肠、鱼、家禽或野味,无论烧、熬或炖,使用月桂叶可以赋予其独特的传统风格;也可用于调料(番茄酱、番茄汤、面酱、酱油)或作料(腌制肉类、非酒饮料、洋葱菜或南瓜菜等)。但是因为它的味道很重,所以也不能加太多,否则会盖住食物的原味。以磨成粉末的月桂叶来说,一般家庭煮肉时,一大锅只需要用小指甲挑一点的分量就够了。如果是用在酱料的调制,选小一点的叶子即可。

四、甘草

【英文名】Licorice

【学名】*Glycyrrhiza uralensis* Fisch.

【别名】甜草根、红甘草、粉甘草、乌拉尔甘草。

【科属】豆科甘草属。

【特征与特性】甘草为豆科植物甘草、胀果甘草或光果甘草的干燥根和根茎。

豆科植物甘草为多年生草本。根与根状茎粗状,直径 1~3 cm,外皮褐色,里面淡黄色,具甜味。茎直立,多分枝,高 30~120 cm,密被鳞片状腺点、刺毛状腺体及白色或褐色的绒毛,叶长 5~20 cm;托叶三角状披针形,长约 5 mm,宽约 2 mm,两面密被白色短柔毛;叶柄密被褐色腺点和短柔毛;小叶 5~17 枚,卵形、长卵形或近圆形,长 1.5~5 cm,宽 0.8~3 cm,上面暗绿色,下面绿色,两面均密被黄褐色腺点及短柔毛,顶端钝,具短尖,基部圆,边缘全缘或微呈波状,多少反卷。总状花序腋生,具多数花,总花梗短于叶,密生褐色的鳞片状腺点和短柔毛;苞片长圆状披针形,长 3~4 mm,褐色,膜质,外面被黄色腺点和短柔毛;花冠紫色、白色或黄色,长 10~24 mm。种子暗绿色,圆形或肾形,长约 3 mm。

胀果甘草为多年生草本。根与根状茎粗壮,外皮褐色,被黄色鳞片状腺体,里面淡黄色,有甜味。茎直立,基部带木质,多分枝,高50~150 cm;叶长 4~20 cm;托叶小三角状披针形,褐色,早落;小叶卵形、椭圆形或长圆形。总状花序腋生,具多数疏生的花;苞片长圆状披针形;花冠紫色或淡紫色;荚果椭圆形或长圆形,直或微弯。种子1~4枚,圆形,绿色,径2~3 mm。

光果甘草为多年生草本;根与根状茎粗壮,直径0.5~3 cm,根皮褐色,里面黄色,具甜味。茎直立而多分枝,高0.5~1.5 m,基部带木质,密被淡黄色鳞片状腺点和白色柔毛,幼时具条棱,有时具短刺毛状腺体。叶长5~14 cm;托叶线形,长仅1~2 mm,早落;叶柄密被黄褐腺毛及长柔毛;小叶11~17枚,卵状长圆形、长圆状披针形、椭圆形,长1.7~4 cm,宽0.8~2 cm,上面近无毛或疏被短柔毛,下面密被淡黄色鳞片状腺点,沿脉疏被短柔毛,顶端圆或微凹,具短尖,基部近圆形。总状花序腋生,具多数密生的花;苞片披针形;花冠紫色或淡紫色。荚果长圆形,扁,微作镰形弯,有时在种子间微缢缩,无毛或疏被毛,有时被或疏或密的刺毛状腺体。种子2~8颗,暗绿色,光滑,肾形,直径约2 mm。

【分布及栽培】分布于我国东北、华北及陕西、甘肃、青海、新疆、山东等地区。

【使用部位】根。

【应用】甘草的干燥根及地下根状茎,在中医学中被临床运用于滋润缓和,中和烈药,解毒、镇痛、解痉、矫味、镇咳祛痰等。甘草,具有独特甜香味,主要用于增甜料、酱类食品增香料。甘草广泛应用于食品工业,如精制糖果、蜜饯。甘草浸膏是制造巧克力的乳化剂,还能增加啤酒的酒味及香味,提高黑啤酒的稠度和色泽,制作某些软性饮料和甜酒;香烟矫味。甘草作为调味品常使用在卤水中,起到回甜作用。

五、石榴

【英文名】Pomegranate

【学名】*Punica granatum* L.

【别名】安石榴、山力叶、丹若、若榴木、金罂、金庞、涂林、天浆。

【科属】石榴科石榴属。

【特征与特性】石榴是落叶灌木或小乔木,在热带是常绿树。树冠丛状自然圆头形。树根黄褐色。生长强健,根际易生根蘖。树高可达5~7 m,一般3~4 m,但矮生石榴高仅约1 m或更矮。树干呈灰褐色,上有瘤状突起,干多向左方扭转。

【分布及栽培】石榴原产巴尔干半岛至伊朗及其邻近地区,全世界的温带和热带都有种植。中国三江流域海拔1700~3000 m的察隅河两岸的荒坡上也分布有大量野生古老石榴群落。中国南北都有栽培,以江苏、河南等地种植面积较大,并培育出一些较优质的品种,其中江苏的水晶石榴和小果石榴都是较好的品种。

【使用部位】干鲜种子。

【应用】石榴果粒酸甜可口多汁,营养价值高,富含丰富的水果糖类、优质蛋白质、易吸收脂肪等,可补充人体能量和热量,但不增加身体负担。果实中含有维生素C及B族维生素,有机酸、糖类、蛋白质、脂肪及钙、磷、钾等矿物质,能够补充人体所缺失的微量元素和营养成分。还富含丰富的各种酸类,包括对人体有保健功效的有机酸、叶酸等。石榴特有的果酸、香气与甜味,使它在烹饪上的使用范围极宽广,从沙拉前菜、主餐、海鲜、肉品到甜点、调酒,都有用武之地。石榴果粒可直接点缀在沙拉上,或用于调制沙拉酱汁。石榴的酸甜适中,与肉类一同烹调,可达到解腻、平衡味道的效果。

六、甘牛至/甜牛至

【英文名】Sweet marijoram

【学名】*Origanum majorana* L.

【别名】花薄荷、马月兰花、牛膝草。

【分布及栽培】主要产于西亚阿拉伯地区。现在欧洲中南部、南美洲都有栽种。中国的甘牛至是一亚种,野生于西北和西南山区。质量以西亚产品最好。

【应用】香辛料使用甘牛至为干燥的植物上端的叶、茎和花部位,当作香辛料的话,花的比例要小一些。此干叶和花可直接用,也可粉碎后用,或制作精油和油树脂后使用。甘牛至为优美的带花香的甘牛至特征辛香,香气成分随产地有很大的不同;味感为微尖锐的强烈芬芳香味,略含些许苦味和樟脑味。甘牛至精油为黄色或黄绿色液体,用水蒸气蒸馏所得产率很低,小于0.1%。具有强烈辛香,有花香气,穿透性好,有熏衣草油的香气的感觉;精油的味道为圆合的辛香味,有芳草的感觉,后感有点苦。甘牛至油树脂为暗绿色半固体状物质,风味与其精油相仿。

甘牛至主要用于西式烹调(以英国、德国和意大利为主),东方饮食中罕用。用于英国式的肉类卤汁(适合于小羊肉、羊肉、小牛肉、牛肉、鹅、鸭、野禽、蛋等)、西班牙风格的汤料、意大利和希腊与法国的河海产品作料(鱼、牡蛎等)、西式蔬菜作料(青豆、豌豆、茄子、胡萝卜、南瓜、菠菜、番茄、蘑菇、卷心菜、花菜等)。像意大利比萨饼这类重用香辛料的面食,则将粉碎的甘牛至直接撒在饼面上。甘牛至精油用于肉食调味料(如德国酱油、墨西哥的辣椒粉等)、酒类风味添加剂(如苦艾酒)等。同一些香辛料一样,甘牛至的香气很强烈,应注意加入的量。

七、香椿

【英文名】Chinese mahogany

【学名】*Toona sinesis*(A. juss)roem

【别名】香椿芽、香桩头、大红椿树、椿天等。

【科属】楝科香椿属。

【特征与特性】香椿为落叶乔木,雌雄异株,叶呈偶数羽状复叶,圆锥花序,两性花白色,果实是椭圆形蒴果,翅状种子,种子可以繁殖。树体高大,除供椿芽食用外,也是园林绿化的优选树种。

香椿品种很多,根据香椿初出芽苞和子叶的颜色不同,基本上可分为紫香椿和绿香椿两大类。属紫香椿的有黑油椿、红油椿、焦作红香椿、西牟紫椿等品种。属绿香椿的有青油椿、黄罗伞等品种。

【分布及栽培】香椿原产于中国中部和南部。东北自辽宁南部,西至甘肃,北起内蒙古南部,南到广东、广西,西南至云南均有栽培。其中尤以山东、河南、河北栽植最多。

香椿喜温,适宜在平均气温 8~10℃的地区栽培,抗寒能力随苗树龄的增加而提高。用种子直接播种的一年生幼苗在 -10℃左右可能受冻。香椿喜光,较耐湿,适宜生长于河边、宅院周围肥沃湿润的土壤中,一般以砂壤土为好。适宜的土壤酸碱度为 pH 5.5~8.0。

【使用部位】嫩芽。

【应用】香椿被称为"树上蔬菜",是香椿树的嫩芽。每年春季谷雨前后,香椿发的嫩芽可做成各种菜肴。它不仅营养丰富,还具有较高的药用价值。香椿叶厚芽嫩,绿叶红边,犹如玛瑙、翡翠,香味浓郁,营养的丰富远高于其他蔬菜,为宴宾的名贵佳肴。可用于制作香椿炒鸡蛋、香椿竹笋、香椿拌豆腐、潦香椿、煎香椿饼、椿苗拌三丝、椒盐香椿鱼、香椿鸡脯、香椿豆腐肉饼、香椿皮蛋豆腐、香椿拌花生、凉拌香椿、腌香椿、冷拌香椿头。

香椿可用于制作香椿油、香椿粉、香椿汁等。香椿可以作香料,香椿粉制作时需鲜嫩的芽、老叶,1~2 年生枝条的皮及平茬 1 年生苗干的皮,冲洗干净后摊晾,直到表面无水分,用浓盐水(质量分数16.7%)浸泡 2~3 h 后,日晒至干硬,粉碎、过筛即可。香椿汁制作时选料 6~7 月采摘的香椿老叶、椿芽的木质化基部、1~2 年生的枝条、平茬的苗茎等,经冲洗、切碎、熬煮、过滤等步骤,香椿汁用作炒菜、腌菜、鱼肉的调味品,色泽美观,味香可口。新鲜的香椿芽经烫漂处理后,采用植物油浸提可制作香椿调味油。

八、芝麻

【英文名】Sesame

【学名】*Sesamum indicum* L.

【别名】胡麻、脂麻、乌麻、油麻等。

【科属】胡麻科胡麻属。

【特征与特性】一年生草本植物,全株长着茸毛。茎直立,四棱形,单干或分枝。叶多变异,互生或对生,有披针形、心脏形及椭圆形。高约 1 m,下圆上方。总状花序顶生,花单生,或两三朵簇生于叶腋。呈圆筒状,唇形,淡红色、紫色、白色。因品种不同,长筒形蒴果的棱数有4、6、8不等。种子扁圆,有白、黄、棕红或黑色,白色的种子含油量较高,黑色的种子入药,味甘性平,有补肝益肾、润燥通便的功效。

【分布及栽培】在世界各地都有栽种。芝麻生产主要集中在赤道南北纬度45°从热带到亚热带地区,亚洲主要生产国有中国、印度、缅甸等国;非洲主要生产国有苏丹、乌干达、尼日利亚等国;中南美地区主要生产国有墨西哥、危地马拉等国。主产区在中国、印度、缅甸及苏丹四国,产量之和约占世界总产量2/3。

【使用部位】种子。按颜色分为白芝麻、黑芝麻、黄芝麻和杂色芝麻四种。一般种皮颜色浅的比色深的含油量高。良质芝麻的色泽鲜亮而纯净;次质芝麻的色泽发暗;劣质芝麻的色泽昏暗发乌呈棕黑色。

【作用】香辛料用芝麻是其干燥的种子和经烘烤后的产品。芝麻没有挥发油,所以没有精油这一产品形式。芝麻原物的香气极为微弱,但经烘烤后产生非常精致的芝麻特征香气,属于烘烤坚果类如杏仁样香气,口味也与此相同,为令人喜欢的坚果类样风味。

芝麻是中国和日本最喜欢使用的香辛科之一,在东南亚和印度也有相当用量,其次是法国和意大利,英国、美国、澳大利亚等英语系国家使用较少。芝麻在一切烘烤型食品中都可用,芝麻和奶油是面包的特有风味之一,其余有面卷、咖啡、饼干、馅饼等;用于炸、煎、熏肉类的作料(如鸡肉、牛肉);制作用于沙拉的调味料。

以芝麻为原料加工制取的芝麻油,俗称香油、麻油,属半干性油,是消费者喜爱的调味品。芝麻油中含有一定数量的维生素 E 和芝麻油中特有的芝麻酚、芝麻酚林等物质,呈红色或橙红色,具有浓郁、显著的香味。芝麻油有普通芝麻油和小磨香油,它们都是以芝麻油为原料所制取的油品。从芝麻中提取出的油脂,无论是芝麻油还是小磨香油,其脂肪酸含油酸 35.0% ~49.4%,亚油酸 37.7% ~48.4%,花生酸 0.4% ~1.2%。

小磨香油简称小磨油,又称小磨香麻油。以芝麻为原料,用水代法加工制取,具有浓郁的独特香味,是良好的调味油。小磨香油主要用作佐餐调味,也是一些传统特色食品糕点的主要辅料。机制香油又称香麻油、麻油。通过特定的工艺,用机榨制取,具有显著的芝麻油香味,用途与小磨香油相同。普通芝麻油俗称大槽麻油。用一般压榨法、浸出法或其他方法制取的芝麻油的统称。由于加工方法不同,普通芝麻油的香味清淡,不如小磨香油、机制香油浓郁或显著。一般用作烹调油,也可作为调味油和制作糕点、糖果的主要辅料。芝麻油主要用于凉拌和配味碟,可以做汤、调馅、用于风味小吃,能促进人们的食欲,有利于食物的消化吸收,营养价值和经济价值高。

将上等芝麻经过筛选、水洗、焙炒、风净、磨酱等工序可制成芝麻酱。芝麻酱也是消费者非常喜爱的香味调味品之一。芝麻酱的色泽为黄褐色,质地细腻,味美,具有芝麻固有的浓郁香气。一般用作拌面条、馒头、面包或凉拌菜等的调味品,也作为甜饼、甜包子等馅心配料。

九、芒果

【英文名】Mango

【学名】*Mangifera Indica* L.

【别名】马蒙、抹猛果、莽果、望果、蜜望、蜜望子、莽果。

【科属】漆树科杧果属。

【特征与特性】芒果是一种原产于印度的漆树科常绿大乔木,叶革质,互生;花小、杂性、黄色或淡黄色,成顶生的圆锥花序。核果大,压扁,长 5~10 cm,宽 3~4.5 cm,成熟时黄色,味甜,果核坚硬。芒果中含有致敏性蛋白、果胶、醛酸,会对皮肤黏膜产生刺激从而引发过敏,特别是没有熟透的芒果,里面引起过敏的成分比例更高。

【分布及栽培】芒果在我国分布于云南、广西、广东、四川、福建、台湾,生长于海拔 200~1350 m 的山坡、河谷或旷野的林中。本种世界各地已广为栽培,并培育出百余个品种,中国栽培已达 40 余个品种。

【使用部位】未成熟果实。

【应用】青芒果(生芒果)味道酸甜,口感香脆,被许多人喜欢。不过直接吃会有些苦涩,采用适量的盐腌可以去除部分酸涩味。青芒果可以与其他多种香辛料、调味料等搭配使用。青芒果经削皮、切条后,可以与盐、辣椒粉等拌和腌制,具有酸脆辣香的特点;可用于制作芒果猪排调味汁,芒果去皮去核,将一颗打成泥,另外半颗切小丁,蒜头切碎,红辣椒去籽切碎备用。油入锅用中火炒蒜头、红辣椒、九层塔末,加入鸡汤、糖、梅林辣酱油煮至开,转小火煮,再将芒果泥逐渐加入锅中,边煮边搅动,煮至汁液浓稠,加入盐与黑胡椒粗粉调味,起锅后放入半颗芒果丁,即成。

十、香芹

【英文名】Curly parsley

【学名】*Petroselinum hortens Hoffm.*

【别名】法国香菜、洋芫荽、荷兰芹、旱芹菜、番荽、欧芹、香芹菜、石芹。

【科属】伞形花科欧芹属。

【特征与特性】一二年生草本植物。直根系,根群分布浅。短缩茎,株高约30 cm。基出叶簇生,深绿色,为三回羽状复叶。叶矩圆形或宽椭圆形,叶缘锯齿状,有卷曲皱缩或不卷曲而平坦的板叶形。叶柄长,绿色。花白色或浅绿色,细小,花群生成复伞形花序。双悬果矩圆状卵形,种子细小,长3~4 mm,宽2~2.5 mm,有3条边,平坦的面上有5条凸起的棱纹,灰褐或浅褐色,有香气。

香芹是芹菜的一种。香芹的品种主要有5种类型。

①板叶香芹(flat parsley):又称普通香芹,叶片扁平,与芹菜相似,叶柄较细为香芹特有叶柄,香味独特与芹菜不同。主根肉质,长圆锥形。基生叶,平直,叶缘缺刻粗大而尖,主根可食或作药用。叶片适用于作调味汁和酱汁。

②芹叶香芹:又称那不勒香芹(Nea Plitan)、意大利香芹、法国香芹,一般称作意大利香芹,与普通香芹相似,区别在于其植株较大,叶片和叶柄大而厚,与芹菜更为接近。

③皱叶香芹和矮生皱叶香芹:叶缘缺刻细、深裂而卷曲,并成3回卷皱,如重瓣鸡冠状,外观雅致,矮生皱叶香芹的基生叶成簇平展生

长,叶片呈宽厚的羽毛状。外观雅致,用作"青枝绿叶"装饰菜肴或沙拉。我们平常说的香芹、法香一般指这类品种,目前我国主要种植也为该类品种。

④蕨叶香芹:叶片不卷皱,但深裂成许多分离的细线状,外观优美,主要用作盘菜的装饰。此类香芹种植较少。

⑤根用香芹:又称汉堡香芹,叶片与普通香芹相似,只有根部膨大似欧洲防风。根用香芹只在汉堡种植,其根与欧洲防风相似,可作蔬菜煮食或汤食,有通便的作用。

【分布及栽培】原产地在地中海沿岸、中东的叙利亚高原。西亚、古希腊及罗马早在公元前已开始利用。现广泛分布在世界温带和亚热带地区,以欧美为主。其中,以荷兰所产质量为最佳。我国近年才较多栽培。

【应用】香辛料主要用干燥香芹叶的碎片、香芹精油、香片叶油树脂。

香芹菜全草及果实均含有松籽和薄荷的混合香气,并略有柠檬香气;味微苦,因其含有芳香性挥发油而出名,挥发油的主要成分为d-藏茴香酮、d-苎烯、二氢藏茴香酮、二氢藏茴香醇等。

香芹色泽翠绿、形状美观、香味浓郁,其食用部位为嫩叶和嫩茎,质地脆嫩,芳香爽口,可生食或用肉类煮食,也可作为菜肴的干香调料或作羹汤及其他蔬菜食品的调味品。在西餐烹饪中,香芹菜的白色肉质直根可作西菜的配料,如制作色拉时添加,增添芹菜风味。香芹的叶片大多用作香辛调味用,作沙拉配菜,水果和果菜沙拉的装饰及调香。嫩叶常用于冷热菜中,起增香、配色、装饰的作用。香芹叶可除口臭,如吃葱蒜后,咀嚼一点香芹叶,可消除口齿中的异味。此外,香芹籽可供提取精油,或磨成粉末,广泛用于肉制品、乳制品如奶酪及面包、罐头等食品的增香,并且是德国著名的"香芹白酒"的主要增香剂。

十一、阳桃

【英文名】Carambola

【学名】*Averrhoa carambola* L.

【别名】五敛子、杨桃。

【科属】酢浆草科阳桃属。

【特征与特性】阳桃树高可达 12 m,分枝甚多;树皮暗灰色,内皮淡黄色。奇数羽状复叶,互生,全缘,卵形或椭圆形。花小,微香,数朵至多朵组成聚伞花序或圆锥花序,自叶腋出或着生于枝干上,花枝和花蕾深红色。浆果肉质,下垂。种子黑褐色。

【分布及栽培】阳桃原产于马来西亚、印度尼西亚,广泛种植于热带各地。中国广东、广西、福建、台湾、云南有栽培。

【使用部位】果实。

【应用】阳桃味酸甘、性平,有生津止咳、下气和中等作用。阳桃可解内脏积热、清燥润肠、通大便,是肺、胃热者最适宜的清热果品。阳桃果汁中含有大量的草酸、柠檬酸、苹果酸等,能提高胃液的酸度,促进食物的消化。

阳桃可以保护肝脏、降低血糖、血脂、胆固醇,减少机体对脂肪的吸收,对高血压病、动脉硬化等疾病有预防作用。阳桃中糖类、维生素 C 及有机酸的含量丰富,且含水量高,能迅速补充人体的水分,生津止渴,并使体内的热或酒毒随小便排出体外,消除疲劳感。阳桃中含有大量的挥发性成分,胡萝卜类化合物、糖类、有机酸及 B 族维生素和维生素 C 等,可消除咽喉炎症及口腔溃疡,防治风火牙痛。食阳桃对于疟虫有杀灭作用。阳桃的叶有利尿作用,阳桃的花可治寒热,阳桃的根可治关节痛。

阳桃的品种有两种,分别是酸阳桃和甜阳桃。甜阳桃口感香甜,适合直接食用;酸阳桃口感较为酸涩,一般加工成蜜饯类食品或是用于烹饪调味,如煲汤、做菜。

十二、豆蔻/白豆蔻

【英文名】Cardamom

【学名】*Fructus Amomi Rotundus*

【别名】白豆蔻、圆豆蔻、原豆蔻、扣米。

【科属】姜科豆蔻属。

【特征与特性】多年生草本。豆蔻树的树叶繁盛,叶片为长卵形,叶披针形,跟月桂树的叶子很像,叶面呈黑灰色,反面颜色较淡。顶端有长尾尖,除具缘毛外,两面无毛;无叶柄。叶舌初被疏长毛,后脱落而仅有疏缘毛;叶鞘口无毛;穗状花序圆柱形;苞片卵状长圆形;树的分枝很多,花小,呈钟形;花冠白色或稍带淡黄。

豆蔻果实有点像杏,呈圆形、类球形,直径 1.2~1.8 cm,颜色为柠檬黄到淡褐色。成熟时果实会裂开,露出里面一层鲜艳的膜,这些网状条纹内膜其实应称为假种皮。在里面的核才是豆蔻。豆蔻有 3 条较深的纵向槽纹,顶端有突起的柱基,基部有凹下的果柄痕,两端均具有浅棕色绒毛。果皮体轻,质脆,易纵向裂开,内分 3 室,每室含种子约 10 粒;种子呈不规则多面体,背面略隆起,直径 3~4 mm,表面暗棕色,有皱纹,并被有残留的假种皮。豆蔻的风味特征比较温和,略带甜味。气芳香,味辛凉略似樟脑。豆蔻的风味比肉豆蔻更强烈一些,而且带有较为明显的苦味,但肉豆蔻却略有辣味。白蔻、白豆蔻外形呈圆球形,具有不显著的钝三棱,表面乳白色或淡黄色,果皮为木质且脆,易纵向裂开,内壁色淡而微有光泽,种子有二三十粒。

【分布及栽培】原产于印度尼西亚。喜生于山沟阴湿处,我国海南、云南、广西有栽培。

【使用部位】姜科植物白豆蔻(*Amomum kravanh* Pierre ex Gagnep)或爪哇白豆蔻(*Amomum compactum* Soland ex Maton)的干燥成熟果实。秋季果实成熟时采收,用时除去果皮,取种子打碎。

其中个大饱满、壳薄无空皮、种皮呈暗棕色或灰棕色者,称为紫蔻,又名紫叩、紫豆蔻、紫豆叩、十开蔻,品质最佳。其中个小瘦瘪,外皮较厚者,称为枫蔻,品质较差。枫蔻又名枫叩、小白蔻、三角蔻、三角叩、印度蔻、印度叩。本品带壳者,称为白豆蔻,又名白蔻、白叩、豆蔻、豆叩、圆豆蔻、圆豆叩、原豆蔻、原豆叩。以上均以个大、粒实饱满、果壳完整、香气浓厚者为佳。本品按产地不同分为"原豆蔻"和"印尼白蔻"。

蔻仁:又名叩仁、蔻球、叩球、白蔻仁、白叩仁、白蔻仁、豆叩仁等,为本品去壳的种子团。

蔻米:又名叩米。将种子团打开,单粒种子称"蔻米"。

蔻壳:又名叩壳、白蔻壳、白叩壳、白豆蔻壳、豆蔻壳、豆叩壳、白蔻皮、白叩皮、豆蔻皮、豆叩皮、蔻皮、叩皮、白蔻衣,为本品果实的外壳。

【应用】冠"豆蔻"之名的调味料有 3 种。豆蔻与草豆蔻都属土产,分别是两种姜科植物的种子,只有有肉豆蔻是舶来品,原产于东南亚,是常绿乔木的果仁。

豆蔻,含桉油精、d – 龙脑、β – 蒎烯、α – 松油醇等。气味苦香,味道辛凉微苦,烹调中可去异味、增辛香,常用于卤水及火锅等;草豆蔻,也是一种香辛调味料,可去膻腥味、怪味,为菜肴提香。在烹饪中可与豆蔻同用或代用。

豆蔻是印度一种十分著名的食品香辛料。印度菜的烹调十分重视香辛料的应用,在印度的饭店或家庭厨房,可以找到豆蔻、黑茴香、黑芥末子、黑胡椒、天堂果(小豆蔻)、玉桂枝、辣椒粉、丁香、芫荽、咖喱汁、茴香、西班牙红花粉、干豆蔻皮、姜等十多种香料。在欧洲和美国,豆蔻被广泛地用作食品工业的防腐剂和香料。北欧国家的糕饼的主要配料就是豆蔻。在烹饪中,豆蔻多用于动物性原料的矫味、赋香,并有防腐杀菌的作用。豆蔻有一定苦味,但对于调节人体神经和体内分泌都有一定作用。豆蔻是制作一些风味特色菜肴时必不可少的配料。例如在酱卤猪、牛、羊肉类及烧鸡、酱鸭时,常用豆蔻作为组合香料之一;豆蔻有时也单独用于一些烧、煮、烩等的菜肴,但较为少见。豆蔻用于烹调可增强口味,使菜肴产生出特殊的香鲜滋味。

十三、菖蒲

【英文名】Sweet flag

【学名】*Acorus calamus* L.

【别名】泥菖蒲、野菖蒲、臭菖蒲、山菖蒲、白菖蒲、剑菖。

【科属】天南星科菖蒲属。

【特征与特性】菖蒲是多年生草本植物。根茎横走,稍扁,分枝,直径 5 ~ 10 mm,外皮黄褐色,芳香,肉质根多数,长 5 ~ 6 cm,具毛发状须根。叶基生,基部两侧膜质叶鞘宽4~5 mm,向上渐狭,至叶长1/3处渐行消失、脱落。叶片剑状线形,长90~150 cm,中部宽1~3 cm,基部宽,对褶,中部以上渐狭,草质,绿色,光亮;中肋在两面均明显隆起,侧脉3~5对,平行,纤弱,大都伸延至叶尖。花序柄三棱形,长15~50 cm;肉穗花序斜向上或近直立,狭锥状圆柱形,长4.5~8 cm,直径6~12 mm。

菖蒲的品种有很多种,比较常见的品种有:金钱菖蒲、水菖蒲、茴香菖蒲、节菖蒲、石菖蒲、香叶菖蒲、长苞菖蒲、金边菖蒲、细根菖蒲、宽叶菖蒲等。

【分布及栽培】菖蒲原产于中国及日本,现广布世界温带、亚热带地区。菖蒲在我国南北各地均有种植。

【使用部位】根茎。

【应用】菖蒲全株芳香,可作香料或驱蚊虫;茎、叶可入药。在中国传统文化中,端午节有把菖蒲叶和艾捆一起插于檐下的习俗。在贵州、重庆、湖南等地区茴香菖蒲用于炒牛肉、羊肉等腥味较重的食物。菖蒲可有效地去除牛肉腥味,使食物食用起来更有品味。

十四、枫茅

【英文名】Srilanka citronella

【学名】*Cymbopogan nardus*(L.)Rendle.

【别名】爪哇香茅。

【科属】禾本科香茅属。

【特征与特性】枫茅为多年生大型丛生草本,具强烈香气;根系较浅,根状茎粗短,质地硬,分蘖力强。叶鞘宽大,基部者内面呈橘红色,向外反卷,上部具脊,无毛或与叶片连接处被微毛;叶舌长2~3 mm,顶端尖,边缘具细纤毛;叶片长40~100 cm,宽1~2.5 cm,中脉粗壮,下部渐狭,基部窄于其叶鞘,上面具微毛,先端长渐尖,向下弯垂,侧脉平滑,边缘具锯齿状粗糙,下面粉绿色。

【分布及栽培】枫茅分布于印度、斯里兰卡、马来西亚、印度尼西亚爪哇至苏门答腊;中国广东、海南、台湾等地有引种栽培。枫茅喜光,为阳性植物,对土壤要求不严,在沙壤土、石砾土、红褐土、红壤等均能生长,在土质疏松、肥沃、表土深厚、排水、通透性好的微酸性土壤生长良好。

【使用部位】叶。

【应用】枫茅是一种香料植物,其茎叶可直接作为调味香料或药用,也可提取枫茅油用于抗菌、驱蚊、驱虫。枫茅是非常重要的调味香料,主要用于肉类食品的调味。东南亚地区的烤鸡、烤鱼、烤肉等肉类食物多用香茅草进行调味,味道鲜嫩奇香。枫茅尤以在泰国菜、我国的傣家菜中闻名。

十五、刺柏

【英文名】Juniper

【学名】*Juniperus communis* L.

【别名】山刺柏、刺柏树、短柏木。

【科属】柏科刺柏属。

【特征与特性】刺柏高可达 12 m;树皮褐色,枝条斜展或直展,树冠塔形或圆柱形;小枝下垂,叶片三叶轮生,条状披针形或条状刺形,先端渐尖具锐尖头,上面稍凹,中脉微隆起,绿色,气孔带较绿色边带稍宽,在叶下面绿色,有光泽,具纵钝脊,横切面新月形。雄球花圆球形或椭圆形;球果近球形或宽卵圆形,熟时淡红褐色;种子半月圆形,近基部有树脂槽。

【分布及栽培】刺柏为中国特有树种,分布很广,生长在我国台湾中央山脉、江苏南部、安徽南部、浙江、福建西部、江西、湖北西部、湖南南部、陕西南部、甘肃东部、青海东北部、西藏南部、四川、贵州、云南中部、北部及西北部;其垂直分布带由东到西逐渐升高,在华东为200～500 m,在湖北西部、陕西南部及四川东部为1300～2300 m,在四川西部、西藏及云南则为1800～3400 m地带,多散生于林中。

【使用部位】果实。

【应用】刺柏枝叶中富含挥发油(0.28%～1.5%),主要为单萜烯、含氧倍半萜等类成分,具有丰富的生物活性。刺柏油具有特殊的针叶香气和芳香性酷辣味,可用于日用化学品的定香剂和修饰剂,还可用于饮料、肉类、调味汁等食品的辛香配方中,在医药行业也有广泛应用。

十六、刺山柑

【英文名】Caper

【学名】*Capparis spinosa* L.

【别名】续随子、水瓜榴、野西瓜、马槟榔。

【科属】山柑科山柑属。

【特征与特性】刺山柑为多年生藤本小半灌木,倒圆锥形。株高可达 50 cm,成株的主茎不明显,茎多分枝,平铺地面或向上斜生,一年生植株根深达 3 m。叶片近革质,圆形、倒卵形、椭圆形,单叶互生,托叶变态为刺状。花腋生,较大,有雄花和两性花,花冠白色或淡红色,果实为椭球形,表面光泽、绿色,成熟的果实自然开裂,果肉红色。种子肾形,黑褐色。

【分布及栽培】刺山柑起源于西亚或中亚的干旱地区,在地中海湾、西班牙等地区的很多国家都有分布,中国主要分布在新疆、甘肃、西藏等地。刺山柑耐干旱、耐风沙、耐高温、耐贫瘠。对土壤的适应性很强,在干燥的石质低山、丘陵坡地、砾石质的戈壁滩均能生长,在地下水位高于 3 m 的土壤上不能生长。不宜在沙地上生长。

【使用部位】花蕾。

【应用】刺山柑的花蕾含芸香甙、葵酸、阿魏酸和芥子酸。夏初未开花前收采花蕾,醋浸花蕾,密藏于玻璃瓶中,并贮于暗处,以保存其风味。腌制的花蕾有治疗坏血病的作用。

刺山柑是欧洲南部及非洲北部居民常用的调味品,多用于调制(炖)肉类和作为色拉及薄饼(Pizza)的调配料。刺山柑的花蕾或果实,经浸泡在醋或盐水中发酵后成为地中海沿岸地区常见的一种香料。腌渍好的刺山柑味咸而酸涩,可以代替柠檬或橄榄使用,有开胃、解腻和刺激食欲的作用。将刺山柑切碎与鳀鱼、蛋黄酱、橄榄油、油浸金枪鱼、大蒜、芥末、酸黄瓜等食材自由组合可制成各种冷食酱汁,如著名的塔塔酱(Tartar sauce)、法国普罗旺斯配面包的橄榄酱(Tapenade)等。刺山柑特有的酸味适合含脂肪较多的鱼类、牛羊肉类及家禽类的调味。

十七、细叶芹

【英文名】Chervil

【学名】*Chaerophyllum villosum* Wall. ex DC.

【别名】茴香芹、红叶香芹、法香、法国蕃芫荽。

【科属】伞形科细叶芹属。

【特征与特性】一年生草本,高 30～45 cm,茎多分枝,无毛。基生叶三角状卵形,基部扩大成膜质叶鞘,3～4 回羽状分裂,末回裂片线形至丝状;茎生叶常为三出式羽状分裂。顶生和侧生的复伞形花序无总花梗或稍有短梗;无总苞片,花瓣白色或绿白色,卵圆形。果心状卵球形,分果具 5 棱,棱圆,花柱甚短。

【分布及栽培】在地中海沿岸地区、亚洲西部、美国均有栽种。在我国通常生长在田野、荒地、草坪、路旁,是常见的农田杂草之一。

【使用部位】细叶芹叶。

【应用】将细叶芹叶干燥粉碎后用作香辛料,至今尚没有精油和油树脂一类的产品。南欧产的细叶芹香气最好,含有精油和固定油。细叶芹为欧芹样的芬芳辛香气,香气比欧芹更强烈些,有一些药草气;味道为柔和的欧芹风味带茴香、葛缕子和龙蒿似的后味。

细叶芹在欧洲应用得相当普遍,是法国、英国、意大利等国调理名菜的必备品,尤以法国最甚,而在世界其他地区则很少用,包括美国等美洲国家。多用于汤类、炖肉、色拉、鱼类、调味料等方面。与龙蒿、欧芹等叶式香辛料混合在一起组成法国有名的调料"Fines herbes",撒在鱼、鸡、沙拉等冷盘上,给予色泽;是奶酪和烘烤食品的风味料;用于制作多种调味料,例如它是菜胡椒土豆烧牛肉的常用调料。提取物用于软饮料、冰制品、焙烤食品和调味品中。

十八、欧芹

【英文名】Parsley,flat parsley

【学名】*Petroselinum crispum*(Mill) Nym

【别名】洋芫荽、荷兰芹、石芹。

【科属】伞形科欧芹属。

【特征与特性】二年生草本,植株高 30 ~ 100 cm,叶子呈深绿色,极有光泽,一般分平叶和卷叶种,卷叶种叶面曲皱,叶缘呈弯卷形,花小色白,伞状花序;平叶种,又称意大利欧芹,多用在调理食品上,风味类似原始芹菜。

【分布及栽培】在世界温带和亚热带地区都有种植,以欧美为主。

【使用部位】欧芹叶。

【应用】香辛料主要用干燥欧芹叶的碎片、欧芹精油、欧芹叶油树脂。欧芹叶为清新芬芳的欧芹特征辛香气,风味与此类似,口感宜人,略带些青叶子味。欧芹精油现有 2 个品种,应把它们区分开来,一个是欧芹籽油,另一个是欧芹叶油,欧芹叶油取自除根以外的欧芹全草,包括开花部分。欧芹叶油为黄色至淡棕色液体,香气比籽油要粗糙得多,有明显的青叶香气,味也极苦,为浓郁的欧芹特征香味。欧芹叶油树脂为深绿色半黏稠状液体,风味十分接近原植物。欧芹叶主要用于西式烹调,中国人喜欢用芫荽叶给菜肴以色泽,而西方人则用欧芹叶代替。在西式饮食中,欧芹叶可为菜肴赋予色泽和风味,如沙拉、蛋卷、清汤、肉食、水产品、蔬菜(如土豆)等;用于制作调味料,如西方特有的欧芹酱、以欧芹为特色的卤汁等。欧芹精油主要用于软饮料。

十九、罗晃子

【英文名】Tamarind

【学名】*Tamarindus indica* L.

【别名】酸梅、酸豆、酸子、曼梅、罗望子。

【科属】苏木科罗晃子属。

【特征与特性】常绿乔木,高达 25 m,树皮纵裂,小枝无毛。偶数羽状复叶,小叶片 7～20 对,长椭圆形或短圆形,无毛,先端钝圆或微凹缺,基部偏斜,近圆形。总状花序顶生或腋生,花萼筒状,无毛,萼片 4 枚,披针形,被绒毛;能育雄蕊 3 枚,花丝中部以下合生,其余 3～5 枚退化呈刺毛状,子房具柄,柄和花柱被毛。荚果肥厚,扁圆筒状,外果皮薄脆,中果皮厚肉质;种子椭圆状,3～10 粒,深褐色,具光泽。

【分布及栽培】原产于热带非洲,盛产于印度、斯里兰卡、缅甸等国,我国的广东、广西、海南、福建、台湾、云南、四川等省有引种栽培。

【使用部位】果实。

【应用】罗晃子果肉中含有丰富的还原糖、有机酸、果酸、矿物质和维生素,另外果肉中含有 89 种芳香物质和多种色素,此外,还含有蛋白质、脂肪等。罗晃子果实中的果肉味酸甜,除直接生食外,也可作烹饪调料,如泰国罗晃子酱。果肉还可加工生产营养丰富、风味特殊、酸甜可口的高级饮料和食品,如果汁、果冻、果糖、果酱、浓缩汁、果粉等。

二十、孜然

【英文名】Cumin

【学名】*Cuminum cyminum* L.

【别名】孜然、安息茴香、野茴香、孜然芹、安息孜然。

"孜然"是维吾尔语,指的是"安息茴香",安息在古时是中亚,现属伊朗一带,所以孜然在一些世界其他地区叫安息茴香,而在中国新疆的维吾尔族地区称为"孜然"。

【科属】伞形科孜然芹属。

【特征与特性】一年或二年生草本,全株粉绿色。茎纤弱。叶片 2～3 回羽状分裂,末回叶片丝线状,叶片芳香。复伞形花序顶生,花瓣长圆形,白色。分生果长圆形,黄绿色,两端渐狭。种子呈黄褐色,扁平弧形,有小刚毛。两端细长约 5 mm,宽 3 mm,形同小茴香,具有强烈芳香气味,并兼有苦和辣味。

【分布及栽培】原产地在北非和地中海沿岸地区。目前世界范围内种植孜然的主要是印度、伊朗、土耳其、埃及、中国和俄罗斯等国家,基本上分布在干旱少雨地区。印度是世界第一孜然大国,它的西部地区普遍种植大粒子孜然,品种也与别的国家有所不同。目前孜然在我国只产于新疆。新疆孜然为伊朗型,品质介于印度型和土耳其型之间。

【使用部位】孜然芹的种子。优质孜然大都呈黄绿色,香辣味浓郁,无霉变,无杂质。

【应用】孜然,作为食品香料已有 1500 多年历史,是一种十分受欢迎的调味品。香辛料用孜然干燥的整籽、籽粉碎物、精油和油树脂。孜然籽主要成分含精油 2% ~ 4%,其中有小茴香醛(35% ~ 63%)、二氢小茴香醛、小茴香醇、百里香酚、双戊烯、不挥发油、戊聚糖、草酸钙等。

孜然籽为传统食用香料,主要用于调味、提取香料等,气味芳香而浓烈。多用于肉类加工调料,是烧烤食品必用的上等佐料,口感风味极为独特,富有油性。用孜然加工牛羊肉,可以去腥解腻,并能令其肉质更加鲜美芳香,增加人的食欲。或用于调味食品中如腌渍食品、沙司、甜点;它是中国新疆烤羊肉风味的主要成分。FEMA 规定:肉类制品最大用量为 1000 mg/kg;调味料 300 ~ 3900 mg/kg;焙烤食品 2500 mg/kg。

孜然特适合阿拉伯地区、印度和东南亚等穆斯林风俗的烹调,是埃及、印度和土耳其咖喱粉的必不可少的组成成分,在许多墨西哥菜肴中也常使用。在淀粉类食品中也有很好的使用效果;可用于制作一些特色调料,如印度的芒果酱和酸辣酱等。

孜然精油为淡黄色或棕色液体,强烈沉重的带脂肪气的特有辛香,有些硫化物或氨气样气息,也带咖喱粉样香气,香气扩散力强而又持久,其味感与孜然籽相同。孜然油树脂为黄绿色油状物。孜然精油用于调配酒类。

二十一、姜黄

【英文名】Turmeric

【学名】*Curcuma longa* L.

【别名】宝鼎香、黄姜、毛姜黄、郁金、黄丝郁金。

【科属】姜科姜黄属。

【特征与特性】呈不规则卵圆形、圆柱形或纺锤形,常弯曲,有的具短叉状分枝,长 2～5 cm,直径 1～3 cm。表面深黄色,粗糙,有皱缩纹理和明显环节,并有圆形分枝痕及须根痕。质坚实,不易折断,断面棕黄色至金黄色,角质样,有蜡样光泽,内皮层环纹明显,维管束呈点状散在。气香特异,味苦、辛。

【分布及栽培】主产地为印度、中国西南部和越南。

【使用部位】姜科植物姜黄属的根茎。

【应用】香辛料常用干姜黄的粉碎物和油树脂,姜黄精油使用的场合很少。

姜黄为有胡椒特征的强烈辛香气,味辣,微苦。姜黄精油为淡黄或橙黄色液体,具有强烈沉重的刺激性辛香,稍有土味,并不受人欢迎;味为苦、辣和辛香味,有些金属味和土味。姜黄油树脂为棕红色、黏度很大的油状物,风味与原物相像。

姜黄在东西方烹调中均有广泛应用,东南亚和印度最为偏爱。姜黄与胡椒能很好地融合,在一起使用时可增强胡椒的香气。姜黄主要用于给肉类、蛋类着色和赋予风味,同样可用于贝壳类水产、土豆、饭食(如咖喱饭)、沙拉、泡茶、荠菜、布丁、汤料、酱菜等;用于多种调味料和作料的配制。姜黄精油和油树脂主要用于熟肉制品、方便食品、膨化食品、焙烤食品、食用调味料、啤酒饮料等。

二十二、葫芦巴

【英文名】Fenugreek;Common Fenugreek Seed

【学名】*Trigonella foenum - graecum* L.

【别名】卢巴子(芦巴子)、胡芦巴、芦巴、胡巴、苦豆、香豆、香草、苦草。

【科属】豆科葫芦巴属。

【特征与特性】一年生或越年生草木,全株具香气,高 30～90 cm,茎多直立,丛生,叶互生,小叶呈长卵形。果为荚果,细长扁圆筒状,稍弯曲。果内种子 10～20 粒。种子略呈斜方形或矩形,长 3～4 mm,宽 2～3 mm,厚约 2 mm。表面黄绿色或黄棕色,平滑,两侧各具一深斜沟,相交处有点状种脐。质坚硬,不易破碎。种皮薄,胚乳呈半透明状,具黏性;子叶 2,淡黄色,胚根弯曲,肥大而长。气香,味微苦。

【分布及栽培】原产于印度和北非地区,现在世界各地都有种植。安徽、四川、河南、宁夏是我国葫芦巴的传统产地。

【使用部位】豆科植物葫芦巴的干燥成熟种子。夏季果实成熟,下部果荚转为黄色时,即可整株割取晒干,打下种子,除去杂质。搓下种子,磨碎后可用作食品调料。茎、叶洗净晒干,磨碎后也可作调料。全草干后香气浓郁,略带苦味,性温。

【应用】香辛料用葫芦巴干燥的种子、其粉碎物、酊剂和油树脂。葫芦巴精油的含量很低,一般小于 0.02%,但气息极其尖刻。种子含有精油、葫芦巴碱、胆碱、植物胶、树脂、蛋白质、淀粉、脂肪、色素等,全草也有芳香味。

粉碎的葫芦巴籽为非常强烈的槭树般的甜辛香香气,有苦味,这是由葫芦巴中的生物碱(如葫芦巴碱、胆碱)引起的,有浓烈的焦糖味,似有些肉的香味,香味悦人。葫芦巴的酊剂香气比原物更透发芬芳,风味与原物相似,因此常与其他香辛料配合以模仿槭树的风味。将此酒精萃取物蒸去酒精,得油树脂,香气与葫芦巴相同,有水解植物蛋白的风味,略像蟹和虾的味道。葫芦巴的酊剂和油树脂因处理方法不同,风味有很大变化。

葫芦巴是印度最喜欢使用的烹调香辛料之一,中国、美国、英国和东南亚也有相当数量的应用。印度主要将葫芦巴用于咖喱粉的调配;制作印度式的酸辣酱(由苹果、番茄、辣椒、糖醋、葱、姜、葫芦巴等香辛料组成);用于猪、牛等下脚的炖煮作料。英国、美国将葫芦巴与其他香辛料配合用于蛋黄酱,使口感柔和多味。可用于腌制品和烘烤食品的调料,葫芦巴萃取物可用于糖果、仿槭树风味和郎姆酒风味的饮料,或用于配制烟用香精。欧美及地中海地区各国以它的种子作为香辛料,现多用于制果酱和咖喱粉,也常用于糖果、甜点及饮料中。新疆的回族人民喜欢用葫芦巴的种子或全草来作调味料。新疆的回族人民喜欢吃"油香",是直径 10 cm 左右的圆形油饼。做"油香"和面时就加入少许清油和香豆子粉,进行发面,面发好后加入少量碱中和,然后擀饼,放入油锅里炸(或煎),成焦黄色即成。油香是吃粉汤时必备的面食。此外,还把结有幼果的香豆子苗拔回、晒干,打成细粉,在蒸制花卷或馒头时加入,以增加清香味,特别是待客时要蒸制这种面食。

二十三、草果

【英文名】Tsao - ko

【学名】*Amomum tsaoko Crevost* et Lemaire

【别名】草果仁、草果子。

【科属】姜科豆蔻属。

【特征与特性】为多年生草本,全株辛辣味。蒴果密集,长圆形或卵状椭圆形。花红色由根茎上抽出,果初为鲜红色,成熟时紫红色,晒干或烘干后棕褐色。

草果的果实呈长椭圆形,具三钝棱,长 2～4 cm,直径 1～2.5 cm。表面灰棕色至红棕色,具纵沟及棱线,顶端有圆形突起的柱基,基部有果梗或果梗痕。果皮质坚韧,易纵向撕裂。剥去外皮,中间有黄棕色隔膜,将种子团分成 3 瓣,每瓣种子为 8～11 粒。种子呈圆锥状多面体,直径约 5 mm;表面红棕色,外被灰白色膜质的假种皮,种脊为一条纵沟,尖端有凹状的种脐;质硬,胚乳灰白色。有特异香气,味辛、微苦。

【分布及栽培】草果适宜生长于热带、亚热带湿热荫蔽的阔叶林中。产于我国云南、广西、贵州等地,栽培或野生于疏林中。草果是云南特产的调味品,产量约占全国的 95%。在云南分布于红河、文山、西双版纳、德宏、保山、普洱、临沧等 31 个市、自治州,以金平苗族瑶族傣族自治县(被称为"青果之乡")出产最多。

【使用部位】姜科植物草果的干燥成熟果实。秋季果实成熟时采收,除去杂质,晒干或低温干燥。10～11 月果实开始成熟,变成红褐色尚未开裂时采收晒干或微火烘干,或用沸水烫 2～3 min 后晒干,置干燥通风处保存。草果品质以干爽、个大、均匀饱满、把短者、表面红棕色为佳。

【应用】草果,味辛辣,具特异香气,微苦。果实中含淀粉、油脂等。草果全株可提取芳香油,经蒸馏后可得草果精油。据分析草果含挥发油2%～3%,油中主要成分为反式－2－(+)－碳烯醛、柠檬醛、香叶醇、α－蒎烯、β－蒎烯、1,8－桉叶油素、对—聚伞花素、壬醛、癸醛、芳樟醇、樟脑、α－松油醇、α－橙花醛、橙花椒醇、草果酮等。

草果是一种调味香料,有增香、调味作用。草果的茎、叶、果均可提芳香油。草果具有特殊浓郁的辛辣香味,能去腥除膻,增进食欲,是烹调佐料中的佳品,被人们誉为食品调味中的"五香"之一。用于烹调,能增进菜肴味道,特别是烹制鱼、肉时,草果使其味更佳。炖煮牛羊肉时,草果既清香可口,又驱避膻臭,因此,草果一直都是紧俏商品。尤其在我国新疆、甘肃、内蒙古、宁夏、西藏、陕西等常食用牛羊肉的地区,草果成为市场供不应求的畅销商品。草果是配制五香粉、咖喱粉等的香料,是食品、香料、制药工业的原料。全果除作食品调料外,还可入药,味辛性温,具有温中、健胃、消食、顺气的功能,主治心腹疼痛、脘腹胀痛、恶心呕吐、咳嗽痰多等。

二十四、香荚兰

【英文名】Vanilla

【学名】*Vanilla fragrans*(Salisb)Ames(Vanilla Planifolia Andrews)

【别名】香子兰、香草兰、香果兰、扁叶香草兰、哗呢拉。

【科属】兰科香荚兰属。

【特征与特性】为攀缘性藤本、浅根植物,茎肥厚,每节生1片叶及1条气生根;叶大,肉质,扁平;总状花序生于叶腋;果实为肉质荚果状,常称为豆荚。植后1.5年部分植株开花结荚,2.5年全面开花结荚,从开花到荚果成熟约需1年时间。果实成熟后需进行生香加工。

【分布及栽培】香荚兰原产于中美洲,主要分布在南北纬25°以内,海拔700 m以下地区。世界香荚兰产地目前主要集中在马达加斯加、印度尼西亚、科摩罗联盟、留尼汪岛、墨西哥等热带海洋地区,塞舌尔、毛里求斯、波多黎各、斯里兰卡、塔希提岛、汤加、乌干达、印度等地也有少量栽培。世界有香荚兰约 100 种(其中热带属约 50 种),800 多个品种,但有栽培价值的仅有 3 种。品质最好、栽培最多的是墨西哥香荚兰。种植后一般 2.5~3 年就能开花结果,6~7 年则进入盛产期,经济寿命在 10 年左右。

1960 年,我国从印度尼西亚引种香荚兰,先后在福建、海南和云南栽培成功。香荚兰是高档食品不可缺少的调香原料,广泛用于调配各种名烟、名酒、特级茶叶;也是各种饮料、糖果、糕点等不可缺少的配香原料。目前香荚兰已被引种到云南、广西、广东等地。

【使用部位】香荚兰果荚。

【应用】香荚兰是典型的热带雨林中的一种大型兰科香料植物,据科学分析,香荚兰果荚含有香兰素(或称香草精)、碳烃化合物、醇类、羧基化合物、酯类、酚类、酸类、酚醚类和杂环化合物等 150~170 种成分。由于它具有特殊的香型,主要用于制造冰淇淋、巧克力、利口酒、高级香烟、奶油、咖啡、可可等食品的调香原料。现已成为各国消费者最为喜欢的一种天然食用香料,故有"食品香料之王"的美称。在我国,香荚兰被名列"五兰"之首(香荚兰、米籽兰、依兰、白兰、黄兰)。香荚兰可用于化妆品、烟草、发酵和装饰品行业中;同时可作药用,其果荚有催欲、滋补和兴奋作用,具有强心、补脑、健胃、解毒、驱风、增强肌肉力量的功效,作芳香型神经系统兴奋剂和补肾药,用来治疗癔病、忧郁症、阳萎、虚热和风湿病。

二十五、迷迭香

【英文名】Rosemary

【学名】*Rosmarinus officinalis* L.

【别名】艾菊。

【科属】唇形科迷迭香属。

【特征与特性】迷迭香为唇形花科多年生常绿灌木,株高 60~80 cm。根系发达,主根入土 20~30 cm。叶对生,宽线形,叶长约

3 cm,宽0.2 cm,叶深绿色。茎秆近方形,易木质化,全株皆有芳香味。花唇形,于春夏季开放,花色有蓝、白、粉红色等。种子黑色,千粒重约1.1 g。

【分布及栽培】迷迭香的原生地为环地中海沿岸地区,广泛生长于西班牙、法国、意大利、突尼斯、摩洛哥和土耳其等欧洲及其毗邻的北非诸国。我国云南、新疆、北京都已引种。

【使用部位】叶。

【应用】香辛料用迷迭香干燥的叶子、叶的精油和油树脂。迷迭香的香气成分随产地有较大的不同,一般而言,法国产的迷迭香香气质量最好,主要的香气成分龙脑的含量为16%~20%,桉叶油素的含量为27%~30%,这两个成分的含量也是判断其优劣的标准。

迷迭香新粉碎的干叶为宜人的桉叶样清新香气,并有凉凉的和樟脑似的香韵;稍有辛辣和涩感的强烈芳香药草味,有些许苦和樟脑样的后味。花和嫩枝可提取芳香油。迷迭香精油为淡黄色液体,油树脂为棕绿色半固体状物质,迷迭香精油和油树脂的风味与原植物相似。迷迭香油,是调配空气清洁剂、香水、香皂等化妆品的原料;还具有驱虫驱蚊效果。迷迭香经蒸馏后的残渣提取的物质是油炸食品、肉类加工食品等的最好的天然防腐剂。

迷迭香特别适用于西式烹调,西方人认为它是最芳香和受欢迎的香辛料之一,相对而言,以法国和意大利用得最多,东方人很少用。迷迭香香气强烈,使用少量就足以提升食品的香味。烹饪用迷迭香,可以使用迷迭香鲜叶或干叶。可用于西方的大多数蔬菜,如豌豆、青豆、龙须菜、花菜、土豆、茄子、南瓜等;能给海贝、金枪鱼、煎鸡、炒蛋、烤肉、沙拉等增味。迷迭香萃取物可用于烘烤食品、糖果、软饮料和调味品。

二十六、留兰香

【英文名】Spearmint;Herba Menthae Spicatae

【学名】*Mentha spicata*(L.)Hudson

【别名】绿薄荷、青薄荷、四香菜、香花菜。

【科属】唇型科薄荷属。

【特征与特性】多年生草本,高0.3~1.3 m,有分枝。根茎横走。茎方形,多分枝,紫色或深绿色。叶对生,椭圆状披针形,长1~6 cm,宽3~17 mm,顶端渐尖或急尖,基部圆形或楔形,边缘有疏锯齿,两面均无毛,下面有腺点;无叶柄。轮伞花序密集成顶生的穗状花序;苞片线形,有缘毛;花萼钟状,外面无毛,具5齿,有缘毛;花冠紫色或白色,冠筒内面无环毛,有4裂片,上面的裂片大;雄蕊4,伸出于花冠外;花柱顶端2裂,伸出花冠外。小坚果卵形,黑色,有微柔毛。

【分布及栽培】原产于欧洲,现在美国、英国和世界许多地区都有种植。我国新疆有野生,河北、江苏、浙江、四川等省有栽培。常见品种为摩洛哥绿薄荷、皱叶绿薄荷。

【使用部位】唇形科植物留兰香的全草。

【应用】香辛料使用留兰香新鲜的青叶和精油。就风味而言,英国的留兰香最好,而美国的留兰香产量最大。新鲜留兰香叶为清新锐利的留兰香特征香气,稍有柔甜、薄荷和膏香气,口感为令人愉快的弱辛辣味,有些许青叶、甜和薄荷凉味。

留兰香多用于西方饮食,如粉碎的新鲜留兰香叶同薄荷一样能给鸡尾酒、威士忌、汽水、冰茶、果子冻等赋予色泽和风味,少量用于沙拉、汤料和肉用调料。留兰香精油的风味与原植物相似,用于糖果、牙膏、酒类、软饮料等。

二十七、圆叶当归

【英文名】Angelia

【学名】*Angelica archangelica* L.

【别名】情人香芹。

【科属】伞形花科藁本属。

【特征与特性】圆叶当归高可至2 m,叶为深绿色,叶大且具芹菜香,茎中空有深刻、边缘锯齿状。夏开小朵浅黄绿色花,秋天播种,适于全日照或半遮荫,肥沃潮湿但排水良好的土壤。

【分布及栽培】圆叶当归大部分生长于地中海东部。

【使用部位】果实、嫩枝、根。

【应用】圆叶当归的叶被作为汤和炖菜的材料、香料,香味特殊,根可捣碎磨成粉状以作调味料或香料。

二十八、番红花

【英文名】Saffron

【学名】*Crocus sativus* L.

【别名】西红花、藏红花。

【科属】鸢尾科番红花属。

【特征与特性】多年生草本。鳞茎扁球形,大小不一,外被褐色膜质鳞叶。自鳞茎生出 2~14 株丛,每丛有叶 2~13 片,基部为 3~5 片广阔鳞片乌黑叶线形,边缘反卷,具细毛。花顶生,倒卵圆形。蒴果长圆形,具三钝棱。种子多数,球形。

番红花柱头线形,长约 3 cm,暗红色,上部较宽而略扁平,顶端边缘具有不整齐的齿状,下端有的残留一小段黄色花柱。体轻,质松软,无油润光泽,干燥后质脆易断。气特异微有刺激性,味微苦。其萃取物应用很少。

【分布及栽培】原产地是南亚、伊朗和希腊,现在世界各地都有少量栽种。此三地的番红花为三个品种,以伊朗红至橙色的番红花风味最强。我国北京、上海、浙江、江苏等地有引种栽培。

【使用部位】植物番红花干燥的花柱头。10~11 月中下旬,晴天早晨采花,于室内摘取柱头,晒干或低温烘干。

【应用】番红花含藏红花素约 2%,藏红花苦素约 2%,挥发油为 0.4%~1.3%,其中主要是藏红花醛等化合物。番红花的香气随品种的不同有很大的变化,如淡黄至橙色的番红花风味就很弱,红橙色番红花的香气稍强。

番红花干燥的花蕊柱头是全世界最昂贵的辛香料之一,芳香、辛辣且苦。番红花在印度、意大利用得较多,在欧美其他地区仅有适度应用。在烹调中,番红花以赋予强烈亮丽的黄色为主,可为汤、米饭、蛋糕及面包上色加味,尤其是法国马赛的鱼羹(bouillabaisse)及西班牙的什锦饭(paella)。但也具宜人的强烈甜辛香味,并有精致的花香气;入口微苦,但有回味,为烹调所需,稍含泥土味、脂肪样和药草样味道。番红花多用于特色的地方菜肴,如西班牙的鳕鱼、斯堪的那维亚半岛地区的糕饼等,它也用于牛羊肉作料、调味料和汤料。番红花精油为非常强烈的郎姆酒样辛香气,味感并不愉快,似有些碘酒的味道。精油用于软饮料、冰激凌、糖果及烘烤面食类食品。

第四节　其他类香辛料

本节主要介绍其他未列入 GB/T 21725—2017《天然香辛料　分类》的具有芳香、苦香、甘香或酸香的常见香辛料。

一、五味子

【英文名】Chinese Magnolcavine Fruit

【学名】*Schisandra Chinensis*（Turcz.）Baill.

【别名】山花椒、秤砣子、药五味子、面藤、五梅子等。

【科属】木兰科五味子属。

【特征与特性】落叶木质藤本,皮红褐色,呈小块状薄片剥裂,密布圆形凸出皮孔,内皮黄绿色。叶倒卵形至椭圆形,乳白色或淡红色小花,单性,雌雄同株或异株,单生或簇生于叶腋,有细长花梗。夏秋结浆果,球形,聚合成穗状,成熟时呈紫红色。

干燥果实略呈球形或扁球形,直径 5 ~ 8 mm。外皮鲜红色、紫红色或暗红色。显油润,有不整齐的皱缩。果内柔软,常数个粘连一起;内含种子 1 ~ 2 枚,肾形,棕黄色,有光泽,坚硬,种仁白色。种皮薄而脆。果肉气微弱而特殊,味酸。种子破碎后有香气,味辛而苦。以紫红色、粒大、肉厚、有油性及光泽者为佳。主产于我国辽宁、吉林、黑龙江、河北等地,商品习称"北五味子"。

五味子商品中尚有一种"南五味子",又称"西五味子",主要为植物华中五味子的果实。南五味子果粒较小,表面棕红色至暗棕色,干瘪,皱缩,果肉常紧贴种子上,肉较薄,品质较差。

【分布及栽培】主产于我国东北、河北、山西、陕西、宁夏、山东等地区。以辽宁省所产质量最佳,有"辽五味"之称。俄罗斯、朝鲜、日本也有生产。五味子属植物在中国约有 20 种。产于中国中部的华中五味子果实也可入药,称"南五味子",主产于我国四川、湖北、陕西、云南等地。

【使用部位】木兰科植物五味子 *Schisandra chinensis*(Turcz.)Baill. 或华中五味子 *Schisandra sphenanthera Rehd. et Wils.* 的干燥成熟果实。前者习称"北五味子",后者习称"南五味子"。秋季果实成熟时采摘,晒干或蒸后晒干,除去果梗及杂质。

【应用】五味子皮肉甘酸,核中辛苦,有咸味,辛甘酸苦咸五味皆备,故有此名。

五味子果实含挥发油约 0.89%。五味子精油为橙黄色透明油状液体,气清香。油中主要含多种倍半萜烯,占挥发油含量 60% 左右,含亚油酸 10% 以上。另外含 β-没药烯、β-花柏烯及 α-衣兰烯等,均为有效成分。提取物中主要含五味子甲素、五味子乙素等。

五味子的皮和果实有强烈香气,可作调味用,俗称山胡椒。可用于酱、卤、炖、烧肉类原料。也可供酿酒用,果实多汁,酸而涩。根和种子可作药,有兴奋作用。秋季红果累累,可供庭园观赏。

二、白芷

【英文名】Angelica root

【学名】*Radix Angelicae Dahuricae*

【别名】香白芷(福建、台湾、浙江等省)、库页白芷(四川)、祈白芷(河南、河北)。

【科属】伞形科当归属。

【特征与特性】伞形科,多年生草本。茎高大粗壮,株高 2～3 m,根少分枝,茎中空,圆柱形,带紫色。根生叶大,有长柄,为 2～3 回羽状分裂,边缘有锯齿。茎生叶小,基部呈鞘状抱茎。花小白色,形成顶生或腋生的复伞状花序。果扁圆形,有种翅,成熟后裂开为两瓣。

根粗大,呈圆锥形,长 10～20 cm,直径 2～2.5 cm。表面灰棕色,有横向突起的皮孔,顶端有凹陷的茎痕。质硬,断面白色,粉性足,皮部密布棕色油点。气芳香,味辛、微苦。性温,味辛。

【分布及栽培】

1. 白芷

传统药用白芷,也为国内广大地区生产的白芷。河南禹州、长葛产者称为禹白芷、会白芷;河北安国、定州产者名祁白芷;安徽亳州产者为亳白芷;四川崇州产者称老川白芷,在各地多以栽培为主,为药用。

2. 杭白芷

现在全国大部分地区均使用,是现在药用白芷的主流品种,即为药用白芷。主产四川、浙江。浙江杭州栽培品通称杭白芷,四川遂宁自杭州引种栽培者称川白芷,云南昆明栽培者称吴白芷。福建、台湾、湖北、湖南等省也有栽培。

3. 地方白芷品种

(1)糙独活:主产四川、云南等地。云南地区通称"白芷",大理称"香白芷",丽江叫"水白芷",是地方白芷品种。

(2)白亮独活:云南昆明、曲靖等地将其根及根茎作白芷用,药材名为香白芷、滇白芷。

(3)白云花根:在云南大理一带作白芷药用。药材名香白芷、土白芷。

(4)川鄂独活:在四川作白芷用,药材名土白芷。

【使用部位】为伞形科植物兴安白芷、川白芷、杭白芷或滇白芷的根。加工干白芷时可采挖根部,拣去杂质,用水洗净,整支或切片晒干备用。白芷以独枝、皮细、外表土黄色、坚硬、光滑、香气浓香者为佳。

【应用】白芷含挥发油 0.24%,香豆素及其衍生物,如当归素、白当归醚、欧前胡乙素、白芷毒素等。

白芷气味芳香,有除腥去膻的功能,多用于肉制品加工,是传统酱卤制品中的常用香料。山东菏泽地区熬羊汤时习惯有浓烈的白芷味。在制作扒鸡、烧鸡等名特产品中少量使用,在一般饮食中很少用于调味。

三、草豆蔻

【英文名】Semen Alpiniae Katsumadai

【学名】*Alpinia katsumadai Hayata*

【别名】草蔻仁、偶子、草蔻、飞雷子。

【科属】姜科山姜属。

【特征与特性】多年生草本植物。植株高 1~3 m。叶片披针形，顶端尾尖渐尖，基部急尖。总状花序直立，密生粗状毛。蒴果圆球形，被毛。

草豆蔻外形为长圆形或扁圆形的种子团，直径 1.5~2.7 cm。顶端尖，基部略呈三角形，表面呈灰棕色，质坚硬，如将其破开，断面色白，如蜡质。中间有黄白色的隔膜，将种子团分成 3 瓣，每瓣有种子多数，粘连紧密，种子团略光滑。种子为卵圆状多面体，长 3~5 mm，直径约 3 mm，外被淡棕色膜质假种皮，种背为 1 条纵沟，一端有种脐；质硬，将种子沿种背纵剖两瓣纵断面观呈斜心形，种皮沿种脊向内伸入部分约占整个表面积的 1/2；胚乳灰白色。气香，味辛、微苦。

【分布及栽培】分布于我国台湾、海南、广东、广西、云南等省。

【使用部位】草豆蔻的干燥近成熟种子团。夏、秋二季采收，晒至九成干，或用水略烫，晒至半干，除去果皮，取出种子团，晒干。

【应用】草豆蔻含挥发油，油中含桉油精、α-蛇麻烯（α-humulene）、反—麝子油醇（trans-farnesol）等，并含豆蔻素（cardamomin）、山姜素（alpinetin）和皂甙。

草豆蔻是一种传统中药，可以燥湿健脾，温胃止呕。草豆蔻具有去除膻味怪味、增加菜肴特殊香味的应用。可与花椒、八角和肉桂等药材配合使用，作为食品调味剂，可去除鱼、肉等食品的异味。在烹饪中可与豆蔻同用或代用。此外，草豆蔻茎杆韧性大、通透性能好，是上等编织材料，编织的坐垫冬暖夏凉，具有预防和治疗痤疮的功能。

值得说明的是，草豆蔻不是草果。草果果大，色黑油亮，外壳较硬，内有细籽，又名草果仁、草果子，它是姜科植物草果的果实。

四、风轮菜

【英文名】Savory

【学名】*Clinopodium Chinense*（Benth.）O. Ktze.

【别名】香薄荷、豆草、木立薄荷。

【科属】唇形科风轮菜属（以前叫香薄荷属）。

【特征与特性】多年生草本，成株高约 50 cm。枝叶分枝很多，茎直立，分支性佳，高 30～50 cm，叶条状窄长并有浓郁香料辛辣味道，花形小，白色或淡紫色，散发宜人香味。

风轮菜种类较多，常见的有夏风轮菜（*Satureja hortensis* L.）、冬风轮菜（*Satureja monatana*）、匍匐风轮菜（*S. spicigera*）、香叶风轮菜（*S. thymbra*）及柠檬风轮菜（*S. biflora*）等。主要栽培利用种类为夏风轮菜和冬风轮菜。

夏风轮菜，又名夏香薄荷、木立薄荷、庭院风轮菜等，英文名 Summer Savory，为唇形科香薄荷属一年生草本植物。

冬风轮菜，又名山地风轮菜、欧洲风轮菜、冬香薄荷等，英文名 winter savory、mountain savory。在冬风轮菜中，还有一个亚种 *S. montana* ssp. citriodora。

夏香薄荷为一年生草本。茎稍木质化，分枝柔软，有芳香气味。叶广卵形，先端钝圆，浅绿色，对生。圆锥花序顶生或腋生。小坚果圆球形，种子棕色。花期夏初。

冬香薄荷为多年生的亚灌木型香薄荷，夏末开粉红色花，叶片较狭长，先端锐尖，深绿色，且香味较浓。

【分布及栽培】主产欧洲南部和北美洲，以地中海沿岸为著。喜生于向阳、排水良好的土壤中。

【使用部位】为唇形科植物风轮菜的叶。开花前择取嫩叶，洗净后即可鲜用。也可阴干后用密闭容器贮藏备用。

【应用】香辛料用风轮菜上部的干燥叶（注：上部收割连花带叶的主要用于提取精油作香精用；单是青叶部分的用作香辛料）及其粉碎物、精油和油树脂。风轮菜叶为芬芳的青香辛香气，有酚样杀菌剂似的气息;味感为辛香味,有胡椒似的辛辣味,是胡椒的较好的代用品。风轮菜挥发油中含有石竹烯、柠檬烯、香芹醇等。风轮菜精油是黄至暗棕色液体,似百里香和甘牛至的辛香香气,味感与原植物相似。

风轮菜叶常被用作意大利香肠或烹调鱼肉、鸡肉的材料和香料,香味特殊,花有收敛和杀菌作用,常被用于漱口水及油性皮肤的蒸脸护肤。风轮菜在德国又名"辣椒草",有辛辣的味道,能够增进食欲。在烹调上的用途很广,常用来搭配肉类、蔬菜、豆类等食物,或是加上醋和油做成调味料。用叶子冲泡的茶很像迷迭香,带有刺鼻的辛辣香味,有帮助消化的作用,适合在饭后或因太多而导致肠胃衰弱时饮用,另外也能防止肚子鼓胀。

夏风轮菜主要用于西式烹调,法国一带用得较普遍。使用时要小心,微量的风轮菜就足以提升任何菜肴的风味,用于小牛肉、猪肉、煮烤鱼等菜肴;适合做沙拉;夏风轮菜是法国的调料"Fines herbs"(法式五香粉)中的一个组成成分,也可用于调制各式酱油和卤汁。夏风轮菜在烹调刚结束的时候加入。夏风轮菜精油用于苦啤酒、苦艾酒等酒类,极小量用于汤料。具有助消化、减肥和灭菌作用。冬风轮菜的叶捣碎,外敷可减轻蜂蛰的肿痛。

五、紫苏

【英文名】Herba pirillae

【学名】*Perilla frutescens*(Linn.)Britt.

【别名】赤苏、荏、白苏、香苏、红苏、黑苏、红紫苏、皱紫苏等。

【科属】唇形科紫苏属植物。

【特征与特性】紫苏常见有两种类型;一类叶绿色,花白色,习称白苏;第一类叶和花均为紫色或紫红色,习称紫苏。入药多取花叶紫色的。紫苏属植物包括紫苏一种及其两个变种,变种皱叶紫苏[*P. frutescens*(L.)Britt. var. crispa Deane]又名鸡冠紫苏、回回苏;另一变种尖叶紫苏[*P. frutescens*(L.)Britt. var. acula(Thunb)Kudo.],又名野生紫苏。

紫苏为一年生草本植物,具有特异芳香,茎直立断面四棱,株高

50~200 cm,多分枝,密生细柔毛,茎绿色或紫色。叶对生;轮伞花序2花,白色、粉色至紫色,组成顶生及腋生偏向一侧的假总状花序。苞片卵形,全缘。花萼钟状,花冠管状,花柱着生于子房基部。

紫苏叶:紫苏的带枝嫩叶。9月上旬花序将长出时,割下全株,倒挂通风处阴干备用。叶片多皱缩卷曲,常破碎,完整的叶片呈卵圆形,长4~13 cm,宽2.5~9 cm或过之,顶端锐尖,基部阔楔形,边缘有撕裂状锯齿,叶柄长2~7 cm,两面紫色至紫蓝色或上面紫绿色,疏被灰白色毛,下面可见多数凹陷的腺点,质脆易碎。气辛香,味微辛,以叶片大、色紫、不带枝梗、香气浓郁者为佳。

紫苏子:为回回苏的干燥成熟果实。商品为小球形或卵形颗粒,直径1~3 mm,表面灰棕色或灰褐色,有隆起的暗紫色网纹和圆形小凸点。果皮薄,硬而脆,易压碎。种子黄白色,种皮膜质,子叶2,油性,用手搓有紫苏香气。以粒大饱满、色黑者为佳。辛,温。

【分布与栽培】紫苏原产中国,如今主要分布于印度、缅甸、中国、日本、朝鲜、韩国、印度尼西亚和俄罗斯等国家。我国华北、华中、华南、西南及台湾省均有野生种和栽培种。夏秋季开花前分次采摘,除去杂质,晒干。

【使用部位】全草。

【应用】紫苏在我国种植应用约有近2000年的历史,主要用于药用、油用、香料、食用等方面,其叶(苏叶)、梗(苏梗)、果(苏子)均可入药,嫩叶可生食、作汤,茎叶可腌渍。近年来,紫苏因其特有的活性物质及营养成分,成为一种备受世界关注的多用途植物,经济价值很高。俄罗斯、日本、韩国、美国、加拿大等国对紫苏属植物进行了大量的商业性栽种,开发出了食用油、药品、腌渍品、化妆品等几十种紫苏产品。

六、藿香

【英文名】Wrinkled Gianthyssop Herb

【学名】*Agastache rugosa*(Fisch. Et Mey.)O. Ktze.

【别名】土藿香、排香草、大叶薄荷、野藿香、广藿香。

【科属】唇形科藿香属。

【特征与特性】多年生草本,高达 1 m,有香气。茎方形,略带红色,上部微被柔毛。叶对生,心状卵形或长圆状披针形,边缘有不整齐钝锯齿,下面有短柔毛和腺点。轮伞花序组成顶生的假穗状花序,苞片披针形,花萼筒状,花冠淡紫色或红色。

藿香干草茎略呈方柱形,多分枝,枝条稍曲折,长 30~60 cm,直径 0.2~0.7 cm;表面被柔毛;质脆,易折断,断面中部有髓;老茎类圆柱形,直径 1~1.2 cm,被灰褐色栓皮。叶对生,皱缩成团,展平后叶片呈卵形或椭圆形,长 4~9 cm,宽 3~7 cm;两面均被灰白色茸毛;先端短尖或钝圆,基部楔形或钝圆,边缘具大小不规则的钝齿;叶柄细,长 2~5 cm,被柔毛。气香特异,味微苦。石牌广藿香枝条较瘦小,表面较皱缩,灰黄色或灰褐色,节间长 3~7 cm,叶痕较大而凸出,中部以下被栓皮,纵皱较深,断面渐呈类圆形,髓部较小。叶片较小而厚,暗绿褐色或灰棕色。海南广藿香枝条较粗壮,表面较平坦,灰棕色至浅紫棕色,节间长 5~13 cm,叶痕较小,不明显凸出,枝条近下部始有栓皮,纵皱较浅,断面呈钝方形。叶片较大而薄,浅棕褐色或浅黄棕色。

【分布及栽培】生于路边、田野。我国四川、江苏、浙江、湖南有栽培。藿香产于我国大部分地区,因产地不同而有不同名称。产于江苏苏州者称苏藿香;产于浙江者称杜藿香;产于四川者称川藿香。因其大多数野生于山坡、路旁,故也统称为野藿香。该类藿香较广藿香味淡,品质较次。

广藿香,也称南藿香。该品种与上述藿香同科不同属,原产于菲律宾等东南亚各国,我国南方广东、台湾等地也有栽培。广藿香有浓郁的特异清香,味微苦而辛,品质最佳,化湿和中、解暑辟秽的力量更明显。

【使用部位】为唇形科植物广藿香(枝香)*Pogostemoncablin*(Blanco) Benth. 或藿香(排香草、野藿香)*Agastache rugosa*(Fisch. et Mey.) O. Ktze. 的地上部分。夏、秋季枝叶茂盛时或花初开时采割,阴干,或趁鲜切断阴干。

【作用】藿香含挥发油,油中主要为甲基胡椒酚(methyl chavicol)、柠檬烯(limonene)、α-蒎烯和β-蒎烯、对伞花烃、芳樟醇、1-丁香烯等。藿香多用作配菜和炖菜调味,如作为川味火锅的底料,用于炖鱼等。闻名于北方的炖"庆岭活鱼",其主要调味品即为藿香。

广藿香精油,呈黏稠状,棕黄色、棕绿色、深褐色至黄色。具有温热、陈腐略有辛辣味及强烈的刺鼻味。香甜如甘草浓郁刺鼻,略带香辛料味道。

七、木香

【英文名】Radix Aucklandiae

【学名】*Aucklandia lappa* Decne.

【别名】云木香、广木香。

【科属】菊科木香属。

【特征与特性】多年生草本,高 1.5 ~ 2 m,主根粗大。茎被稀疏短柔毛。茎生叶有长柄,叶片三角状卵形或长三角形,基部心形,下延成不规则分裂的翅状,边缘不规则波状或浅裂并具稀疏的刺,两面有短毛;茎生叶基部翼状抱茎。头状花序顶生和腋生,花暗紫色。瘦果长锥形,上端有两层羽状冠毛。

干燥木香根呈圆柱形或半圆柱形,长 5 ~ 10 cm,直径 0.5 ~ 5 cm。表面黄棕色至灰褐色,有明显的皱纹、纵沟及侧根痕。质坚,不易折断,断面灰褐色至暗褐色,周边灰黄色或浅棕黄色,形成层环棕色,有明显菊花心状的放射状纹理及散在的褐色点状油室。质坚,有特异香气,味微苦。

【分布及栽培】栽培于海拔 2500 m 以上的高山。主产于印度、缅甸、巴基斯坦等地,称为广木香。在我国主产于云南、四川。主产四川的称为川木香,从印度带回木香种子在云南丽江一带种植所产木香称云木香。

【使用部位】本品为菊科植物木香的干燥根。秋、冬两季采挖,除去泥沙及须根,切段,大的纵剖成 2 ~ 4 块,晒干。

【应用】木香含木香内酯(costus lactone)、二氢木香内酯(dihydrocostus lactone)、风毛菊内酯(saussurea lactone)、木香烃内酯(costunol-ide)、二氢木香烃内酯(dihydrocostunolide)等。木香入肴调味,可增香赋味,去除异味,增添食欲。我国民间习惯用于卤、酱、烧、炖等。常和其他香辛料配制复合香辛料用于肉类加工,使用量一般在 8 mg/kg ~ 4 g/kg。如木香是"十三香"的成分之一。

备注:与木香花相区别。木香花,别名七里香、锦棚儿。蔷薇科蔷薇属半常绿攀援灌木,木质藤本,长可达 10 m。树皮初为青色,后变为褐色。奇数羽状复叶,椭圆形至椭圆状披针形。伞房花序,花梗细长光滑,花冠单瓣或重瓣,花白色或黄色,有香气,春季开花。果实球状,红色,秋季成熟。木香花是我国传统的观赏花木,花朵还可熏茶和提取芳香油。木香花小花种甚为普遍,大花种不多见,较名贵。

八、酒花

【英文名】Hops

【学名】*Humulus lupulus* L.

【别名】酵母花、蛇麻花、忽布、香蛇麻、蛇麻草、啤酒花。

【科属】桑科葎草属。

【特征与特性】多年生缠绕草本。茎枝、叶柄密生细毛,并有倒锯齿;叶柄长。雌雄异株。果穗呈球果状,有黄色腺体,气芳香。瘦果扁圆形,褐色。

穗状花序椭球形,长 2.5~3 cm,直径 1.5~2.5 cm。苞片复瓦状排列,约至 45 枚,多散落,广卵形或卵状披针形,顶端钝尖,少数渐尖,基部卷迭。表面棕色或棕红色,内表面叶脉明显向上突起,基部包裹 1 枚果实,类球形,表面具纵棱,顶端具短尖;外表面基部附着红色粉状颗粒。

【分布及栽培】主产于德国、美国和英国,现中国也有多地栽种。分布于新疆北部、东北、华北及山东、甘肃、陕西。

【使用部位】啤酒花未成熟的绿色果穗。8~9 月,果穗呈绿色而略带黄色时摘下,晒干,或烘干。

【应用】香辛料主要采用干酒花、酒花精油、酒花浸膏和油树脂。

　　酒花为强烈清新的特征性辛香气,特殊苦味,香气成分因产地而变化极大。酒花油树脂为亮黄色液体,几乎透明,为非常强的芳香气和苦味。

　　酒花被誉为"啤酒的灵魂",成为啤酒酿造不可缺少的原料之一。在酿制啤酒时添加酒花,可使啤酒具有清爽的苦味和芬芳的香味。酒花在烹调中的应用仅见于西式饮食,用于调制需微量苦味的沙拉含醋酱油、调味料和汤料;少量用于面包,利用其强烈的防腐和杀菌性,又含有发酵素,有助于面包的发酵。酒花萃取物还可用于烟草、饮料、糖果和一些烘烤食品。

九、其他类

　　香辛料的种类很多,除前面所述主要品种外,其他类的还有很多,如陈皮,主要用于肉类烹调、饮料、糕点等。它们是地方风味食品的关键材料,但产量低、使用面小、缺乏严格的产品标准,对其风味成分研究较少,在这里我们不一一详述。

第三章 香辛料成分及检测

第一节 香辛料香气成分

一、物质的气味与分子结构的关系

物质的气味是通过嗅觉感受到的。从物质中挥发出的有气味的分子进入鼻腔,刺激嗅觉神经,产生嗅觉。嗅觉的本质是一种化学感觉。关于嗅觉产生理论很多,可归纳为两类:一类是微粒理论,认为物质的分子以一定的大小和特有的几何构型进入嗅觉器官与之相应的空穴中,经过一定的物理化学作用而产生嗅觉。微粒理论包括香化学理论、物理吸附理论和象形的嗅觉理论等。第二类是电波理论,即振动理论,认为有气味物质的分子,其价电子振动产生的电磁波传到嗅觉器官而产生嗅觉。不同气味的物质产生的电磁波不同,引起的嗅觉也不同。

(一)化合物的气味与分子中的官能团有关

凡是有气味的物质,分子中一般都含有某些特征的原子或原子团,这些基团称为发香团,不同的发香团具有不同的气味。市售香辛料化合物分子中几乎都具有 1 个官能团,甚至 2 个或 2 个以上官能团。官能团对有机化合物香味的影响是到处可见的。例如,乙醇、乙醛和乙酸,它们的碳原子个数虽然相同,但官能团不同,香味则有很大差别。再如,苯酚、苯甲醛和苯甲酸,它们都具有相同的苯环,但取代官能团不同,因此其香味相差甚远。

常见的发香团有:羟基—OH、醚基—O—、苯基 C_6H_5—、醛基—CO—H、酮基—C＝O、酰基—C＝OR 等。产生恶臭的基团有:巯基—SH、硫醚基—S—、异氰基—NC 等。

当脂肪族发香物质分子内含有不饱和键时,可增加香气的强度。

一般双键可增加芳香气味,三键可增加刺激性气味(图3-1)。例如:

$$CH_3CH_2CH_2OH(温和香气) \quad CH_2 = CHCH_2OH(刺激性浓香气)$$

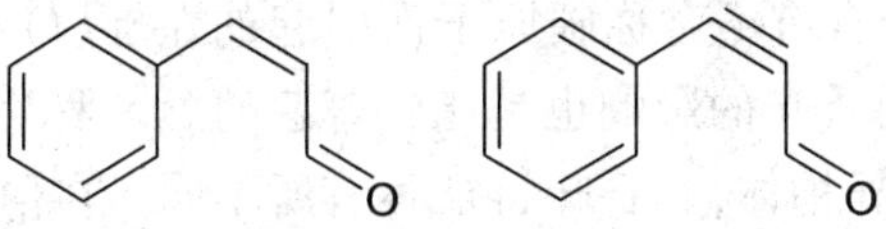

芳香气　　　　　　刺激香气

图3-1　不饱和键对香味的影响

(二)取代基对香味的影响

取代基对香味的影响是显而易见的,取代基的类型、数量及位置,对香味都有影响(图3-2)。在吡嗪类化合物中,随着取代基的增加,香味的强度和香味特征都有所变化。芳香族发香物质的苯环上引入取代基的位置不同,对香气强度的影响也不同,对位(p) > 邻位(o) > 间位(m)。因此常在发香团的对位引入取代基来增强或改善其香气。例如:紫罗兰酮和鸢尾酮相比较,基本结构完全相同,只差一个甲基取代基,香味有很大的差别。

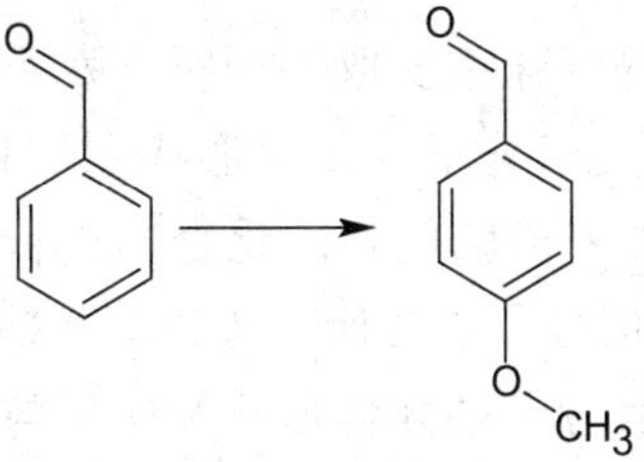

苦杏仁香气　　大茴香香气　　　　近似苦杏仁香气　　浓郁山楂香气

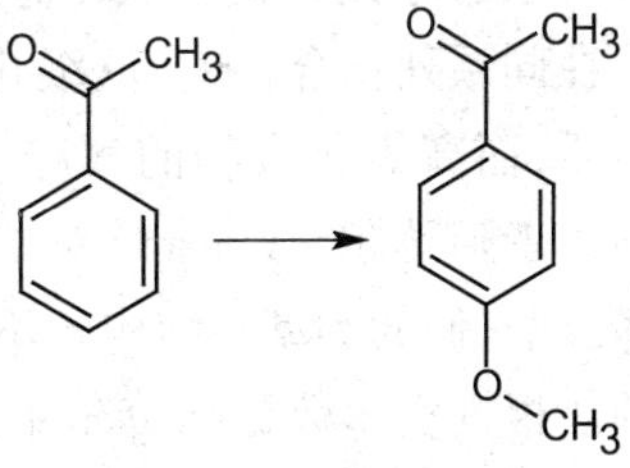

(a)　　　　　　　　　　　　　(b)

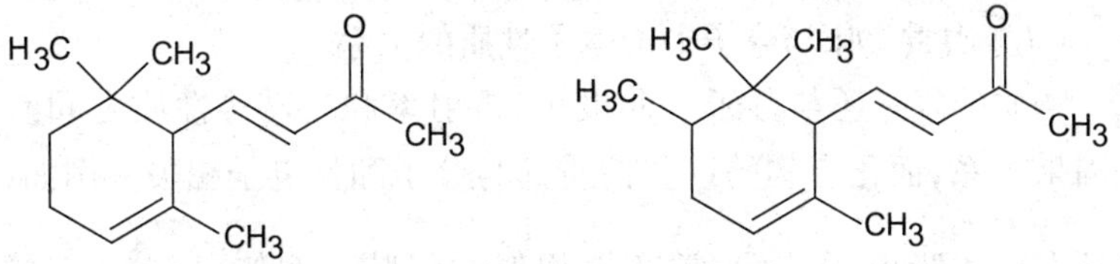

α-紫罗兰酮(紫罗兰花香)　　　　　α-鸢尾酮(鸢尾根香)

(c)

图3-2　取代基对香味的影响

（三）异构体对香味的影响

在香辛料分子中,由于双键的存在,而引起的顺式和反式几何异构体,或者由于含有不对称碳原子而引起的左旋(*l*)和右旋(*d*)光学异构体,它们对香味的影响也是比较普遍的。紫罗兰酮和茉莉酮,都各有一对几何异构体,其香味特征各有所不同。在薄荷醇、香芹酮分子中,都含有不对称碳原子,因此具有旋光异构体,其左旋和右旋体香味有很大差别(图3-3)。

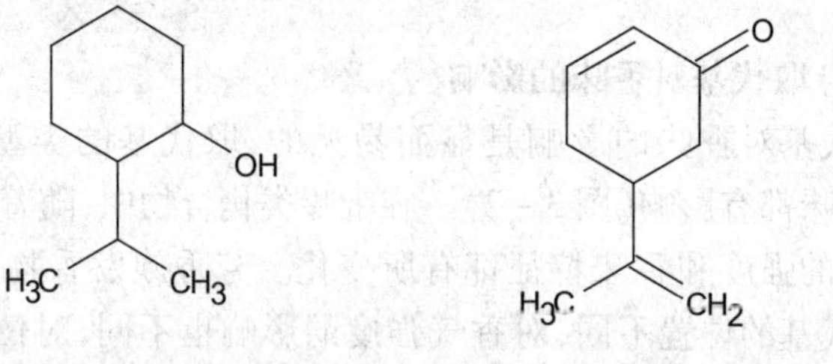

1-薄荷醇,强薄荷香,清凉感   1-香芹酮,留兰香香气

图3-3　异构体对香味的影响

（四）分子的几何形状和体积

在同系列化合物中,低级化合物的气味主要取决于所含发香团的性质,而高级化合物的气味主要取决于分子的几何形状和体积。美国学者阿莫尔(Amoore)对二十多种有樟脑气味的化合物进行研究,发现它们的类型与结构各不相同,但分子的几何形状和体积是相近的。根据实验数据阿莫尔指出:只有分子的几何形状和体积与相应形状大小的嗅觉器官相吻合时,才产生相似的嗅觉。这正是微粒理论的依据。

（五）物质气味与分子中价电子性质的关系

物质的气味还与分子的偶极矩、折射率和光谱等性质之间有某些因果关系,而化合物的这些性质都与分子和价电子相关。例如,在苯环上引入吸电子基后,常产生相似的气味。例如,中的 R 为—CHO 、—NO_2、—CN 或—$COCH_2$时,均有苦杏仁气味。

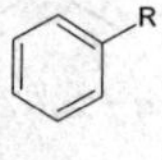

实验还证明:有气味的化合物,其折射率均在1.5左右,其拉曼光谱吸收波长的范围是140~350 nm,红外光谱吸收波长范围是750~1400 nm。这些研究结果正是电波理论的依据。

(六)其他因素

物质气味的强度除与其结构有关外,还与其蒸汽压、扩散性、吸附性、溶解度(水溶性和脂溶性)等因素有关。

有气味的物质必须有一定的挥发性,分子才能达到鼻腔黏膜,使嗅觉器官感受到气味。物质的蒸汽压越大,扩散性越好;表面张力越小,越易挥发,气味的强度越强。此外,如果物质完全不溶于水或不溶于脂肪,是感觉不到它的气味的。因为分子必须先透过嗅觉器官表面上的水膜层,再穿过神经细胞表面的脂肪层,才能刺激嗅觉神经。

二、香辛料中的特征香气成分

各种香辛料有不同的香气,是由于所含香气成分的不同和多少而确定的。香辛料赋香的效果主要来自其中的芳香成分,在香辛料中含量占优势或香气强度很大的成分决定了香辛料的主香气。一种香辛料的芳香成分,大多是由几十种甚至几百种化合物组成的。香气较突出的成分有蒎烯、芳樟醇、生姜醇、桂醛、丁香酚等。香辛料中的香气成分主要有4类化合物。

(一)脂肪族化合物

脂肪族化合物广泛存在于天然香辛料中,如在绿叶植物中含有的叶醇,即顺-3-己烯醇,具有青草的清香;芸香油中含有芸香酮,即甲基壬基酮;鸢尾油中含有肉豆蔻酸等。

(二)芳香族化合物

天然香辛料中,芳香族化合物也相当广泛。例如丁香油中的丁香酚;百里香油中的百里香酚;茴香油中的茴香脑;肉桂油中的桂醛;香荚兰油中的香兰素等。

(三)萜类化合物

萜类化合物往往构成各种香辛料油的主体香成分。例如,薄荷油中的薄荷醇;桉叶油中的桉叶油素约占70%等。

1.萜烃类化合物

如月桂烯、罗勒烯、柠檬烯、姜烯、α-蒎烯、β-蒎烯、莰烯、α-杜松烯、α-合金欢烯等。

2.萜醇类化合物

如橙花醇、香叶醇、香茅醇、芳樟醇、薄荷醇、紫苏醇、龙脑等。

3.萜醛类化合物

如香茅醛、柠檬醛、羟基香茅醛、水芹醛、紫苏醛等。

4.萜酮类化合物

如薄荷酮、胡椒酮、葛缕酮、樟脑等。

5.萜酯类化合物

如乙酸薄荷酯、乙酸香茅酯、乙酸香叶酯等。

(四)含氮、含硫化合物

这类化合物在天然香辛料中存在但含量极少。

香辛料中的各种特征性化合物都有其特殊香味,如香辛料中酚类化合物大都具有烟熏香味,它们可以用图3-4所示的结构通式表示,式中R为H或烃基,可以是一个或多个。具有代表性的烟熏香味有香芹酚、对甲酚、4-乙基愈创木酚、丁香酚、异丁香酚、愈创木酚等。

香辛料中含有丙硫基或烯丙硫基化学结构的成分一般具有葱蒜香味,如图3-5所示。代表性的香辛料成分有二烯丙基二硫、烯丙基硫醇、烯丙基硫醚、甲基烯丙基二硫、甲基丙基二硫、丙烯基丙基二硫醚等。

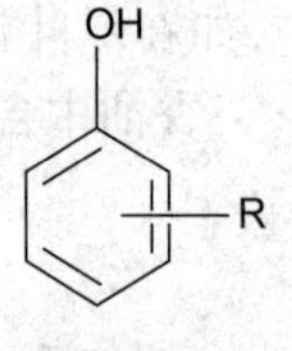

图3-4　烟熏香味成分结构通式 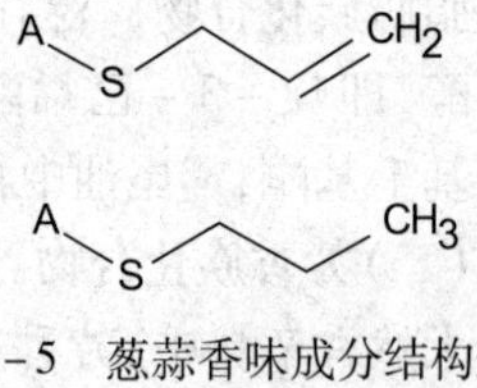　　图3-5　葱蒜香味成分结构通式

其他的香气成分,如α-蒎烯具有松木、松节油样香气和味道,广泛存在于芫荽、枯茗、百里香等香辛料的精油中;β-蒎烯具有松节油、树脂香气,广泛存在于肉豆蔻油、芫荽子油等香辛料精油中;戊醇具有杂醇气息和辣的味道,并带有面包香、酒香、果香,广泛存在于香

莫兰、巴西薄荷油、美国薄荷油等;桃金娘烯醇具有樟脑香、木香、凉香、薄荷香,存在于薄荷、酒花的精油中等。香辛料中的香气成分很多,这里不一一举例。

第二节　香辛料的成分检测

一、香辛料样品取样方法

香辛料取样方法参照 GB/T 12729.2—2020 进行。

1. 术语和定义

交货批(consignment):一次发运或接收的货物。

批(lot):交货批中品质相同、数量独立的货物为一批,可用于质量评价。

基础样品(basic sample):从一批的一个位置取出的少量货物。

注:多个基础样品从批的不同位置取样。

混合样品(bulk sample):将批的全部基础样品混合均匀后的样品。

实验室样品(laboratory sample):从混合样品分出用于分析检测的样品。

2. 取样的一般要求

(1)取样应在贸易双方协商一致后进行,并由贸易双方指定取样人员。

(2)在取样之前,要核实被检货物。

(3)要保证取样工具或容器清洁、干燥。

(4)取样要在干燥、洁净的环境中进行,避免样品或容器受到污染。

(5)取样完成后,随即填写取样报告。

3. 取样设备

(1)取样扦。

(2)铲子。

（3）分样器。

4. 取样方法

（1）基础样品的取样方法：按表3－1的要求，取样人员从批中抽取包装检验。抽取包装的数目（n）取决于批的大小（N）。

表3－1　批与抽取包装数

批的大小（N）	抽取包装的数目（n）
1~5 个包装	全部包装
5~49 个包装	5 个包装
50~100 个包装	10% 的包装
100 个包装以上	包装数的算数平方根

在装货、卸货或码垛、倒垛时从任一包装开始，每数到 N/n 时，从批中取出包装，在选出包装的个同位置取基础样品。

（2）混合样品的取样方法：将抽取的全部基础样品混合均匀。将混合样品等分为4份：一份用于实验室分析检验，一份给买方，一份给卖方，一份当场封存作为仲裁样品。

（3）实验室样品的取样方法：实验室样品的数量应按照合同要求或按检验项目所需样品量的3倍从混合样品中抽取，其中一份做检验，一份做复验，一份做被查。

5. 实验室样品的包装和标志

（1）样品的包装：实验室样品要放在洁净、干燥的玻璃容器内，容器的大小以样品全部充满为宜。将样品装入容器后立即密封。

（2）样品的标志：实验室样品应做好标志，标签内容包括以下项目：①品名、种类、品种、等级；②产地；③进货日期；④取样人姓名和地址；⑤取样时间、地点。

取样时发现样品有污染，应记录下来。

6. 实验室样品的贮存和运送

实验室样品应在常温下保存，需长期贮存的样品要存放于阴凉、干燥的地方。

用于分析的实验室样品应尽快送达实验室。

二、分析用香辛料粉末试样的制备

参照 GB/T 12729.3—2020 制备用于分析的香辛料粉末试样。

1. 原理

将实验室样品充分混匀,按香辛料和调味品国家标准规定的颗粒度粉碎。没有规定的均按 1 mm 大小颗粒粉碎。

2. 仪器设备

(1)粉碎机:粉碎机由不吸水的材料制成,易清洗、死体积小,研磨均匀、不产生过热。粉碎粒度可根据要求进行调节。

(2)样品容器:样品容器为洁净、干燥、密封的玻璃容器,不使用其他材质的容器,其大小以装满粉末试样为宜。

3. 方法

(1)按 GB/T 12729.2—2020 的要求进行取样。

(2)将实验室样品仔细混合,用研磨机研碎少量样品,然后弃之。

(3)研碎略大于试验需要量的样品,研磨过程应避免过热,研碎至粒度大小符合香辛料和调味品有关标准的规定,若没有相关标准,则粒度大小约为 1 mm。将研碎后的样品混匀,避免层化,粉末试样装入样品容器后,立即密封。

三、香辛料磨碎细度的测定(手筛法)

香辛料磨碎细度的测定(手筛法)参照 GB/T 12729.4—2020 进行。

1. 仪器设备

根据产品标准选定试验筛目数。试验筛应符合 GB/T 6003.1—2012 的要求。

(1)试验筛网:试验筛网应符合 GB/T 6003.1—2012 的要求。

(2)试验筛的大小和形状:试验筛为直径 200 mm 的圆形筛。

(3)天平:最大称量 200 g,感量 ±1 g。

2. 操作步骤

(1)称样:称取大于 100 g、具有代表性的磨碎试样。

(2)过筛方法:取所需目数的一个或一组试验筛连同接收盘和盖一起使用。将试样置于筛网上,双手握住试验筛呈水平方向或倾斜 20°角,往复摇动。每分钟约 120 次,振幅约 70 mm。

(3)过筛终点:当 1 min 内通过某目数试验筛的质量小于试样质量的 0.1% 时即为过筛终点。特殊试样过筛终点应通过试验确定。

3. 结果表述

(1)称量:试验筛上的筛上物质量,精确至 ±0.1 g。

(2)计算:试样中某目数筛上物的质量分数。

$$W = \frac{m_1}{m} \times 100\% \qquad (3-1)$$

式中:W——某目数筛上物的质量分数,%;

　　　m_1——某目数筛上物的质量,g;

　　　m——试样质量,g。

(3)重复性:同一试样 2 次测定结果的相对偏差不大于 15%。

四、香辛料水分含量的测定(蒸馏法)

香辛料水分含量的测定(蒸馏法)参照 GB/T 12729.6—2008 进行。

1. 原理

在试样中加入有机溶剂,采用共沸蒸馏法,将试样中水分分离。按分离出水分的容量,计算试样的水分含量。

2. 试剂

甲苯(分析纯):用前加水饱和,振摇数分钟,分去水层,蒸馏,收集澄清透明的蒸馏液备用。

3. 仪器设备

(1)水分测定器(见图 3-6)。

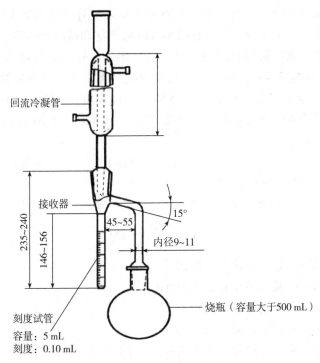

图 3 – 6　水分测定器

(2)调温电热套。

4. 试样的制备

按 GB/T 12729.2—2020 取样,按 GB/T 12729.3—2020 制备试样。

5. 分析步骤

(1)水分测定器的准备:使用前须用铬酸洗涤液充分洗涤,除净油污,烘干。

(2)称样:称取适量试样置于水分测定器烧瓶中(含水量 2.0 ~ 4.5 mL),精确至 0.01 g。

(3)测定:加适量甲苯于烧瓶中,将试样浸没,振摇混合。连接水分测定器各部分,从冷凝管上口注入甲苯,直至装满接收器并溢入烧瓶。在冷凝管上口填塞少量脱脂棉或加装盛有氯化钙的干燥管,以减少大气中水分凝结。用石棉布将烧瓶上部和接收器导管包裹。加热缓慢蒸馏(蒸馏速度 2 滴/s)。当大部分水分已蒸出时,加快蒸馏速度(蒸馏速度 4 滴/s),直至冷凝管尖端无水滴。从冷凝管上口加入甲苯,将冷凝管内壁附着的水滴洗入接收器。继续蒸馏至接收器上部及冷凝管壁无水滴,且接收器中的水相液面保持 30 min 不变,关闭热源。

取下接收器,冷却至室温。读取接收器中水的体积,精确至 0.05 mL。

6. 分析结果的表述

(1)计算方法:试样的水分含量以质量分数计,按式(3-2)计算:

$$X = \frac{V \times \rho}{m} \times 1000 \qquad (3-2)$$

式中:X——试样的水分含量,%;

V——接收器中水的体积,mL;

ρ——水的密度,1g/mL;

m——试样的质量,g。

如果重复性符合下述有关重复性的要求,取两次测定结果的算术平均值报告结果,表示到小数点后一位。

(2)重复性:同一试样 2 次测定结果之差,每 100 g 试样不得超过 0.4 g。

五、香辛料总灰分的测定

香辛料总灰分的测定参照 GB/T 12729.7—2008 进行。

1. 原理

试样碳化后于(550 ± 25)℃温度下灼烧至恒重,称量残留的无机物。

2. 试剂

盐酸溶液(1+5)。

3. 仪器设备

分析天平、瓷坩埚、干燥器、电热板(或水浴锅)、调温电炉、高温电炉(550 ± 25)℃。

4. 试样的制备

按照 GB/T 12729.2—2020 的方法取样,按照 GB/T 12729.3—2020 的方法制备样品。

5. 分析步骤

(1)坩埚的准备:将坩埚浸没于盐酸溶液中,加热煮沸 10 ~ 60 min,洗净,干燥,在(550 ± 25)℃高温电炉中灼烧 4 h,待炉温降至 200℃时取出坩埚,将其移入干燥器中冷却至室温,称量(精确至 1 mg)。重复灼烧至连续两次称量差不超过 1 mg 为恒重。

(2)称样:固体试样称取 2 ~ 3 g,精确至 1 mg;液体试样称取 30 ~ 40 g,精确至 10 mg。

(3)测定:将盛有试样的坩埚放在电热板(或水浴锅)上,缓慢加热,待试样中水分蒸干后置于电炉上炭化至无烟。移入高温电炉中,升温至(550 ± 25)℃灼烧 2 h。待炉温降至 200℃时取出坩埚,小心加入少量水使残灰充分湿润,再于电热板(或水浴锅)上蒸干,移入高温电炉中升温至(550 ± 25)℃灼烧 1 h。若湿润时灰分中无碳粒,则待炉温降至 200℃时取出坩埚放入干燥器中冷却至室温,称量。若湿润时灰分中有碳粒,则重复用水湿润和灼烧至无碳粒为止,再置于高温电炉中灼烧 1 h。待炉温降至 200℃时取出坩埚,移入干燥器中冷却至室温,称量。重复灼烧至连续两次称量差不超过 1 mg 为恒重。

6. 分析结果的表述

(1)总灰分含量(以湿态计)的计算:总灰分含量以湿态质量分数计,按式(3 - 3)计算。

$$X_1 = \frac{m_2 - m_0}{m_1 - m_0} \times 100 \qquad (3 - 3)$$

式中:X_1——总灰分含量(以湿态计),%;

m_2——坩埚和总灰分的质量,g;

m_0——坩埚的质量,g;

m_1——埚和试样的质量,g。

(2)总灰分含量(以干态计)的计算:总灰分含量以干态质量分数

计,按式(3-4)计算。

$$X_2 = X_1 \times \frac{100}{100 - H} \qquad (3-4)$$

式中:X_2——总灰分含量(以干态计),%;

  X_1——总灰分含量(以湿态计),%;

  H——试样水分含量,%。

如果重复性符合下述重复性要求,取两次测定结果的算术平均值报告结果。

灰分大于10%,结果表示到小数点后一位(0.1%);灰分1%~10%,结果表示到小数点后两位(0.01%);灰分小于10%,结果表示到小数点后三位(0.001%)。

(3)重复性:同一样品的两次测定结果之差,灰分小于10%,每100 g试样不得超过0.2 g;灰分大于或等于10%,不得超过平均值的2%。

六、香辛料中挥发油含量的测定

香辛料挥发油含量的测定参照 GB/T 30385—2013 进行。

1. 原理

蒸馏试样的水悬浮液,馏分收集于存有二甲苯的刻度管中,当有机相与水相分层后,读取有机相的体积,扣除二甲苯体积后计算出挥发油含量。挥发油含量表示为每100 g绝干产品中所含挥发油的体积。

2. 试剂

二甲苯(分析纯),丙酮(分析纯)。

硫酸—重铬酸钾洗液:持续搅拌下,将1体积浓硫酸缓慢加到1体积的饱和重铬酸钾溶液中,混匀冷却后,用玻璃漏斗过滤。注意皮肤和黏膜不要接触上述洗液。

3. 仪器

(1)蒸馏器:由圆底烧瓶和冷凝器组成。圆底烧瓶容量为500 mL或1000 mL。冷凝器(见图3-7)由以下部分组成:①直管(AC):下端带磨口,与圆底烧瓶连接;②弯管(CDE);③直形球状冷凝管(FG);

④附件:带塞(K′)支管(K)、梨形缓冲瓶(J)、分度 0.05 mL 的刻度管(JL)、球形缓冲瓶(L)、三通阀(M),单位为 mm。

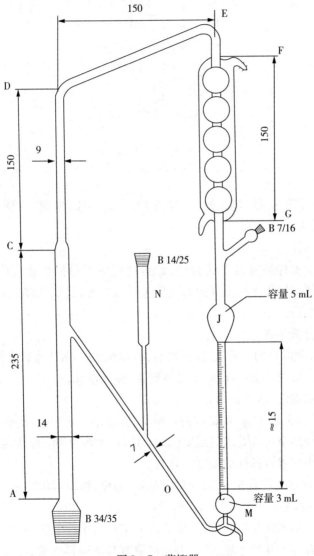

图 3-7　蒸馏器

汽阱(图 3 - 8),汽阱可插入支管(K)或安全管(N)中。

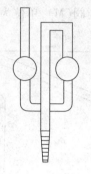

B7/16 或 B14/25

图 3 - 8　汽阱

(2)其他仪器:包括滤纸、移液管、小玻璃珠、量筒、可调式加热器、分析天平。

4.取样

实验室样品应具有代表性,贮运过程中不得损坏或发生变化。取样虽然不属于本标准规定方法所包括的内容,建议取样按 ISO 948 的规定执行。

5.分析步骤

(1)蒸馏器的准备:洗净冷凝器,将玻璃塞子(K′)盖紧支管(K)、汽阱置于安全管上(N),将冷凝器倒置,注满洗涤液,放置过夜,洗净后再用水漂洗,烘干备用。

(2)样品的准备:如试样需要粉碎,应根据不同产品,磨碎足量的试验室样品至符合要求的细度(ISO 2825),才能加到圆底烧瓶中。磨碎过程中应确保试样的温度不升高。

(3)试样:按表 3 - 4 规定的样品量,称样,精确至 0.01 g。

(4)测定。

①二甲苯体积的测定:用量筒将一定量的水(见表 3 - 4)倒入圆底烧瓶并加入几粒小玻璃珠,将圆底烧瓶与蒸馏器连接,从支管(K)加水,将刻度管(JL)、收集球(L)和斜管(O)充满;用移液管从支管

(K)处加入 1.0 mL 二甲苯,汽阱半充满水后,连接至冷凝器,加热圆底烧瓶,将蒸馏速度调节为 2~3 mL/min,蒸馏 30 min 后,停止加热。调节三通阀,使二甲苯上液面与刻度管(JL)零刻度处平齐,冷却 10 min 后,读取二甲苯的体积。

②有机相体积的测定:将试样移入圆底烧瓶中,与冷凝器连接,加热圆底烧瓶,将蒸馏速率调节至 2~3 mL/min,按表 3-4 规定的时间持续蒸馏,完成蒸馏后,停止加热,冷却 10 min,读取刻度管中有机相的体积。

③水分含量的测定:按 ISO 939 的规定执行。

6. 结果表示

挥发油含量按式(3-5)计算,以每 100 g 干样品中所含挥发油的毫升数表示:

$$X = 100 \times \frac{V_1 - V_0}{m} \times \frac{100}{100 - \omega} \qquad (3-5)$$

式中:X——挥发油含量,mL/100 g;

V_0——二甲苯体积,mL;

V_1——有机相体积,mL;

m——试样质量,g;

ω——试样水分含量(质量分数)的数值。

7. 精密度

(1)重复性:同一操作者在同一实验室利用相同仪器对同一样品在较短间隔内完成的 2 个独立的单次测定结果的绝对误差,应不大于表 3-2 中给出的重复性限(r)的 5%。

表 3-2　重复性

样品	挥发油平均含量(X)/ (mL/100 g)	重复性限(r)/ (mL/100 g)
牛至(碎片)	1.907	0.176
丁香(粉状)	13.956	1.960
黑胡椒(粉状)	2.624	0.331

（2）重现性：用相同方法、相同样品、在不同实验室、用不同的仪器、由不同的操作者完成的 2 个单次测定结果的绝对误差，应不大于表 3 - 3 中给出的重现性限（R）的 5%。

表 3 - 3　重现性

样品	挥发油平均含量（X）/（mL/100g）	重现性限（R）/（mL/100g）
牛至（整株或叶）	1.907	0.536
丁香（粉状）	13.956	3.662
黑胡椒（粉状）	2.624	0.796

8. 检验报告

检验报告至少应包括以下内容：a. 全面鉴别样品所需要的全部信息。b. 采用的试验方法及本标准的参考资料。c. 蒸馏时间（h）。d. 测得结果及规定的单位。e. 分析完成时间。f. 是否符合重复性限的要求。g. 本标准未规定的所有操作细节，包括可选的、可能影响测定结果的偶然因素。

香辛料挥发油测定参数见表 3 - 4。

表 3 - 4　香辛料挥发油测定参数

序号	名称	试样质量/g	蒸馏形式	水体积/mL	蒸馏时间/h
1	茴香籽	25	粉状	500	4
2	甜罗勒	50	整/叶	500	5
3	春黄菊（罗马）	30	整/叶	300	3
4	春黄菊（普通）	50	整/叶	500（0.5 mol/L 盐酸）	4
5	葛缕子	20	整	300	4
6	小豆蔻	20	整	400	5
7	肉桂	40	粉末	400	5
8	细叶芹	40	整/叶	600	5
9	桂皮	40	粉状	400	5
10	丁香	4	粉状	400	4
11	芫荽	40	粉状	400	4

续表

序号	名称	试样质量/g	蒸馏形式	水体积/mL	蒸馏时间/h
12	枯茗籽	25	粉状	500	4
13	咖喱粉	25	粉状	500	4
14	莳萝、土茴香	25	粉状	500	4
15	小茴香	25	粉状	300	4
16	大蒜	25	粉状	500	4
17	姜	30	粉状	500	4
18	杜松子	25	粉状	500	5
19	肉豆蔻衣	15	粉状	400	4
20	甜牛至	40	整/叶	600	4
21	野牛至	40	整/叶	600	5
22	野薄荷	40	整/叶	600	4
23	混合香草	40	整/叶	600	4
24	混合香辛料	40	粉状	600	5
25	肉豆蔻	40	粉状	400	4
26	牛至	40	整/叶	600	4
27	欧芹	40	整/叶	600	5
28	胡薄荷	40	整/叶	600	5
29	胡椒	40	粉状	400	4
30	薄荷	50	整/叶	500	2
31	腌制香辛料	25	粉状	500	4
32	多香果	30	粉状	500	5
33	迷迭香	40	整/叶	600	5
34	鼠尾草	40	整/叶	600	5
35	香薄荷	40	整/叶	600	5
36	龙蒿	40	整/叶	600	5
37	百里香	40	整/叶	600	5
38	姜黄	40	粉状	400	5

七、香辛料外来物含量的测定

香辛料外来物含量的测定参照 GB/T 12729.5—2020 进行。

1. 术语和定义

外来物:不属于被测香辛料或香草植物的所有物质,如非动物性物质(茎、沙石、泥土、草及霉变)和动物性物质(动物排泄物、昆虫及其肢体)等。

附属物:来自被测香辛料或香草植物本身的物质,如花废弃物、花粉等。

注:附属物广义上属于外来物,但要根据具体产品标准对外来物的界定,再作最后归类。

2. 原理

样品经物理方法分离、称量计算出外来物含量。

3. 主要仪器

(1)表面皿。

(2)分析天平:感量 0.001 g、0.1 g。

4. 取样

按 GB/T 12729.2—2020 的方法取样。

5. 测定方法

(1)表面皿的准备:洗净表面皿,干燥,称量,精确至 ±1 mg。

(2)称样:根据试样的不同,称取 100～200 g,精确至 ±0.1 g。

(3)测定:从试样中分拣出附属物、外来动植物、矿物和其他杂质,放入表面皿中称量,精确至 ±1 mg。

6. 分析结果的表述

外来物含量用质量分数表示,按式(3-6)计算:

$$W = \frac{m_2 - m_1}{m_0} \times 100\% \qquad (3-6)$$

式中:W——外来物含量(质量分数);

m_2——表面皿和外来物质量,g;

m_1——表面皿质量,g;

m_0——试样质量,g。

注:如果香辛料调味品产品标准中对某些外来物成分规定了限量,应分别测定并报告结果。

第四章 香辛料产品的生产

第一节 香辛料产品类型

香辛料不仅作用于食品的调色增香,其良好的抗氧化抑菌活性也使其迅速成为食品保藏领域潜在的绿色防腐剂,可满足消费者对健康饮食的需求。香辛料按加工方式可分为原料型,即不处理直接使用,如辣椒、桂皮、胡椒;精油型,即植物中富含特征风味的小分子化合物被提取纯化后得到的物质;油树脂型,即采用合格挥发性溶剂或超临界法萃取纯化香辛料粉末后,得到的带有芳香味道和特定性能的深色物质;微胶囊型,即采用微胶囊技术将植物的挥发性风味物质包埋(能减少环境因素对天然香辛料的不良影响);乳液型,即天然香辛料被萃取后得到的油水混合液等。

一、鲜用香辛料

香辛料不经任何加工,直接以鲜菜方式使用。常见鲜菜类有姜、葱、蒜、九层塔、芫荽、香芹、鲜辣椒、洋葱、紫苏、荷叶等。以鲜菜方式使用的香辛料保质期短,在运输和贮藏过程中易受污染,保藏过程中也容易霉变和变质等。

二、干制香辛料

香辛料种类繁多,不同香辛料收获季节不尽相同,其收获期的差异也十分明显,有年种年收的,也有一年两收的,还有几年一收的。为了延长天然香辛料的使用时间,香辛料采集后,必须进行干燥处理,以保持其品质,并便于贮藏。

干制处理是最常见的一种香辛料加工方式。可以将香辛料直接干燥,不经其他任何处理,直接用于烹饪,也可以将其切分成片状后进行干制,或将干制后的香辛料粉碎成粉状使用。目前,干制香辛料在家庭、酒店或小作坊中占有很大的份额。按使用形态可分为完整型和粉碎型香辛料,后者的气味释放更加彻底。完整型香辛料以其原始的形态用于食品加工,如把整个辣椒做泡菜,直接使用花椒粒;粉碎型香辛料即将香辛料粉后用入,如胡椒粉、辣椒粉、花椒粉等。

(一)完整香辛料(原状香辛料)

完整香辛料是指其原形保持完好,不经任何加工处理,是最经典和最原始的方法,很符合传统的饮食习惯。这样不仅可用来增香,还可利用其口感和视觉的特点,使食品具有特色。有的情况下,使用时会用纱布袋将植物香料包裹起来再使用,这样可以更好地满足菜肴品质的需要。

(二)粉碎香辛料

粉碎香辛料是指初始形成的完整香辛料经过晒干、烘干等干燥过程后,再粉碎成颗粒状或粉末状,在使用时直接添加到食品中。将香辛料粉碎后用于烹调也是古老的使用方法。与整个香辛料相比,粉状香辛料的香气释放速度快,味道纯正。风味更均匀,也更容易操作,符合传统的饮食习惯。但它与原状香辛料一样,也有受产地影响、风味含量低、带菌多等缺陷。

此外,香辛料粉碎后易受潮、结块和变质,在几天或几周内会失去部分挥发性成分;易于掺杂;使用粉碎香辛料有时会影响食品的感官,如在食品中分布粗糙,留下不必要的星星点点的香辛料残渣,影响食物的口感,不过有时这种残渣是受欢迎的。

香辛料的粉碎程度对其风味和辛辣度都有影响。Mori 将小豆蔻和白胡椒分别粉碎成14 目、28 目和80 目3 种不同的粒度,用于考察粒径对红肠风味的影响,结果显示,28 目粒度的风味比80 目的要强得多,而14 目的粒度似乎太大,不能分散均匀,而不能观察到它的影响。在一定范围内,粒子稍粗,其风味就越强。

(三)香辛料的干制方式

香辛料的干燥没有一个固定的模式可循,而要根据其自身的特点区别对待。有些香辛料要在较高的温度下或阳光下才能干燥好，而有些则不能让阳光直晒。目前香辛料的干燥方式有自然干燥和人工干燥两种。自然干燥分为晒干和风干，人工干燥一般采用热风干燥，而更多的香辛料是采用自然干燥。

选择何种干燥方法，要视当地的气候条件而定，通常采用25～30℃下自然阴干以防止精油损失，也有采用红外线干燥法的植物。在贮存过程中，原料中的酶对香辛料特征成分的形成极为重要。如香荚兰豆、莺尾草、芥菜子、胡椒、苦杏仁等，通过发酵或植物组织内部酶的作用会使香味成分增加，同时可以改进香气。而对于各种荚果原料，要在采摘后很快地在热水或蒸汽中进行短时间的热处理，再立即用冷水冷却，以保持特定的颜色。如八角茴香在热水中浸泡3～5 min，晒干后可保持八角茴香特有的黄红色。

原料进行粉碎也是干制重要的一环，无论是直接利用香辛料植物，还是进一步蒸馏或浸提，粉碎都可加快其干燥过程，也可以充分利用其组织中的各种有效成分。

(四)香辛料干制的优缺点

将香辛料干制处理后具有使用方便的优点，在高温加工时，风味物质也能慢慢地释放出来；味感纯正；易于称重和加工。

使用干制香辛料也有不利之处。香辛料的风味成分含量和强度受原料产地、种植地点、收割时间等影响较大，因此使用时经常需要调整其用量；香辛料中风味成分的含量一般很小，无用部位所占比例大，在运输和贮藏过程中易受污染；仅经过干制处理的香辛料都带有数量不少的细菌，保藏不当也会霉变和变质等。

三、香辛料油树脂和香辛料精油

(一)香辛料油树脂

香辛料油树脂是从天然香辛料中提取的一种黏稠状液体，除含有精油外，还含有不挥发的成分、色素、脂肪和其他溶于溶剂的物质。香辛料油树脂是天然香辛料有效成分的浓缩液，其浓度达到香辛原料的10倍以上。油树脂不仅能代表天然香辛料中的有效成分，香气和口感比较均衡,而且比较完整。现代食品制造大都趋于使用油树脂代替天然香辛料粉末。目前国内香辛料油树脂的生产大多采用水蒸馏和有机溶剂萃取法。有机溶剂萃取法是通过溶剂把原料中的色香味等成分萃取出来,然后去掉溶剂而得到的高浓缩产物。由于采用有机溶剂,不可避免地造成了易挥发成分和水溶性成分的损失,以及有机溶剂残留影响了萃取物的风味,对制品感官品质造成了不良影响。

(二)香辛料精油

香辛料精油是采用水蒸气蒸馏、萃取、压榨、吸附等物理方法从香辛料植物不同部位组织分离出来的具有一定特征香气的油状物。香辛料精油成分复杂,多达数百种,由醇、烯、酮、烃、萜类等有机成分构成,沸点在 150 ~ 170℃,均为油溶性,并具有抗菌性。香辛料精油使用方便,能赋予食品特殊香气,并具有良好的抗菌性和抗氧化性。香辛料精油品种在 300 种以上,其中用于食品的精油有 140 多种,如花椒油、姜黄油、豆蔻精油、肉桂精油等。

香辛料精油较常采用的制备方法是水蒸气蒸馏法。其原理是利用精油易挥发的特性,可随水蒸气蒸馏,然后冷凝成液滴,经有机溶剂萃取制备得到。该方法操作简单,成本较低,适合工业化生产,但温度高,热敏性成分易分解。此外,超临界 CO_2 萃取法和分子蒸馏分离技术也应用于香辛料精油的提取和纯化。超临界流体萃取可用于姜黄挥发性组分的分离纯化、丁香等香辛料精油的萃取等,具有温度低、分离效率高、无溶剂残留等优点;但是该方法成本高,限制了其应用。分子蒸馏是一种特殊的液—液分离技术,它不同于传统蒸馏依靠沸点差分离原理,而是靠不同物质分子运动平均自由程的差别实现分离。分子蒸馏技术是提纯精油的一种有用的办法,可将芳香油中的某一主要成分进行浓缩,并除掉异臭和带色杂质,进一步提高其纯度。分子蒸馏技术常与水蒸气蒸馏和超临界萃取技术相结合以获得纯度较高的精油产品。

目前大多数香辛料精油采用水蒸气蒸馏法生产,少量通过冷压榨、干蒸馏或真空蒸馏方法制取。大部分柑橘属精油采用水蒸气蒸馏法会影响其萃取过程,果皮中的酸性成分会受热分解,降低精油中柠檬醛的浓度,影响其风味,因此,柑橘类(如甜橙、柳橙、佛手柑等)精油主要是通过压榨橙皮来取得橙皮油分。这种方法没有任何热量参与,又叫作冷压榨法。真空蒸馏是在减压下进行的,一般用于分离在常压下加热至沸点时易于分解的物质,或与其他蒸馏方法(如蒸汽蒸馏)结合,以降低蒸馏温度并提高分离效率。

香辛料精油的提取量受加工工艺、生产条件、处理方法的影响。香辛料精油加工工艺的选择要从原料的特点、产品的质量和经济的合理性这几个方面综合考虑。从香辛料植物中提取精油,应选择精油含量高、灰分含量低、湿度小且洁净的香辛料;并根据原料形态、精油成分性质差异、对热的敏感性、原料数量、生产规模、生产成本和经济效益等因素而选择不同的加工方法。

香辛料精油和油树脂可进一步制成易溶的乳化型、微胶囊型香辛料。

四、复合香辛料

香辛料是提供调味品香味和辛辣味的主要成分之一。香辛料中的芳香物质具有刺激食欲、帮助消化的功效。除了具有本身的特殊香气外,香辛料还具有遮蔽异味的特性。月桂、胡椒、丁香、茴香、肉蔻、豆蔻等香辛料配合使用,可以除去不同原料中的腥味和异味。

香辛料调味品,GB/T 12729.1—2008 中规定的 68 种可用于食品加香调味,能赋予食物以香、辛、辣等风味的天然植物性产品及其混合物。按单一原料和复合原料,香辛料产品分为两类。单一型,由单一香辛料制成的调味品;复合型,由两种或两种以上香辛料配制而成的调味品。根据不同香辛料具有的不同赋香作用和功能,可配制组合各种香辛调味料。在配制组合时,配合比例应科学合理,注意各种香辛料的协调,使添加的香辛料能对加工的食品起到助香、助色、助味的作用。如加工烹调鸡肉时,除使用普通增香调味料外,还要使用脱臭、脱异味效果的香辛料(月桂、芥末、胡椒、肉豆蔻);加工牛、羊、狗肉时要使用具有去腥除膻效果的香辛料(胡椒、多香果、丁香、洋苏叶等);加工蔬菜类使用具有芳香性或刺激性的香辛料(茴香、咖喱、芫荽);加工鱼肉时要选用对鱼腥味有抑制效果的香辛料(多香果、香菜、肉豆蔻);加工豆制品要加去除豆腥味的香辛料(月桂、豆蔻、丁香)等。香辛料间可以复配,也可与其他原料复配成复合调味品。

第二节　香辛料的直接应用

一、片状香辛料的干制生产

目前,随着人们生活水平的提高和生活节奏的加快,人们对香辛料的要求也越来越高。不仅要求香辛料制品使用方便、卫生、有营养,还要求其调味效果好,产品有高级感等。片状香辛料与原状香辛料相比,更加安全、卫生,使用方便,而且调味效果较好。片状香辛料的生产工艺简单,对设备的要求也不高,目前市场上生产的片状香辛料多数是用于出口。

我国常用片状脱水香辛料的生产工艺如下:

下面举例几种片状脱水香辛料产品的加工方法。

(一)脱水大蒜片的加工

脱水大蒜片主要产于江苏、上海、山东、安徽等地。每年7~9月为主要生产季节。产品用于调料、汤料及佐膳食用。

1.大蒜原料质量要求

(1)要选择个大的,剔除过小的蒜头。

(2)蒜头要成熟、新鲜、清洁、干燥,肉质要洁白。

(3)外皮完整,无机械损伤,斑疤,无发热、霉烂、变质及虫蛀等现象。

2. 生产工艺流程

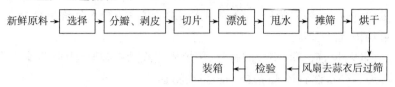

3. 加工操作要点

(1)鲜蒜原料进厂贮存时应轻堆轻放,不得受重压,同时应堆放在通风阴凉处,底层垫有夹板,不得雨淋,并定期检查温度、湿度,以免发热、抽芽、变质、霉烂。

(2)加工时必须剔除发热、霉烂、变质的蒜头及蒜瓣,必须将未干或雨淋过的原料先行加工。

(3)将蒜头分瓣、剥皮、切净蒜蒂。

(4)切片:蒜瓣切片前应在清水中洗去泥杂,然后带水放在切片机中切成 2 mm 左右的薄片,厚度不超过 2.5 mm,生产前期片形可略厚,后期可略低于 2 mm。刀片机的刀片角度要夹准,刀盘转动要平稳,马达转速一般 80 ~ 100 r/min,刀片必须锋利,2 ~ 3 h 磨 1 次,这样才能使切出的蒜片光滑且厚薄均匀。片形过厚,烘干后发黄;片形过薄,色虽白,但易碎,成品碎屑多,且辛辣味不足。

(5)漂洗:将切好的蒜片装入竹箩中,每筐装 10 ~ 12.5 kg,放在清水池或缸中用流水冲洗以去除蒜衣和蒜片表面的黏液,并用木棍将箩筐内的蒜片上下翻动,一般冲洗 3 ~ 4 次。漂洗程度要适中,如漂洗不清,成品较黄;漂洗过度,香辣浓度降低,且成品片形毛糙。

(6)甩干:将蒜片放入离心机内,甩水 2 min 左右,将蒜片表面水分甩掉,既可以缩短烘烤时间,又可提高成品色泽。

(7)摊筛:竹筛上蒜片要摊得均匀,既不要留空白处,也不得过厚,过厚易发黄不宜烘干。

(8)烘干:准确掌握烘道温度,一般控制在 65 ~ 70℃,烘温不宜过高,过高易导致蒜片色泽发黄发焦。烘烤时间为 5 ~ 6 h,因与天气变化和排湿量大小有密切关系,故必须灵活掌握。蒜片出烘道水分含量一般掌握在 4% ~4.5%(质量分数,以下未加说明均为质量分数),考虑到拣选、装箱吸收水分的因素,出烘道后需经水分拣选合格,才可送拣选间拣选。

(9)风选过筛:烘干的蒜片,用风扇去除鳞衣杂质,用振动筛筛下蒜屑、碎粒,然后将成品送入拣选间拣选。

(10)拣选:拣选需注意以下四方面。一是拣选间必须宽旷,最好安置在楼层,室内清洁卫生,空气流通,光线明亮,墙壁刷白,并要装有纱门纱窗防蛾防虫设备;二是拣选及装箱时必须穿戴功能工作服、工作鞋、工作帽,拣选前必须洗手,并经过消毒(3%来苏尔溶液)。用具必须经过消毒,保持干燥、清洁;三是拣选时要严格对照成品出口质量标准,剔除蒜衣和一切杂质,拣选后的蒜片再次测定水分,掌握在5.5%左右;四是拣选中要做好分等分级工作,避免以次充好。

(11)检验:对照脱水蒜片成品出口标准严格进行,检验项目主要围绕下列方面进行:色泽、片形大小、粒屑所占比例、水分含量、杂质、其他如深黄片、空心片、斑疤、中心泛红所占比例、变色片所占比例、香辣味(浓、淡)等。检验员须严格按照检验的操作规程进行,详细做好检验记录和质量不合格的处理意见等。

(12)包装:经严格拣选和检验后符合出口标准的各等级蒜片要立即进行装箱,否则暴露在空气中时间过长,易吸潮变软。

(二)脱水(黄、红、白)洋葱片的加工

脱水洋葱片主要产于江苏、上海、浙江、福建、新疆(白葱)等地。生产季节:春6~8月,秋10~11月。脱水洋葱片可直接食用,作汤料、调料、罐头食品配用用。

1. 黄(红、白)洋葱原料质量要求

(1)黄洋葱和红、白洋葱原料在收购运输进厂时,一定要分开,不得混杂。黄葱原料品种选用盆子葱或高茎葱,红葱原料品种选用扁形盆子葱。

(2)洋葱原料应充分成熟(外层已老熟),身干无泥、无须,剔除过小的洋葱。

(3)原料要求新鲜,气味辛辣。黄葱肉色呈白色或淡黄色,红葱肉色呈淡紫红色,白葱肉色呈白色。

(4)无霉烂、虫蛀、抽芽或严重机械损伤。

2. 生产工艺流程

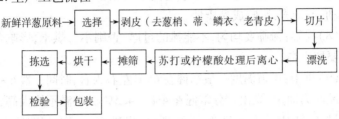

3. 加工操作要点

(1)原料的进厂要求:在收购和运输过程中,应轻装轻卸,避免机械损伤,贮存于干燥通风处,以免发热受潮后霉变、腐烂、抽芽,影响成品加工质量。

(2)选择:加工前须对原料进行选择,剔除机械损伤严重的、烂的、过小的及其他不合格的葱,加工生产时黄、红、白葱原料要严格分开,生产黄葱要剔除红(白)葱,生产红葱要剔除黄(白)葱。

(3)剥皮:经拣选后的黄(红、白)葱,去葱蒂、葱梢,去鳞衣、老青皮,一直剥到均一鲜嫩的白色或淡黄色肉为止(一般剥去2~3层),并削除有损伤部分。为保证原料新鲜,在加工切片前应随用随剥,剥后不能放置过久,一般不超过4 h,并浸泡在清水中贮存。

(4)切分:在切分之前用清水冲洗1次,洗除外表污泥。大个洋葱应切分"四半",中等洋葱应切分为"两半",小洋葱不切分。

(5)切片:将切分后的洋葱放在切片机中切成3.5 mm厚的类似月牙形的葱片(早期水分较多切4 mm,中期切3.5 mm,后期水分较少,切3 mm)。切片机刀片大约4 h磨1次,不磨刀切出洋葱易碎。

(6)漂洗:切片后应放在流动水中漂洗3次。用竹箩放入约小半箩葱片,放入流动清水缸中漂洗,用棍棒或手上下翻动,连续经过三缸流动清水,漂洗去葱片表层可溶性物质(黏质、糖分等)。然后放入0.2%的苏打或柠檬酸溶液中浸漂2 min护色,但一般情况下,不需要苏打或柠檬酸溶液护色。

(7)离心机甩干:将漂洗好的洋葱放入离心机中甩干,甩水时间30 s左右(电机转动30 s后,立即切断电源让离心机自动旋转,再过30 s刹车),然后取出摊筛。甩水时间要严格掌握,要适度,如时间过长,条形不挺直,影响成品质量。

(8)摊筛:摊筛要均匀,不能摊的过厚,否则不易烘干,影响色泽,也不要留空白。

(9)烘干:烘道温度一般掌握在65℃左右为宜,时间一般6~8 h,视排风能力而定,烘出水分掌握在4%~4.5%。烘温不能太高,时间不能过久,否则易发生色变、发黄现象,出烘道后稍冷却即装入容器中封闭,并拣除未烘干部分。

(10)拣选:拣选间必须保持清洁卫生,空气流通,光线充足。洋葱片成品特别易生虫,为防止虫子、飞蛾在成品上产卵,拣选间必须装有纱门纱窗,拣选前双手必须洗净并消毒,同时必须穿戴工作服、工作帽、工作鞋,严格按照成品质量要求进行拣选,筛去碎屑,拣除黄皮、青皮、葱衣、变色片、花斑片和一切杂质。因葱片容易吸潮,拣选时动作必须迅速,拣选后并经水分检验合格后才能装箱。拣选时应做好分等分级工作。

(11)检验:要对照黄(红、白)洋葱出口质量标准进行检验,检验项目主要围绕五个方面进行:色泽、水分、杂质、片形(长短、粒、屑所占比重)、其他(老皮、青筋片、深黄片、褐片等所占比重)。检验员要严格按操作规程逐项进行,严格进行质量把关,分等分级等。

(12)包装:因葱极易吸潮,经检验合格的洋葱,要立即进行装箱。

正品包装:内用佛列斯可袋装,抽气真空封装(或用双层聚乙烯塑料袋,分别扎口,外套铝箔纸袋,胶带封口),外用纸箱(双瓦楞对口盖),箱内上下底部各衬一块单瓦衬板。纸箱胶带封口。外打两道塑带腰箍。每箱净重20 kg。

唛号:刷左上角,工厂代号、黄(红、白)葱代号、批次、箱数等。

4.黄葱片成品质量标准

(1)正品色泽淡白或淡黄,无深黄片、青筋皮、焦褐片、老皮、红葱片及其他变色片,总体色泽一致。片形呈月牙形,条形平挺,长、短、粗、细均匀一致,装箱时无碎屑,发运点仓库验收时,碎屑不超过1%(筛孔6 mm),水分不超过6%,无杂质(如头发、泥石子、竹丝等),具有天然黄葱清香味。

(2)副品色泽稍黄,深黄片不超过10%,青筋皮和老皮不超过5%,不得混入红葱片及其他变色片,片形、长、短、粗、细基本一致,发运点仓库验收时碎屑不超过3%,水分不超过6%,无杂质,具有一般的黄葱香味。

红葱片成品质量标准,基本同上。

(三)脱水生姜片的加工

脱水生姜片主要产区有江苏、上海、山东、安徽、福建、广东、四川、江西等地。用途:食用佐膳,作汤料、调料用。有健胃、防治伤风感冒、胃寒呕吐、解毒等作用。

1.生姜原料质量要求

(1)要选择个大、剔除过小的生姜。

(2)生姜要成熟、新鲜,外表光洁完整,无斑疤,无机械损伤。

(3)无瘟姜(即芯子是黑的姜),无受冻、霉烂、发热、变质、虫蛀。

2.生产工艺流程

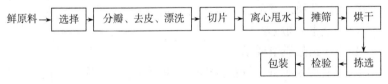

3.加工操作要点

(1)鲜原料进厂:新鲜原料在运输和贮存过程中,要防止机械损伤,轻装轻卸,不得受重压、踩踏,不得受冻雨淋。原料运到工厂贮存时,要堆放凉棚内,用姜叶覆盖其上,如用草包从远地装运来,则要每包依次堆好,不让其吹干、干结,否则加工时不易脱去姜皮。

(2)选择整理:在加工姜片之前,必须经过挑选,剔除虫蛀姜、霉烂姜、冻姜、瘟姜、疤斑及机械损伤严重的姜。

(3)分瓣、去皮、漂洗:经过挑选合格的原料,接着进行人工分瓣,先洗去污泥,然后放入圆筒形的去皮机中去皮,或用人工刮净姜皮,最后放入清水中进行漂洗。

(4)切片:切片厚度要适中,5~6 mm。切片机刀片必须保持锋利,使用铁制刀,连续工作2 h磨刀1次,否则切出的姜片在烘干后片形毛糙,严重影响成品质量。如无切片机,也可使用人工切片、人工刨片,刀片同样要保持锋利。切片后用水冲洗1次。

(5)甩水:切片冲洗后,将姜片放离心机中甩水半分钟,机子启动到停止不超过半分钟,否则甩水过干,姜片筋络暴出,成品毛糙,影响色泽。也有部分生产厂家不甩水,让其自然沥干。

(6)摊筛:甩干后的姜片,摊筛必须均匀,不得太厚,然后放入烘道烘干。

(7)烘干:烘道内温度掌握在60~65℃,烘烤时间8~9 h,温度不宜过高,否则色泽易变深黄,烘后水分掌握在6%~7%。

(8)拣选:烘后的生姜片在拣选前要进行水分测定,合格后方能挑拣,否则要进行复烘。严格按照成品质量标准拣选,筛去碎屑,剔除过厚未干片、带皮片、焦褐片和其他变色片,去除一切杂质。

(9)检验:对照姜片的出口标准,按照不同等级严格进行色泽、片形、含水量、杂质及其他五个方面的检验与定级。

(10)包装:同脱水大蒜片。

4.姜片正品质量要求

色泽金黄或淡黄,不得有冻姜片、焦褐片、泛红片及其他变色片。片形大小基本均匀,表面光滑,姜皮去净,厚度2~2.5 mm,装箱时无碎屑,发运点仓库验收时碎屑不得超过1%,碎片不超过10%(1 cm×1.5 cm 或 1.2 cm×1.2 cm,以下称为碎片),无杂质,水分不超过8%。具有浓郁的生姜天然辛香辣味。

二、粉状香辛料的干制生产

粉状香辛料是香辛料的一种传统制品。粉状香辛料加工简单,对设备要求不高,此加工成品在市场上占据相当大的比重。与整个香辛料相比,粉状香辛料的风味更均匀,也更容易操作,符合传统的饮食习惯。但它与原状香辛料一样也有受产地影响、风味成分含量低、带菌多等缺陷，另外粉状香辛料还易受潮、结块和变质，易于掺杂，在几天或几周内易失去部分挥发性成分。

粉状香辛料的加工分为粗粉碎加工型和提取香辛成分喷雾干燥型。粗粉碎加工型是我国最古老的加工方法。它是将香辛料精选、干燥后，进行粉碎，过筛即可。植物原料利用率高，香辛成分损失少，加工成本低，但粉末不够细，加工过程易氧化，易受微生物污染，特别是对于那些加工后直接食用的粉末调味品，需进行辐射杀菌。另外，可根据各种香辛料的呈味特点及主要有效成分，对香辛料采取溶剂萃取、水溶性抽提等不同提取方法，在提取出有效成分后进行分离、选择性提取，然后喷雾干燥。也可采用吸附剂与香辛料精油混合，然后采用其他方法干燥。

我国常用的粉状香辛料的制造工艺流程如下。

原料 ⟶ 去杂 ⟶ 洗涤 ⟶ 干燥 ⟶ 粉碎 ⟶ 筛分 ⟶ 粉状香辛料

粉状香辛料的一般加工方法操作要点如下。

(1)原料:原料的选择决定产品的质量，尤其是香辛料，产地不同，产品香气成分含量就不同，因此，进货产地要稳定，同时要选用新鲜、干燥、有良好固有香气和无霉变的原料。

(2)去杂:香辛料在干燥、贮藏、运输过程中，有很多杂质，如灰尘、草屑、土块等，所以要筛选去杂。

(3)洗涤:经过筛选、去杂仍达不到干净要求，就需要洗涤，洗涤后要经过低温干燥，再行使用。

(4)粉碎:将处理干净后的原料先经粗磨，再经细磨。

(5)筛分:将粉碎后的原料过筛，细度一般要求为 50~80 目。

几种粉状脱水香辛料的加工方法举例如下。

(一)脱水大蒜粉的加工

大蒜粉的主要产区同大蒜片加工。生产季节:11~12 月。用途:食用、汤料、调料。

1. 原料质量要求

选用脱水大蒜片筛下的碎屑和拣下的次品,必须严格拣尽杂质,并复烘到水分 4% 左右。

2. 生产工艺流程

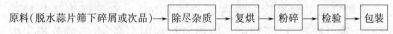

原料(脱水蒜片筛下碎屑或次品)→ 除尽杂质 → 复烘 → 粉碎 → 检验 → 包装

3. 加工操作要点

(1)选择材料:不是所有次品及碎屑均可利用,应有所选择。对于次品,必须尽量选择色泽较白的,并拣尽焦褐片、斑疤片、粒及红片等变色片。碎屑色泽也必须白色,这样打出的粉也为白色。

(2)除尽杂质:在复烘前,必须严格拣除副、次品及碎屑中的竹片、头发、泥、石子等杂质。

(3)复烘:在粉碎前,水分必须复烘(重新干燥)到 4% 左右。

(4)粉碎:粉碎操作在粉碎机中进行,粉碎加工季节一般应安排在秋季 10 月以后,因粉极易吸潮,此季节气候干燥,易控制水分吸收。粉细度有不同规格,粉碎是要按不同的细度要求加工成不同的规格。因各种不同规格细度的粉食用方法不同,要严格按不同规格生产,不能混级。粉细度分为 100 目、120 目 2 个规格。

(5)检验:水分必须控制在 6% 以内,无杂质。

(6)包装:粉极易吸潮,加工和包装时动作要迅速。箱内两袋装,每袋内用双层聚乙烯袋,外套铝箔纸袋装。外用纸箱(双瓦楞对口盖)胶带封口,箱外打二道腰箍。

4. 大蒜粉成品质量标准

各种不同规格的产品,细度要符合标准规格,不能混级,无杂质,无结块,无霉变,水分不超过 6%。色泽白的做正品,色泽稍黄或黄的做副品。

(二)脱水(黄、红、白)洋葱粉的加工

洋葱粉主要产地、用途基本与黄(红、白)洋葱片相同。生产季节:10 月后,气候干燥为宜。

1.原料质量要求

(1)采用脱水黄(红、白)葱片经拣选下的次品和碎屑。

(2)必须严格拣尽杂质。

(3)复烘到水分4%左右,在粉碎机中粉碎而成。

2.生产工艺流程

原料(脱水葱片筛下碎屑或次品)→ 除尽杂质 → 复烘 → 粉碎 → 检验 → 包装

3.加工操作要点

(1)选择原料:从原料中拣除焦褐片、斑疤片、焦斑粒及一切杂质。

(2)复烘:在粉碎前,水分必须复烘到4%左右。

(3)粉碎:粉碎加工季节一般应安排在秋季10月以后,因粉粒易吸潮,此季节气候干燥,易控制水分吸收。粉细度有不同规格,但主要是100目、120目2个规格,要严格按不同规格生产,不能混级。

(4)检验:水分必须控制在6%以下,无杂质。

(5)包装:外用纸箱,箱内两袋装,每袋粉各重10 kg,每袋内用双层聚乙烯袋,外用铝箔纸袋装。每箱净重20 kg。

葱粉极易吸潮,加工和包装时动作要迅速。

4.黄(红、白)葱粉成品质量标准

色泽淡黄或淡白(淡红或白)、无杂质,水分不超过6%。

第三节　香辛料提取物

香辛料提取物主要包括香辛料精油和油树脂。随品种、成熟度、产地等不同,不同香辛料的精油含量存在一定差异。通常草本香辛料含有1% ~3% 的精油,而种子香辛料的挥发油含量(3% ~17%)显著高于草本香辛料。随贮藏时间的推移,香辛料本身的精油会有不同程度的挥发。若香辛料被磨成粉末状,则精油损失更大些,这主要因为精油细胞组织遭到破坏,空气接触面积增加的缘故。可作为提油原料的香辛料含油部位因种类的不同,在形态上有极大的差别。有的取其叶为原料,有的取其根、干或皮为原料,也有取其花或果为原料。根据原料形态上的不同,选用的加工方法必须与其适应。

与原香辛料相比,使用香辛料精油具有很多优势。香辛料精油所占空间较小;水分含量极低,可较长期的存放;可通过建立严格的质量标准,统一处理不同产地和不同季节的香辛料,使精油产品品质恒定;易于配方;香辛料精油中不含酶、鞣质、细菌和污物;精油制品颜色通常较浅,不会影响食品的外观;有些食品如酒类只能采用香辛料精油。

与原香辛料相比,使用香辛料精油也有不利之处:如对于采用水蒸气蒸馏所制得的香辛料精油,由于是在加热情况下所得,所以在加工过程中会损失部分挥发性成分,而非挥发性的风味成分却无法得到,有些水溶性的成分因溶于水而流失,有些热敏性的成分发生变化,因此其香味与原物有一些区别,有时还会带有一些蛋白质和糖类化合物受热分解产生的杂气;由于在香辛料精油加工过程中去除一些植物中的天然抗氧化剂,会使一些精油易于氧化,精油中的各种萜类在高温下容易发生氧化、聚合,需保存在冷暗处;在应用方面,精油使用过程中容易有掺假和以次充好现象;由于香辛料精油中呈香成分浓度高,需准确称量,目前常采用的是每克精油相当于多少原香辛料,这给使用带来一定难度;此外,精油难以在干的食品中分散;精油的使用有碍于某些食品的饮食习惯。

香辛料精油的微胶囊化是香辛料深加工的重要发展方向。香辛料精油的呈味主体为挥发性芳香油,不但挥发性强,而且易被氧化,所以保存和使用均受到很大的限制。采用微胶囊技术将挥发性精油制成稳定的微胶囊粉末,即通过微胶囊壁将挥发性精油与外界隔离开来,这样可有效地抑制精油的挥发和氧化,使其不易变质,而易于贮存;而且微胶囊化香辛料精油具有使用方便、易与其他固态调味料均匀混合、有效地控制香味物质的释放等优点。

一、香辛料精油

(一)水蒸气蒸馏(扩散)法

水蒸气蒸馏法是香辛料精油生产最为常用的方法,分为直接水蒸气蒸馏、水中蒸馏、水上蒸馏和水渗透蒸馏。直接水蒸气蒸馏法锅内不加水,将锅炉产生的蒸汽通入锅下部,蒸汽穿过多孔隔板及其上面的原料而上升。此法蒸馏原料量多,速度快,可通过锅炉产生的蒸汽来控制温度和压力,适于大规模生产。水上蒸馏又称隔水蒸馏。在蒸馏锅下部装一块多孔隔板,板下面盛水,水面距板有一定距离,水受热而成饱和水蒸气,穿过原料上升。在蒸馏过程中,原料与沸水隔离,从而减少水解作用。与直接水蒸气蒸馏相比,蒸汽来源不同,压力和温度不易控制。水中蒸馏法是将待蒸馏的原料放入水中,使其与沸水直接接触,该法简便易行、高效价廉,适合中、小型企业使用,尤其适用于易粘着结块、阻碍水蒸气渗入的品种,但存在糊焦、不利水解的因素。水渗透蒸馏,也称水扩散蒸馏法。该方法的水蒸气流向与传统蒸馏法的水蒸气流向相反,其特点是将冷凝器装在蒸馏锅下面,水蒸气自设备顶部进入蒸馏锅,通过加料盘架由侧面推进或滑出来进出料。带有精油的冷凝水自然地从底部进入冷凝器,经冷凝后通过油水分离器进行油水分离。水渗透蒸馏法缩短了蒸馏时间,节约了能源,而且不会使香气成分因水解而受损失,特别适合于具有游离油细胞的香辛料,如月桂、苦橙叶、白芷、芫荽、柠檬草等香辛料。

1.主要设备

粉碎机、烘干机、蒸馏设备、冷凝器、油水分离设备等。

2.生产工艺流程

水蒸气蒸馏(扩散)法提取精油的典型工艺流程如下:

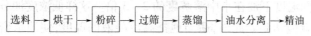

选料 → 烘干 → 粉碎 → 过筛 → 蒸馏 → 油水分离 → 精油

3.加工操作要点

(1)粉碎:物料粉碎度是影响蒸馏效果的要素之一。一般物料粉碎得越细,表面积越大,蒸馏效果越好;但若过细,则影响溶剂的穿流,反而不利于蒸汽通过和精油蒸馏,而且会吸水结块造成废渣清除困难。物料粒径一般控制在 30~60 目。通常一些香辛料的最适粉碎度为:八角 60 目,花椒 40 目,丁香 60 目,小茴香 60 目,芥末 30 目。

(2)蒸馏:加水量、蒸馏时间、堆积厚度是影响蒸馏效果的 3 个主要因素。每种香辛料所含的精油量是一定的,蒸馏时物料应全部浸于水中,精油通过水介质慢慢浸出,随蒸汽蒸发而挥发。这样,物料与水之间应有一个合适的比例:若加水量太少,物料浸润不充分,易结锅,发生焦糊现象;若加水量太大,则会增加蒸馏时间,耗费燃料,而且原料出油率并不增加,相反馏出液太多,部分精油与水乳化分散,造成油水分离困难,相对损失量增加。不同的香辛料加水量不同,八角、花椒、小茴香分别加 8 倍的水,丁香加 10 倍的水,芥末加 6 倍的水。

堆积厚度对出油率也有较显著的影响。若太薄,蒸汽通过速度快,渗透原料的作用不强,出油率不高,并且大量蒸汽凝结为水,均匀分散在水中形成乳化小油滴,精油相对损失量增大,致使分离后的精油量降低。但若堆积太厚,蒸汽通过困难,同样也对出油不利。

此外,蒸馏时间对出油率也有较大的影响,一般蒸馏 1 h 出油率可达到90%以上,蒸馏 2 h 出油率可达到95%~98%,蒸馏 2~3 h 可将香辛料中的精油提取出98%以上。

(3)油水分离:油水分离是蒸馏法生产香辛料精油工艺方法中一个非常重要而关键的步骤。目前先进的油水分离方法是采用分凝器,即改进的冷凝器和微型油水分离器的组合装置。油的沉降速度与油滴直径的平方、油水密度差成正比,与液体的黏度成反比。提高油水蒸气中油分的浓度,使冷凝后油滴有较大的直径,是实现油水快速分离的主要途径。实现油水快速分离所必需的油水蒸气中油分的浓度为同温度下油在水中溶解度的 2~3 倍。这样低浓度油分用分凝的方法就能达到。此外,适当地提高冷凝液的温度,使油水密度差与液体黏度的比值增大也能提高油水分离的速度。

另外,香辛料精油冷凝至一定强度后,就会和水产生乳化,一旦产生了乳化就难以实现快速分离。因此,采用分凝器实现快速分离精油的条件是:一方面要求油水蒸气中有较高的油分浓度,另一方面要控制冷凝液在发生油水乳化的温度之前实现油水快速高效分离。

4.水蒸气蒸馏法生产桂油

桂油为采用水蒸气蒸馏法从肉桂树的叶片、叶梗和细枝中所取得的精油。桂油主要成分为肉桂醛,含量达80%~95%,其余为乙酸肉桂酯、水杨醛、丁香酚、香兰素、苯甲醛、肉桂酸、水杨酸等。天然桂油主要用于医药、食品、饮科、香精香料行业,最大用量为软饮料业和口香糖,美国可口可乐、百事可乐已采用中国桂油作为辅料。2016年我国桂油出口总量达到5000 t以上,出口总额超过7000万美元。2017年桂油出口总量559.77 t,出口总额1134.56万美元。随着人们物质生活水平的提高,桂油在食品调味领域中的应用增加。

桂油生产采用水蒸气蒸馏法,其蒸馏工艺发展大致经过了3个阶段,第一个阶段为传统的水蒸气蒸馏,其工艺简单、设备简陋,得油率低,仅为0.13%~0.14%,造成严重的资源浪费;第二阶段为直接水蒸气蒸馏,得油率可达0.18%以上,但油水分离设备多,占地面积大,投入相对较大;第三阶段采用复馏工艺,该工艺采用双锅串蒸、连续多次分离手段,使桂油得率达到1.10%,能耗大幅降低,得油率大幅提高。

①主要设备:双锅串蒸器、分凝器等。

②生产工艺流程。桂油生产的典型工艺流程如下:

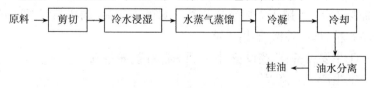

③操作要点:先将桂枝叶剪碎,然后再用粉碎机粉碎至30~60目,将粉碎好的桂枝叶放入蒸馏釜中,加水量为桂枝叶的8倍左右进行蒸馏,蒸馏时间控制在2~3 h。将蒸馏出的油水蒸气混合物放在分凝器中,在油水乳化温度之前连续分离,收集得到成品桂油。

④质量标准:桂油质量应符合相关国家标准(SN/T 0905—2000)。桂油为淡黄至红棕色液体,具有中国天然桂油的特征香气,味觉为辛香的辣味,置于空气中极易氧化,颜色变深。桂油相对密度(20/20℃):1.052～1.070,折光指数(20℃):1.6000～1.6140。20℃时,1倍体积桂油在3倍体积的70%(V/V)乙醇中,应为澄清溶液。0.65%≤苯甲醛<2.1%,0.2%≤水杨醛≤1.0%,65%≤反式肉桂醛≤88%,3%≤反式邻甲氧基肉桂醛≤12.5%,1.4%≤香豆素≤4%。

⑤注意事项:桂油易溶解各种树脂、蜡、橡胶或某些塑料,在生产中应避免与上述物质接触。另外,光线、空气和水分能促使桂油氧化变质,对桂油的质量有不利的影响。

桂油是由多种化学成分组成的复杂混合物,其主要成分是反式肉桂醛,桂油质量的高低,以含醛量为依据,含肉桂醛越高,桂油的质量越好。

5.水蒸气蒸馏法生产孜然精油

孜然种子具有强烈的特征香气,为传统的调味料,人类使用孜然作为调味料已有两千多年的历史。孜然主要用于肉制品的调味,可用于做汤、炖肉和烧肉,是我国新疆烤羊肉串不可缺少的调料。除此之外,也用于腌制品、调味酱、果酱和干酪等制品的调味。孜然精油为浅黄色至棕色液体,具强烈的孜然特征香气、有辛辣味。孜然精油主要由枯茗醛、桃金娘烯醛、α－萜品烯、β－蒎烯、对伞花烃等组成,具有抑菌、抗氧化、杀虫、降血糖等功能。孜然精油具有增提芳香、矫味抑味作用,可用于需要突出孜然风味的肉制品、调味品等,可用于食品香精、烟用香精、酒用香精。

①主要设备:蒸馏设备、粉碎机、提取罐、灌装机。

②生产工艺流程。

原料 → 粉碎 → 加水 → 蒸馏 → 分离 → 精油

③操作要点:先将孜然种子粉碎成40目粉末,然后加入3倍或4倍的水进行蒸馏。加水量的多少对出油率有很大影响,加水量少,出油率低,易造成原料局部过热,甚至发生炭化,使精油质量变坏;加水

量多,精油损失更大。常压蒸馏 4 h 便可得到全部精油,出油率为
4.5%。

④注意事项:蒸馏时间不可过长。否则,低沸点的成分损失较
大,对精油质量有影响,还浪费能源。

6.水蒸气蒸馏法生产八角茴香油

八角茴香油为用水蒸气蒸馏法从中国南方的八角树的果实和叶
枝中提取的精油。八角茴香油主要成分是茴香脑(对丙烯基茴香
醚),化学名为 1 - 丙烯基 - 4 - 甲氧基苯,其次含有一定量茴香醛、茴
香酸及少量的草蒿脑、β - 石竹烯等。茴香油中,龙蒿脑、茴香脑和草
蒿脑这些成分主要赋予八角茴香油茴香气味,赋予茴香油辛香和果
香的香味特征;β - 蒎烯、莰烯赋予其松脂香、樟脑气味;一些低含量
成分赋予茴香油花香、木香等香味特征。八角茴香油用途广泛,使用
方便,是家庭、餐馆最普遍使用的香料调味油,可为各种烤、涮食品增
添美味。八角茴香油可用于各种灌肠、罐头鱼等肉类加工,用于烹制
红烧鱼、肉。在做馅、丸子和炸酱时,加入适量八角茴香油有明显的
调香作用。

①主要设备:蒸馏装置、粉碎机、筛网、灌装设备。

②生产工艺流程。

干八角果实 →| 粉碎 |→| 过筛 |→| 水蒸气蒸馏 |→ 八角茴香精油

③操作要点:先将干燥的八角茴香用粉碎机粉碎,过 30 目筛网。
将粉碎后的八角茴香加入蒸馏锅中,直接用蒸汽加热,即将锅炉产生
的高压饱和或过热蒸汽通入蒸馏锅内,使压力达到 340 kPa 左右。这
样精油与水蒸气一起被蒸馏出来,通过冷凝器到油水分离器,而将精
油分离出来,然后灌装即可。其出油率在 10% ~ 12%。

④质量标准:八角茴香油应符合 GB 1886.140—2015。为无色至
浅黄色澄清液体或凝固体,具有大茴香脑的特征香气。相对密度
(20/20℃):0.975 ~ 0.992,折光指数(20℃):1.5525 ~ 1.5600。旋光
度(20℃): -2° ~ +2°。溶混度(20℃):1 体积茴香油混溶于 3 体积
90% 乙醇中,为澄清溶液。龙蒿脑≤5.0%,顺式大茴香脑≤0.5%,大

茴香醛≤0.5%,反式大茴香脑≥87.0%。

⑤注意事项:水蒸气蒸馏速度快,加热至沸腾时间短,蒸馏持续时间短,香味成分在蒸馏中变化少,酯类成分水解机会小,这样可保证精油的质量。在蒸馏中如果油水分离器上方贮油管中的油层不再显示明显增加时,蒸馏即可终止。若采用鲜八角果实蒸馏精油,其出油率为1.78%~5%,蒸馏前需将八角果实绞碎。八角茴香油不宜久存,否则其茴香脑含量会降低,对烯丙基苯甲醚含量会增高,油的理化性质也会发生变化,但油中加入0.01%的丁基羟基甲苯,便可使其稳定。

八角茴香油宜包装在玻璃或白铁皮制的容器内,存放于5~25℃,空气湿度相对不超过70%的避光库房内。八角茴香精油在生产中按需使用,在不同食品中的参考使用量为:调味料96~5000 mg/kg,肉类制品1200 mg/kg,焙烤食品490~500 mg/kg。

7. 水蒸气蒸馏法生产姜油

生姜油为用水蒸气蒸馏法从生姜的根茎中提取的精油。姜油用途广泛,食用简便,具有奇异的芳草辛辣味。姜油中主要含有姜酚、姜烯等成分,姜烯具有浓郁的芳香气味,主要用于食品及饮料的加香调味,姜酚是姜油中主要的辣味成分。生姜精油可用作食用香精,如用于草莓、菠萝、薄荷香精的制作;也可用于焙烘食品。

①主要设备:蒸馏装置、绞碎机、灌装设备。

②生产工艺流程。

鲜姜 → 绞碎 → 蒸馏 → 姜油

③操作要点:将清洗绞碎的鲜姜放入装有热水的蒸馏锅中,使原料与热水直接接触,进行水中蒸馏。随着加热,水分向姜组织内渗入,姜油与水蒸气一起被蒸馏出来,通过冷凝器一起进入油水分离器,借油、水之间的相对密度差异,达到油水分离的目的。在蒸馏中,如果油水分离器上方贮油管中的油层不再明显增加时,蒸馏即终止。一般蒸馏时间为20 h,得油率为0.15%~0.3%。

④质量标准:生姜油质量应符合GB 1886.29—2015,为淡黄色至

黄色液体,具有生姜特征香气。相对密度(20/20℃):0.873~0.885,折光指数(20℃):1.488~1.494,旋光度(20℃):−45°~−26°。皂化值(以 KOH 计)≤20.0 mg/g,重金属(以 Pb 计)≤10.0 mg/kg,砷含量≤3.0 mg/kg。

⑤注意事项:如果用干姜做原料,应先将干姜粉碎,过30目筛,用直接水蒸气蒸馏法蒸馏,蒸汽压力维持在 347 kPa,蒸馏时间 16~20 h,得油率1.5%~2.5%。蒸馏时,干姜不宜粉碎过细,否则会因本身淀粉含量高而产生黏结块,降低出油率。装料时应做到疏松均匀。已粉碎的原料应迅速蒸馏,以免芳香成分挥发损失,影响出油率。

姜油在不同食品中的使用量:调味料 13 mg/kg,肉类产品 12 mg/kg,烘焙食品 47 mg/kg,糖果 14 mg/kg,冰淇淋 20 mg/kg。

8. 水蒸气蒸馏法生产胡椒油

胡椒油是选用优质天然胡椒粉提取的,为无色或略带黄绿色液体,芬芳温和,味辛辣。胡椒油具有辛辣味,用途广泛,用作烹饪佐料,可增加菜肴香味,增进食欲,是西餐中不可缺少的香料调味油。它与少量花椒油共同使用,有浓厚的川式麻辣风味,是烹饪川味菜的最佳调料。同时,也适用于油炸和焙烤小食品的调味、增香。胡椒油主要成分有蒎烯、月桂烯、胡椒醛、水芹烯、石竹烯、松油烯、二氢葛缕酮等。

①主要设备:蒸馏装置、粉碎机、筛网、灌装设备。

②生产工艺流程。

干黑胡椒 → 粉碎 → 过筛 → 水蒸气蒸馏 → 胡椒精油

③操作要点:将晒干的黑胡椒用粉碎机粉碎,过40目筛网。把胡椒粗粉放入蒸馏锅中,进行水蒸气蒸馏,油水分离器上方贮油管中的油层不再明显增加时终止蒸馏。其出品率为15%左右。

④质量标准:胡椒油为无色或略带黄绿色液体,芬芳温和,味辛辣。

相对密度(20℃):0.873~0.916,旋光度(20℃):−10~+3,折光指数(20℃):1.480~1.499,酸值11,酯值0.5~6.5,乙酯化后酯值

12.0~22.4,不溶于水,可溶于10~15倍体积90%的乙醇中。

⑤注意事项:胡椒不宜粉碎过细,否则会因本身淀粉含量高而产生黏结块,降低出油率;装料时应做到疏松均匀;已粉碎的原料应迅速蒸馏,以免芳香成分挥发损失,影响出油率。

胡椒精油主要用于调配食用香精,在最终加香食品中浓度为0.1~140 mg/kg。胡椒油在不同食品中的使用量:调味料17 mg/kg,肉类产品40 mg/kg,糖果5.3 mg/kg,冰激凌0.10~20 mg/kg。胡椒精油不宜久存,应保存在密闭容器中,以免香气成分挥发。

9.水蒸气蒸馏法生产韭菜精油

韭菜因其独特飘逸的香气而成为人们喜好的香辛料。用水蒸气蒸馏法蒸馏出的韭菜精油略为辛辣,具有浓郁宜人的香气。一般1 kg鲜韭菜可生产出0.6~0.9 g精油,其化学成分与大蒜类似,主要为一些辛香的含硫化合物,在食品加工和烹饪中具有增香、去腥臭味等作用,是一种具有发展前途的新型调味精油。

①主要设备:蒸馏装置、粉碎机、分离器。

②生产工艺流程。

鲜韭菜 → 去杂清洗 → 加水 → 粉碎 → 放置 → 水蒸气蒸馏 → 油水分离 → 精油

③操作要点:用于水蒸气蒸馏的鲜韭菜需粉碎,否则得油率低且需要较长的蒸馏时间。水蒸气蒸馏时加水量为原料质量的2~3倍。由于精油相对密度略大于水,所以精油集中在油水分离器底部,可以随时放出、收集。

④质量标准:韭菜精油为透明金黄色油状液体,具有浓郁的韭菜特征香气,相对密度(20℃)为1.04~1.08,在75%乙醇中混溶度为1:(8~13)。

⑤注意事项:粉碎后放置一段时间(约2 h)可提高产油率,可能是由于粉碎后有利于酶的作用,从而使精油物质增加。

水蒸气装置中的分离器应具有冷却冷凝功能,以降低精油在水中的溶解度,减少损失。

(二)超临界 CO_2 萃取法

超临界 CO_2 流体萃取分离是利用超临界流体的溶解能力与其密度的关系,即利用压力和温度对超临界流体溶解能力的影响而进行的,是一种集溶剂萃取和蒸馏法的优点为一体的天然产物提取分离技术。超临界 CO_2 萃取法具有操作容易,有效防止香辛料中热敏性物质的氧化、逸散、分解,无溶剂残留等优点,用于有机物的分馏、精制,特别适应于难分离的同系物的分馏精制,也适于分离热不稳定物质。

1.超临界 CO_2 萃取的基本原理

流体具有气体、固体和液体三相,在一定的温度和压力条件下可以相互转化。气体能被液化为液态的最高温度称为气体的临界温度,在临界温度下被液化的最低压力称为临界压力。当流体的温度和压力处于临界点以上时,气—液的分界面消失,体系的性质变得均一,介于气体和液体之间,即密度为气体的数百倍,接近液体,其流动性和黏度仍接近气体,扩散系数则大约为气体的百分之一,较液体大数百倍。因此,化学物质在其中的迁移或分配均比在液体溶剂中快,而且,通常溶剂密度增大,溶质的溶解度就增大,反之密度减小,溶质的溶解度就减小。所以,将温度或压力进行适当变化,可使其溶解度在 100～1000 倍的范围内变化,这一特性有利于从物质中分别萃取不同溶解度的成分,并能加速溶解平衡,提高萃取效率。

有机物的密度随压力增高而上升,随温度升高而下降,特别是在临界点附近压力和温度的微小变化都会引起气体密度的很大变化;在超临界流体中物质的溶解度在恒温下随压力升高而增加,而在恒压下溶解度随温度升高而下降,这一性质有利于从物质中提取某些易溶解的成分;而超临界流体的高流动性和高扩散能力,则有助于溶解的各成分之间的分离,并能加速溶解平衡,提高萃取效率。

超临界 CO_2 萃取法的特点非常适合于香辛料精油的生产。由于水蒸气蒸馏法所需的温度较高,会破坏原料的部分风味,而有机溶剂提取法不可避免地会造成溶剂在产品中的残留,因此超临界流体萃取与常规提取法相比其产品更具特色。超临界流体只需改变温度和压力,就改变了超临界流体的溶剂性质,根据不同温度或压力,选择萃取物的范围不同,低压下可萃取低分子精油成分,随着压力的升高,可萃取物质的范围也随之扩大。

超临界流体萃取高沸点物质的能力,随流体密度增加而提高。当保持密度不变时,萃取能力随温度上升而提高。在一定程度上,产率随萃取时间而增加。超临界流体与萃取物分离后,只要重新压缩就可循环利用。超临界流体萃取技术是高压技术,对设备要求较高。在食品中选用超临界 CO_2 为萃取剂,符合食品卫生标准。CO_2 具有纯度高、化学性质稳定、无毒、无致癌性、沸点低、便于从产品中清除、廉价易得等优点。

2. 萃取工艺

随着超临界萃取研究领域的不断拓宽,超临界萃取的工艺及设备不断革新,现在已由过去的单一分离器发展为多级串联分离器,由相同原料可以生产不同等级的产品。一般萃取香辛料精油时,原料都是经过粉碎的固体粉末,如果需要对一些精油进一步精炼或再分离,也可以是液体原料。其工艺操作过程主要有 3 种方式:间歇法、半连续法和连续法。

间歇法是超临界 CO_2 流体与被萃取原料静态作用一定时间之后再进行分离的萃取方式。萃取过程的推动力是组分在超临界 CO_2 流体中的饱和浓度与组分在超临界 CO_2 流体中实际浓度的差值。此法耗时长(一般为几个小时),不适合与被萃取物和固体基质有亲和力的物质的萃取,在香辛料精油的萃取中使用不多。

半连续法操作过程:原料加入萃取器后固定,超临界 CO_2 流体用泵连续通入萃取器,萃取后含有精油的超临界 CO_2 流体引出,进入分离器中,减压分离出萃取物。为了减少精油中大分子量杂质组分,可设计 2 个,甚至多个分离器串联,分别采用不同压力和温度条件,分步去除杂质,提高萃取效果。在香辛料精油的萃取中,半连续法最为适宜,应用也最为广泛。

连续法主要用于液体进料的萃取过程,如从压榨柑橘类水果皮中提取精油的操作,或精油组分的进一步分馏。此法由于原料的限制,使用范围相对有限。

3. 选择萃取剂的原则

在保证特定产品要求的前提下,尽量选择具有较低的临界温度和压力、化学性质稳定、惰性、安全、来源广、价格低的萃取剂。在食品工业中采用 CO_2 为萃取剂。

4. 夹带剂的使用

最初,超临界流体萃取是采用单组分纯气体,如 CO_2、N_2O、C_2H_6 等,由于其局限性,如对某些物质的溶解度低,选择性不高,分离效果不理想,溶解度对温度、压力变化不够敏感等,导致对某些成分萃取效果并不理想。这可以通过添加少量的夹带剂来修饰,夹带剂的作用是提高溶剂对极性组分的亲和力,它们在超临界 CO_2 流体中的溶解度较低,能增加萃取分离效率,但萃取结束后,必须设法除去精油中的夹带剂,而蒸除夹带剂时可能会导致易挥发成分的损失及氧化等。常用的夹带剂有水、甲醇、乙醇和丙酮等。在食品香辛料的萃取中,可以将风味上能够配合的两种香辛料混合物作为萃取原料,一种香辛料作为另一种香辛料萃取时的夹带剂,这种混合工艺能明显改善两种产品的分离效果。

5. 超临界 CO_2 萃取香辛料精油的影响因素

影响超临界 CO_2 萃取的因素主要有原料粒度、萃取压力、萃取温度、CO_2 流量和萃取时间等。

(1)原料粒度:在固液萃取时,超临界流体溶剂必须扩散到溶质固体的内部,将溶质溶解,然后再从固体中扩散出来。物料的破碎,增加了固液的接触面积,有利于超临界流体向物料内部的渗透,减少扩散距离,增加传质效率,从而提高流体溶剂的萃取率。研究表明,原料预粉碎对有效成分的萃取有重要影响。但另一方面物料过细,高压下易被压实,堵塞筛孔,增加了传质阻力,反而不利于萃取。

(2)萃取压力:萃取压力是影响超临界流体萃取工艺的重要参数之一。萃取压力的增加会增大 CO_2 的密度,致使香辛料中风味物在超临界 CO_2 中的溶解度增加,同时还会减少分子间的传质距离,增加溶质与溶剂之间的传质效率。但对不同的原料,压力所表现出的影响有所差别。对超临界 CO_2 提取肉桂精油的研究表明:压力是影响萃取得率最重要的因素,压力增加,得率明显提高。而对大果木姜子精油的研究显示:当压力从 10 MPa 增到 15 MPa 时,收率急剧上升,15 MPa 以上时,收率变化很小。何军等研究表明:当压力超过 34.475 MPa 时花椒挥发油萃取率反而有所下降。虽然压力对不同原料萃取得率的影响有所不同,但从实际应用的角度来看,压力的选择应该从萃取得率、设备投资、产品品质等方面综合考虑,一般选用压力为 15~35 MPa。

(3)萃取温度:萃取温度是超临界萃取的另一重要影响因素,而且温度对萃取的影响比较复杂:升温一方面增加了物质的扩散系数而利于萃取,另一方面降低了 CO_2 的密度,使物质溶解度降低而不利于萃取。另外,温度和压力还具有协同作用的效果,高压下超临界 CO_2 密度较大,可压缩性小,升温对 CO_2 的密度降低较小,然而却大幅增加了物质的扩散系数而使溶解度增加;相反,低压下超临界 CO_2 密度小,可压缩性大,升温造成的 CO_2 密度下降远远大于扩散系数的增加。研究中所表现出的差异,均表明了温度对萃取效率影响的复杂性,合适的萃取温度必须通过试验来确定。另外,温度的选择时,还需考虑萃取成分对温度的敏感程度。

(4) CO_2 流量:超临界 CO_2 对香辛料风味物的溶解过程是 CO_2 与香辛料相互渗透和扩散的过程。扩散速率与 CO_2、香辛料之间浓度差有关,在一定条件下,影响浓度差的溶剂的流量就是影响扩散速率的主要因素。当流量增大到一定值时,浓度差接近最大值,提取效率不再随流量增大而有明显变化。但是,CO_2 流量的增大,会导致能耗增加,从而增加生产成本。所以在实际处理过程中,必须综合考虑选择适当的流体流量。

(5)萃取时间:萃取时间对萃取的影响比较单纯,时间越长,萃取会越完全,萃取率也会随之而逐渐增加,但达到一定时间后,再增加时间,提取率增加已不明显。许多研究中往往把时间设为一个足够大的值而不进行专门的研究讨论,但是,在实际生产过程中,时间太长会使生产费用增加,因此选择合适的萃取时间也是非常重要的。

采用超临界 CO_2 萃取所得香辛料精油产品,能很好地保持其纯天然特性,可以再现香辛料的原有风味,贮藏、运输及使用都更加方便。另外,由于萃取较为完全,有效成分几乎不受破坏,这为香辛料精油作为食品天然防腐剂和天然抗氧化剂的开发打下了良好的基础。因此,虽然工业化超临界设备的投资较高,但由于该技术与传统的方法相比,在保证产品的纯天然特征和生产过程中不产生污染物排放以及能耗低等方面,具有明显的优势,这都是超临界技术研究开发大力向前发展的巨大促进力。

6. 超临界 CO_2 萃取小茴香油

小茴香是一种重要的香辛料,小茴香的茎和叶在民间广为食用,其籽用于食品的加香。近几年,随着食品工业的发展,小茴香油逐渐代替了茴香籽的使用。小茴香油主要成分有小茴香醇、反式茴香脑(含量大于60%)、水芹烯、苎烯、蒎烯等。主要用于饮料、冰激凌、糖果、焙烤制品、调味品和肉制品的加香。目前,国内外生产小茴香油采用水蒸气蒸馏和有机溶剂提取法,而超临界提取小茴香油,其产率和质量优于蒸馏法和溶剂法,并具有原料的芳香味。

①主要设备:超临界 CO_2 萃取设备、粉碎设备。

②原料:茴香籽,在萃取前先冷冻,再粉碎成一定细度的粉末。CO_2 纯度在99.5%左右。

③生产工艺流程。

原料 → 萃取器 → 分离 → 收集

④操作要点:将原料置于萃取器中,开始供给超临界 CO_2。萃取条件为压力30~35 MPa,温度35~45℃,超临界 CO_2 由下而上流经萃取器,此时小茴香油被提取,提取液经减压阀减压后流经第一分离器,含脂产品在7 MPa 左右的压力下不溶于 CO_2,沉淀于分离器底部。提取液由第一分离器经减压后流入第二分离器,含油产品在2 MPa 左右的压力下不溶于 CO_2,此时控制温度在20℃左右,含油产品沉淀于分离器的底部。CO_2 经第二分离器回收循环使用或排放掉。

⑤质量标准:小茴香油为无色至淡黄色液体,相对密度(20℃):0.961~0.980,折光指数(20℃):1.528~1.552。

⑥注意事项:原料应粉碎成一定的细度,除杂质,水分含量应在15%以下。调节串联分级分离器的萃取压力和温度,可获得不同的产品。

7. 超临界CO_2萃取洋葱油

洋葱油为琥珀黄色至琥珀橙色液体,具强烈刺激和持久的洋葱特征香气和气味,相对密度(20℃):1.050～1.135,折光指数(20℃):1.5495～1.5695。洋葱油的主要成分是硫化物,二烯丙基二硫化物、二甲基二硫化物、甲基烯丙基二硫化物、二丙基二硫化物、丙烯基丙基二硫化物等是鲜洋葱的辛辣成分,也是洋葱的主要活性成分。洋葱油主要用于汤料、肉类、沙司、调料等食品,也可用于药品。采用超临界CO_2流体萃取技术得到的洋葱油比一般蒸馏法得到的洋葱油有更好的品质、色泽和气味。

①主要设备:超临界CO_2萃取设备、粉碎设备。

②原料:鲜洋葱鳞茎洗净后磨碎待用。CO_2纯度在99.5%左右。

③生产工艺流程。

洋葱粉 → 装料 → 萃取 → 接收 → 洋葱油

④操作要点:将洋葱粉装入萃取釜中,设置萃取温度、萃取压力。来自钢瓶的CO_2先进入高压贮液罐,经冷凝成为液体后经高压泵加压后进入恒温的萃取釜被加热,在萃取釜中与洋葱粉充分接触,带着萃取物的流体经节流阀减压后进入一级分离釜,由于压力降低,温度升高,流体的密度减小,少量溶解于流体中的洋葱油树脂就会从流体中分离出来,流体进入二级分离釜后,大量溶解于流体中的洋葱油就会被分离出来(萃取物主要在此得到),最后流体返回到高压贮液罐,经冷凝后再一次进入萃取釜,如此循环反复实现对洋葱油的提取。

⑤注意事项:压力和温度是超临界萃取中最重要的2个参数。在恒定的萃取温度、CO_2流量及萃取时间下,不断改变萃取压力(8～16 MPa),在较低的压力时,萃取率随压力升高而增加很快,但超过一定的压力范围后,变化趋于平缓。在恒定萃取压力及其他条件时,改变萃取温度(30～50℃),随温度升高(>35℃),萃取率有所下降;恒

定萃取其他条件时,洋葱油萃取率随萃取时间(2~6 h)的延长而增大;恒定萃取的其他条件时,萃取率随萃取溶剂流量(1.0~3.0 L/min)的增大而增大。

8. 超临界 CO_2 萃取大蒜油

大蒜油为淡黄色至橙红色液体,有大蒜特殊的辛辣味,相对密度(20℃):1.040~1.090,折光指数(20℃):1.559~1.579。大蒜油的主成分为二烯丙基一硫化物、二烯丙基二硫化物、二烯丙基三硫化物、大蒜素等。大蒜油具有抗菌、消炎、健胃、止咳、祛痰等功效,对防治感冒、胃肠细菌性传染及胃癌、肝癌等疾病有较好的疗效。

①主要设备:超临界 CO_2 萃取设备、组织捣碎机。

②原料:大蒜为新鲜、无病虫害、充分成熟的紫皮大蒜,4℃贮藏备用。CO_2 纯度在99.5%左右。

③生产工艺流程。

大蒜浆液 → 装料 → 萃取 → 接收 → 大蒜精油

④操作要点:将大蒜浆液装入萃取釜中,准确称重,装入萃取槽中,设置萃取温度和萃取压力。CO_2 从钢瓶出来,经液化槽液化(0~5℃),然后由高压蠕动泵升压到预定值,进入萃取釜,升温到预定值。于设置的萃取条件下进行萃取。经过预定的萃取时间,将溶有萃取物的超临界 CO_2 流体从萃取槽中放出,经同轴加温装置加热(一般高于萃取温度10℃以上),通过毛细限流管降至常压,用装有正己烷的收集管接收萃取产物。

⑤注意事项:原料前处理应将大蒜组织捣碎,制成大蒜浆液。调节萃取压力、温度、时间及夹带剂用量,可获得不同的产品。

9. 超临界 CO_2 萃取花椒籽油

花椒籽是花椒果皮生产中的主要副产品,含油25%~30%。花椒籽油为采用花椒的籽粒为原料制成的油脂,分为压榨花椒籽油和浸出花椒籽油,分别是花椒籽经压榨或浸出工艺制取的油脂。花椒籽精油为浅黄绿色或黄色澄明液体,具有花椒特有的香味和麻味。花椒油质量应符合相应国家标准 GB/T 22479—2008,相对密度

（20℃）:0.921~0.967,折光指数（20℃）:1.472~1.481。

①主要设备:超临界 CO_2 萃取设备、粉碎设备。

②原料:花椒籽粉碎至一定粒度。CO_2 纯度在99.5%左右。

③生产工艺流程。

花椒籽粉 → 装料 → 萃取 → 分离 → 接收 → 萃取物

④操作要点:将花椒籽粉碎至合适的粒度。然后称取一定量的经粉碎的花椒籽装入萃取罐中,旋紧萃取罐上盖,设定温度。打开加热开关,然后对萃取罐、3个分离罐分别进行加热。当冷冻槽温度达0℃时,开启 CO_2 钢瓶阀,气体经净化后进入冷箱液化,后经高压调频活塞泵进入萃取器与物料进行接触。当达到设定压力时,再调节3个分离罐的压力,直至达到所需的压力后进行循环萃取,并调节 CO_2 流量,保持恒温恒压。萃取结束后可以从3个分离罐出料口分别出料。关闭高压阀,将 CO_2 回灌于钢瓶中,经减压后取出萃取罐中的物料。

⑤注意事项:原料前处理应粉碎成一定的细度,除杂质,水分含量应在15%以下。调节萃取压力、温度、时间及夹带剂用量,可获得不同的产品。

(三)分子蒸馏分离技术

分子蒸馏又叫短程蒸馏,是一种在高真空下进行液—液分离操作的连续蒸馏过程。由早期的真空间歇蒸馏,经过降膜蒸馏,强制成膜蒸馏,最后发展到分子蒸馏。其操作温度远低于物质常压下的沸点温度,且物料被加热的时间非常短,不会对物质本身造成破坏,因而适合于分离高沸点、高黏度、热敏性的物质。国外在20世纪30年代出现分子蒸馏技术,并在60年代开始工业化生产。国内于20世纪80年代中期开始分子蒸馏技术研发。目前,已具备了单级和多级短程降膜式分子蒸馏装置的制造能力和应用技术,分子蒸馏技术已成功地应用于食品、医药、化妆品、精细化工、香料等行业。

分子蒸馏可使物料在最短的热暴露时间内完成分离,避免热敏性香气成分在蒸馏中的损失。经分子蒸馏获得的精油,因除去了其中的酸和色素等次要组分,变得稳定和纯净,色泽浅,香气柔和细腻而浓郁,售价可大幅度升高。因此,该法特别适合于香辛料精油和精油树脂的精制,以及主要成分的分离纯化,如从肉桂油中分离肉桂醛等。

1. 分子蒸馏的基本原理

不同种类的分子,由于其有效直径不同,自由程也不相同,即不同种类的分子逸出液面后不与其他分子碰撞的飞行距离是不相同的。分子蒸馏技术正是利用不同种类分子逸出液面(蒸发液面)后的平均自由程不同的性质实现的。轻分子的平均自由程大,重分子的平均自由程小,若在离液面小于轻分子的平均自由程而大于重分子平均自由程处设置一冷凝面,使得轻分子落在冷凝面上被冷凝,而重分子因达不到冷凝面而返回原来液面,这样混合物就得到了分离。当进行分子蒸馏时,蒸馏料液通过刮膜作用或蒸发面的高速旋转形成一薄层液膜,由于此薄膜传热快且均匀,液膜在蒸发面上的滞留时间可减小到 $0.1 \sim 1\ s$。此时若蒸馏空间压力降到 $0.1 \sim 1\ Pa$,使蒸发面上蒸汽进行蒸发时毫无阻碍,可使操作温度降低,适用于沸点高、热稳定性差、黏度高或容易爆炸的物质,具有操作温度低、蒸馏压强低、受热时间短、分离程度和产品收率高、无毒、无害、无污染、无残留等特点,且在工业化应用上较其他常规蒸馏具有产品品质好、能耗小、成本低、易放大应用等明显的优势。

2. 分子蒸馏装置

一套完整的分子蒸馏设备主要包括:分子蒸发器、脱气系统、进料系统、加热系统、冷却真空系统和控制系统。分子蒸馏装置的核心部分是分子蒸发器,根据形成蒸发液膜的不同设计和结构差异,大致可以分为三大类:降膜式分子蒸馏器、刮膜式分子蒸馏器和离心式分子蒸馏器。

(1)降膜式分子蒸馏器:降膜式分子蒸馏器出现最早,结构简单,是利用重力使蒸发面上的物料变为液膜降下的方式。但形成的液膜厚,分离的效率差,热分解程度高,当今世界各国很少采用。

(2)刮膜式分子蒸馏器:刮膜式分子蒸馏器结构较复杂,内部设置一个转动的刮膜器,使物料均匀覆盖在加热面上,强化了传热和传质过程。其优点是:形成的液膜薄、分离效率高,被蒸馏物料在操作温度下停留时间短,热分解程度低,蒸馏过程可以连续进行,生产能力大。缺点是:液体分配装置难以完善,很难保证所有的蒸发表面都被液膜均匀覆盖,液体流动时常发生翻滚现象,所产生的雾沫也常溅到冷凝面上。现在的实验室及工业生产中,大部分都采用该装置。

(3)离心式分子蒸馏器:离心式分子蒸馏装置将物料送到高速旋转的转盘中央,并在旋转面扩展形成薄膜,同时加热蒸发,使之在对面的冷凝面凝缩,该装置是目前较为理想的分子蒸馏装置。但与其他两种装置相比,要求有高速旋转的转盘,又需要较高的真空密封技术。离心式分子蒸馏器与刮膜式分子蒸馏器相比具有以下优点:由于转盘高速旋转,可得到极薄的液膜且液膜分布更均匀,蒸发速率和分离效率更好,物料在蒸发面上的受热时间更短,降低了热敏物质热分解的危险,物料的处理量更大,更适合工业上的连续生产。

3. 分子蒸馏纯化香辛料精油的影响因素

影响分子蒸馏效果的主要因素有温度、压力、进料速度等。

(1)温度:根据分子蒸馏的工作原理可知,在一定的真空度下,随着加热温度的上升,沸点低的组分分子受热运动,其运动间距大幅超过了加热面和冷凝面的间距,在冷凝面被截留后再被冷凝馏出,馏出物增多。馏出物的多少决定了目的产物得率。

(2)压力:在一定条件下,随着蒸馏腔内压力的降低,物料的相对沸点也降低,组分分子运动阻力变小,分子运动间距超过加热面和冷凝面间距被冷凝而馏出,馏出物越多,即得率越高。

(3)进料速度:根据分子蒸馏的工作原理,进料的快慢对物料的受热有一定的影响,物料受热后其分子运动间距不够大而无法达到分离效果,则馏出物得率会受到影响。

4. 分子蒸馏纯化八角精油

八角鲜果含有的挥发油量为 2.5% ~3%,其干燥成熟果实含有挥发油 8% ~9%。由水蒸气蒸馏法提取八角精油带有茴香脑香气和甜味,温度降低时会凝固,反式茴香醚含量为 80% 左右。分子蒸馏特别适合于分离低挥发度、高相对分子质量、高沸点、高黏度、热敏性和具有生物活性的物料,具有浓缩效率高、质量稳定可靠、操作易规范化等优点。与传统的化学分离法相比,分子蒸馏是纯物理过程,所以既节省了大量溶剂,同时又减少了对环境的污染。因此,分子蒸馏这一现代分离技术在八角精油分离纯化方面具有一定的可行性和工业化前景。

①主要设备:刮膜式分子蒸馏装置。

②原料:由水蒸气蒸馏法制得的八角粗油。

③工艺流程:对水蒸气蒸馏法提取的八角粗油按一定工艺条件进行分段分子蒸馏,得到各馏分。

④操作要点:八角精油原油经过两次分子蒸馏处理,工艺条件为:第一次蒸馏温度58℃、压力4000 Pa、进料流速1.5 mL/min、刮膜转速305~315 r/min、冷凝温度20℃;第二次蒸馏温度50℃、压力60 Pa,其他条件同上,得到的最终产品得率为80%左右,反式茴香醚含量由原来的80%左右提高至90%左右,产品颜色由原来的深黄色变为浅黄色或无色,气味纯正,八角茴香的香味独特浓郁,口感甘甜,清爽。

5.分子蒸馏纯化大蒜精油

大蒜油是大蒜中的主要功能成分,含有多种有机硫化物如:二烯丙基一硫醚、甲基烯丙基二硫醚、二烯丙基二硫醚、二烯丙基三硫醚、二烯丙基四硫醚等,其中主要有效成分为二烯丙基三硫醚和二烯丙基四硫醚。主要加工方法有水蒸气蒸馏法、有机溶剂浸提法、超临界萃取法。但由于提取及分离方法的局限性,目前我国蒜油出口中二烯丙基三硫醚、二烯丙基四硫醚达到高标号要求的不多,致使蒜油价格远低于国际市场产品价格。而采用分子蒸馏技术从大蒜粗油中富集提纯这两种主要成分,能提高大蒜油中有机硫化物的含量,从而提高大蒜油的质量。

①主要设备:刮膜式分子蒸馏装置。

②原料:由水蒸气蒸馏法制得大蒜粗油。

③工艺流程:对水蒸气蒸馏法提取的大蒜粗油按一定工艺条件进行分段分子蒸馏,得到各馏分。

④操作要点:利用刮膜式分子蒸馏设备对大蒜粗油进行分离提纯,一级分子蒸馏的常用工艺条件为:温度50℃、进料速度1.5 mL/min、刮膜转速200 r/min。经过五级分子蒸馏操作,可以将原料中的二烯丙基三硫醚和二烯丙基四硫醚的总纯度由6%左右提高到85%左右,总得率接近60%。

通过有机溶剂萃取、水蒸气蒸馏法、超临界萃取或分子蒸馏法等制取的香辛料精油一般不能直接食用,需用食用植物油按照适当比例稀释成香辛料油后才能作为调味油使用。

二、香辛料精油的微胶囊化技术

在一些发达国家,微胶囊技术已广泛应用于食品工业领域中,如挥发性物质、风味物质、脂类、维生素、生理活性物质等方面的微胶囊化产品。通过微胶囊技术可以解决许多传统工艺无法解决的难题,使传统产品的品质得到大幅提高,如改变物质形态、保护敏感成分、降低或掩盖不良味道等。

所谓微胶囊化就是将液体、固体和气体包裹在一微小的胶囊之中,在一定的条件下有控制地将芯材释放出来(被包裹的材料称为芯材,包裹材料称为壁材)。精油的微胶囊化是食品微胶囊技术最早开发研究的领域。由于被微胶囊化物质的性质不同,食品微胶囊化技术也日益多样化,对香辛料精油的微胶囊化而言,易于工业化的主要有喷雾干燥法和分子包结法。

(一)喷雾干燥法

喷雾干燥法是香辛料微胶囊制造方法中最为广泛采用的方法,用此法生产的微胶囊占总销售额的90%。该法方便、经济,使用的都是常规设备,产品颗粒均匀,且溶解性好。但又有其缺陷:a.颗粒太小,流动性差。b.芯材物质易吸附于微胶囊表面,引起氧化,使风味破坏。c.为除去水分,使产品相对湿度不高于60%(这对微胶囊结构的稳定是必须的),需要200℃的温度,这会造成高挥发性物质的损失和热敏性物质的破坏。d.喷雾干燥所用的温度较高,会产生暴沸的蒸汽,使产品颗粒表面呈多孔结构而无法阻止氧气进入,产品的货架寿命较短。

1. 喷雾干燥微胶囊化的壁材选用原则

在微胶囊化精油中,对囊壁材料的要求如下。

(1)应易溶于水:壁囊物质易溶于水,既便于在喷雾干燥时脱水成型,又可以使微胶囊在复水时迅速崩解,使内容物释放出来。

(2)易于成膜:囊壁材料在喷雾干燥时可形成具有选择通透性的薄膜,这种薄膜使水蒸气通过,将囊心物质有效地保留下来。

(3)成本低廉:微胶囊化产品的成本问题是人们最关心的问题之一,这项技术能否投入实际应用,关键在于原料的成本。当然,微胶囊化产品的价格不仅与囊壁物质有关,还要涉及包埋率等一系列技术参数。

(4)可食用性:要求囊壁物质无毒,符合食品添加剂标准。

2. 影响喷雾干燥微胶囊化质量的因素

(1)微胶囊的固形物含量:微胶囊的固形物含量直接关系到对风味物质的持留能力,固形物含量越高,对风味的持留能力越好。

(2)黏度:黏度过低会影响干燥时微胶囊壁的形成,导致风味物质的散失,黏度过高会影响喷雾干燥。因此,选择一些黏度较低,能提高固形物含量的壁材,可制成风味持留时间较长的微胶囊化产品。

(3)壁材的性质:玻璃态是一种最为稳定的物理状态。蛋白质的乳化和成膜性质使它几乎成为喷雾干燥法中不可缺少的成分,各种高水溶性的单糖、双糖、麦芽糊精、辛烯基琥珀酸酯化淀粉则能显著增加固形物含量,并有助于形成玻璃态。

(4)进出风温度:喷雾干燥时进出风温度与产品结构的疏松多孔、芯材香辛料的破坏、产品的水分含量偏高等问题有关。降低喷雾干燥温度,又使水分含量符合要求,将会明显改善喷雾干燥法产品的质量。

喷雾干燥只是一种干燥的手段,将各种其他工艺手段有机结合到生产流程中,就有可能将更多具有优良特性的壁材加入香辛料微胶囊中,其前景十分乐观。

3. 工艺流程介绍

喷雾干燥微胶囊化技术是香辛料精油最主要的微胶囊化方法,

传统的喷雾干燥法的工艺步骤可简单描述为：将风味材料加入壁材溶液中，壁材是食品级的亲水胶体，如明胶、植物胶、改性淀粉、葡聚糖、蛋白质等，有时还要加入一些乳化剂，然后进行均质，制成粗乳状液或精乳状液。最后将乳状液送入喷雾干燥器，制成微胶囊粉末。

乳化包裹喷雾干燥法基本工艺流程如图 4－1 所示。乳化包裹微胶囊化过程通常是：将香辛料精油和乳化液、乳化剂按比例一起搅拌均匀，然后在一定温度和均质压力下进行第一次均质，使精油在乳液中均匀分散成微小的胶粒；然后再加入溶解好的包裹液混合均匀，进行第二次均质，即得到微胶囊乳液。乳化剂的种类和均质压力对乳化包裹微胶囊化质量有显著影响，分别见表 4－1 和表 4－2。

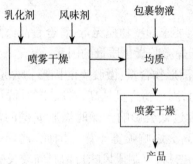

图 4－1　乳化包裹喷雾干燥微胶囊化工艺流程

表 4－1　乳化剂种类对乳化包裹微胶囊化质量的影响

乳化剂种类	添加量/(g/100g)	乳化剂稳定性	包埋率/%	色泽影响
单甘酯	0.20	好	50	无
蔗糖酯 S－15	0.10	较好	80	大
司班 60	0.05	好	70	小
吐温 80	0.05	好	60	小

在微胶囊料液中加入乳化剂主要有两个方面的作用：一方面改变囊心物质微粒的表面张力，减少微粒间相互吸引聚合的趋向；另一方面增加胶液的成膜性，提高干燥过程中囊心物质的包埋率。不过

对不同的壁材和囊心物质,适宜的乳化剂是不同的。

香辛料精油乳化过程有适宜的均质压力,如表4-2所示。达到一定的均质压力后,再增加压力,效果并不理想,过高的均质压力会使已微粒化的油滴又重新聚集,造成油滴上浮,因此宜采用较低的均质压力经两次均质以获得满意的效果。

表4-2 均质压力对乳化包裹微胶囊化质量的影响

样品	第一次均质压力/MPa	第二次均质压力/MPa	囊心物质平均粒径/μm	整体乳化状况
样品1	20	20	20~30	颗粒均匀,但凝聚
样品2	30	10	5~15	颗粒均匀,间隙均匀
样品3	40	40	2~10	颗粒小,成团,上浮
样品4	50	50	1~7	颗粒成团,分层上浮

此外均质温度和壁材对微胶囊化效果有显著的影响,分别见表4-3和表4-4。

表4-3 均质温度对香辛料精油微胶囊化效果的影响

样品	物料均质温度/℃	囊心物质平均粒径/μm	囊心物质损失率/%	均质操作状况
样品1	40	40~100	5	挥发油逸散少
样品2	50	30~60	7	挥发油逸散较多
样品3	60	5~15	10	挥发油逸散较多
样品4	70	5~15	15	挥发油大量逸散

表4-4 壁材对微胶囊化效果的影响

壁材	香辛料精油		喷雾干燥状况及成品感官
	包埋率/%	包埋度/%	
明胶+阿拉伯胶	83.2	51.0	易回收,粒度好
明胶+海藻酸钠	82.2	51.5	易回收,粒度好,浅黄色
明胶+CMC-Na	62.2	53.1	粘壁,不易回收,有丝状物
β-环糊精+明胶	78.2	26.7	易回收,色白,粒度好

壁材	香辛料精油		喷雾干燥状况及成品感官
	包埋率/%	包埋度/%	
明胶	72.1	41.9	粘壁,可回收,有片状物
明胶+蔗糖	78.9	44.1	易回收,粒度好
CMC－Na+蔗糖	63.4	38.8	粘壁,不易回收,粒度大
黄原胶	25.8	63.2	粘壁,不易回收,有丝状物
淀粉磷酸酯钠	82.8	45.3	易回收,色白,粒度细

从表4-3可以看出,在同样均质压力下,不同的均质温度会明显影响微胶囊的微粒大小和精油的包埋效果,一般随着均质温度的升高,微胶囊颗粒粒径减少,精油损失率增加。因此,在方便操作的前提下宜采用较低的均质温度。

从表4-4可知,无论哪种微胶囊化法,壁材的选择对精油微胶囊化的效果至关重要,对精油微胶囊的包埋率、包埋度以及成品外观质量均有显著的影响。复凝聚喷雾干燥方法中明胶与阿拉伯胶作壁材效果较好,其次是明胶与海藻酸钠。明胶因黏度太大,难于形成稳定的微胶囊。分子喷雾干燥法中,用 β -环糊精作壁材形成的微胶囊效果较好,色泽、粒度、流动性、包埋性能均好,但包埋度较低,因此应用成本较高。乳化包裹喷雾干燥法中,淀粉磷酸酯钠(变性淀粉)作壁材的效果较好,其次是明胶+蔗糖。

研究结果还表明,具有较高的溶解性、较好的成膜性和干燥特性,且浓度大时黏度较低的壁材才是喷雾干燥法微胶囊化较好的壁材。若这些壁材本身具有优良的乳化特性,则不需另加乳化剂先进行乳化;若壁材乳化特性较差时,应先加入乳化剂进行乳化均质后加入壁材,再进行喷雾干燥才会得到较好的效果。复凝聚喷雾干燥法是用明胶作乳化剂的,无须另加其他乳化剂,否则复凝聚受到乳化剂隔离的影响,最终影响微胶囊的形成。

另外壁材与芯材比例也会显著影响微胶囊化的效果,一般壁材与芯材比例(1~6.5):1较为合适,壁材黏度越大,用量越少。

4. 喷雾干燥条件对精油微胶囊化效果的影响

喷雾干燥条件中进料温度和进出风口温度是影响精油微胶囊化效果的主要因素,其影响分别见表4-5和表4-6。进料温度以60~70℃为宜。

表4-5　进料温度对微胶囊化效果的影响

料温/℃	包埋率/%	进料状况	喷雾干燥状况
40	68.0	黏度稍大,稍堵	稍粘壁,回收不全
50	69.7	黏度不大,不堵	略有粘壁,易回收
60	70.2	黏度小,易进料	不粘壁,易回收
70	59.5	黏度小,易进料	不粘壁,易回收

表4-6　进出口温度对微胶囊化效果的影响

序号	进风温度/℃	出风温度/℃	包埋率/%	样品含水量/%	喷雾干燥状况
1	140	90	62.1	4.5	粘塔物不变色
2	160	100	68.0	4.0	粘塔物不变色
3	180	110	69.9	3.4	粘塔物不变色
4	200	120	67.5	3.1	粘塔物稍有焦糊
5	220	200	51.2	2.8	粘塔物焦糊

喷雾干燥机的进风口温度和出风口温度对精油的包埋率影响很大,直接影响到成品的质量与品质。从表4-6可以看出,适当提高进风温度可提高包埋率。这是由于进风温度的提高,使水包油的液滴表面成膜速度提高,减少了内部挥发性精油的挥发。但进风温度过高,可使已成型的微胶囊发生破裂,且在高温下加速芯材的氧化变质。同时,适当提高入口空气温度应与合理的出口温度相匹配,根据试验结果,喷雾干燥机进口温度为180℃,出口温度为110℃较为合适。

(二)凝聚法

凝聚法微胶囊化是将芯材首先稳定地乳化分散在壁材溶液中,然后通过加入另一物质,或者调节pH和温度,或者采用特殊的方法,降低壁材的溶解度,从而使壁材自溶液中凝聚包覆在芯材周围,实现微胶囊化。因操作条件的不同,凝聚法又分单、复凝聚法 2 种。单凝聚法是以一种高分子化合物为壁材,将芯材分散其中后加入凝聚剂(如乙醇或硫酸钠等亲水物)后,由于大量的水分与凝聚剂结合,使壁材的溶解度下降凝聚成微胶囊。复凝聚法是以两种相反电荷的壁材物质作包埋物,芯材分散于其中后,在一定条件下 2 种壁材由于电荷间的相互作用使溶解度下降凝聚成微胶囊,所制得的微胶囊颗粒分散在液体介质中通过过滤、离心等手段进行收集、干燥,使微胶囊产品成为可自由流动的分散颗粒。凝聚法工艺较简单,易控制,可制成十分微小的胶囊颗粒,粒径不到 1 μm。但这种方法成本高,妨碍其应用和推广。

复凝聚喷雾干燥法的一般操作过程为:将微胶囊壁材分别配制成适宜浓度的溶液,如10%明胶液和10%阿拉伯胶溶液,将香辛料精油加入明胶溶液中(为了更好地乳化,可加入一定量的乳化剂,如蔗糖酯、单甘酯、吐温等),高速搅拌或过胶体磨乳化,再调 pH 4.0 左右使明胶乳化液带正电荷,然后再与带负电荷的阿拉伯胶溶液混合均匀,凝聚成微胶囊,水洗分离后即可喷雾干燥或真空干燥得到微胶囊粉末。其基本工艺流程如图 4 - 2 所示。

胶液浓度、pH、包埋温度、搅拌时间是影响凝聚法包埋效果的主要因素。

(1)胶液浓度:包埋的适宜胶液浓度为 1% ~ 2%,当胶液浓度小于1%,不能微胶囊化;当浓度大于2%时,包埋率下降。

(2)pH:包埋 pH 应小于4.4,pH 在 3.6 ~ 4.0,包埋率迅速增大,pH 大于4.4包埋率效果极差。

(3)包埋温度:包埋温度不适宜超过 45℃,在 30 ~ 40℃,包埋率迅速增大,而再升高温度包埋率又开始缓慢下降。

(4)搅拌时间:搅拌时间在 5 ~ 15 min 以内,随着时间延长,包埋率增大,随后趋于平稳。

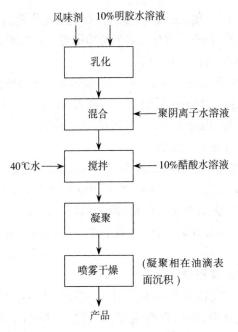

图4-2　复凝聚喷雾干燥微胶囊化工艺流程

(三) 分子包结法

分子包结法是香辛料精油另一种重要的微胶囊化方法。分子包结法是利用 β - 环糊精(β - CD)在分子水平上进行包结。β - 环糊精是由 7 个吡喃葡萄糖通过 α - 1,4 糖苷键连接成的,具有环状分子结构的物质。它的分子呈油饼形,具有中空的结构,中心具有疏水性,而外层呈亲水性,因此许多疏水性的风味物质能取代它中心的水分子而和它强烈地络合。包结方法一般有 2 种。第一,饱和水溶液法。先将环糊精用水加温制成饱和溶液,再加入芯材料。此法又分为 3 种情况:水溶性芯材,直接加入 CD 溶液,混合几小时形成复合物,直到作用完全;水难溶液体,直接或先溶于少量有机溶剂,加入 CD 溶液,充分搅拌;水难溶固体,先溶入少量有机溶剂,加入 CD 溶液,充分搅拌至完全形成复合物。通过降低温度,使复合物沉淀,与水分离,用适当溶剂洗去未被包结物质,干燥。第二,固体混合法(研磨法)。环糊精中加溶剂 2 ~ 5 倍,加入被包结物,在研磨机中充分搅拌混合 1 ~ 3 h,直至成糊状,干燥后用有机溶剂洗净即可。针对香辛料精油的特点,两种包结法的操作过程如下。

(1)饱和水溶液包结法:β – CD 溶入 30% 的乙醇溶液,剧烈搅拌,将溶于 96% 乙醇的香辛料精油的芯材滴入,经过 4 ~ 5 h 混合后,慢慢降温至 20℃ 左右,再降温 4℃ 左右保持 15 h 左右,过滤,真空干燥,即得到微胶囊化的香辛料精油。

(2)研磨法:将 β – CD 加入 5 ~ 8 倍的乙醇水溶液,再加入芯材,机械研磨 1 ~ 3 h,真空干燥,即可得到微胶囊化的香辛料精油。

饱和水溶液法温度要求严格,操作较复杂,时间长。研磨法虽然机械强度较大,但需时短;研磨法对于香辛料精油包结效果远优于饱和水溶液法。

(四)空气悬浮包埋法

空气悬浮包埋法又称流化床法或喷雾包衣法。将芯材分散悬浮在承载空气流中,然后在包囊室内,将壁材喷洒于循环流动的芯材粒子上,即芯材颗粒表面,可包上厚度适中且均匀的壁材层,从而达到微胶囊化的目的,此法适用于大规模的生产,缺点是细粉不易被气流带走而造成损失,在干燥过程中粒子之间相互碰撞,表面造成磨损。

(五)挤压法

挤压法是将芯材物质分散于溶化后的糖类物质中,然后将其挤压通过一系列模具并进入脱水液体,这时糖类物质凝固变硬,同时将芯材物质包埋于其中,得到一种硬糖状的微胶囊产品。挤压法对热不稳定物质的包埋较为适合,但其硬糖颗粒的物性也限制了它在某些食品体系中的应用。

(六)香辛料精油微胶囊的制作实例

下面介绍几种香辛料精油微胶囊的制作方法。

1. 大蒜油微胶囊的制备方法

大蒜油易挥发,若制成微胶囊则利于大蒜油的保藏与应用。

（1）工艺流程。

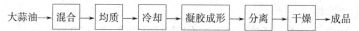

大蒜油 → 混合 → 均质 → 冷却 → 凝胶成形 → 分离 → 干燥 → 成品

（2）操作要点：将精油与3%海藻酸钠溶液按体积比1:10混合搅拌，转速800 r/min，然后加入10倍精油体积的3%明胶水溶液，转速500 r/min，调pH为4，以500 r/min搅拌乳化20 min。让60℃左右的混合液通过350 MPa均质机均质，接着降温至5～10℃，并慢速搅拌。用上述冷却液均匀滴入0.25 mol/L氯化钙水溶液中，表面立即形成凝胶，生成光滑的微球。待全部凝聚后经水洗过滤得到具有一定强度的微球。把微胶囊在60℃左右烘箱中干燥即为大蒜油微胶囊的制品。

2.茴香油微胶囊的制备方法

茴香油产品的微胶囊化工艺，主要包括两个部分，即乳化工艺和喷雾干燥工艺，这些工艺参数的选择与喷雾干燥的设备、芯材与壁材的选择有关。对于喷雾干燥微胶囊化，影响产品质量的工艺参数包括进料温度、进料浓度、进风温度和出风温度等，而这些工艺参数又与所选用的设备有关。对于喷雾干燥微胶囊化来讲，使用较多的是压力式和气流式雾化。

（1）原料：茴香油、玉米醇溶蛋白、大豆分离蛋白、单甘酯、卵磷脂、黄原胶、麦芽糊精、CMC、磷酸二钠等。

（2）工艺流程。

油相 → 混合 → 杀菌 → 均质 → 喷雾干燥 → 筛粉 → 包装
水相 ↑   ↓
                                    成品 ← 装料

（3）操作要点：微胶囊化茴香油的制备是将水溶性壁材溶于水，搅匀，加入茴香油，搅拌1 min；用高压均质机均质（25 MPa），然后喷雾干燥制成粉末。具体的操作过程如下。

①将先溶解好的胶质溶解在65～70℃的蒸馏水中，恒温30 min后加入麦芽糊精搅拌均匀，使溶液没有固体颗粒。然后将已溶解的

乳化剂倒入已溶解的油中,搅拌均匀并保持温度恒定,使用氢化油可防止油脂凝固。

②将水相和油相混合均匀,使总固形物含量为 20% ~35% ,并在 55 ~60℃条件下乳化 5min。还可用分散器(12500 r/min)分散 1 min。将混合后的物料放在高压灭菌锅内进行灭菌,恒温 121℃ 处理 5 min。在压力为 20 ~30 MPa 的条件下,将混合物均质 2 次。使用气流式喷雾干燥器进行喷雾干燥,使用前先对喷雾干燥塔进行预热,使进风温度达 195℃,出风温度达到 85 ~95℃。特别注意的是出口温度必须达到所设温度。出塔的产品应自然冷却到常温,过细筛后成为产品,产品的含油量一般为 40% ~75%。

3. 花椒油微胶囊的制备方法

利用超临界流体制备超细粉体,是超临界流体技术中较为活跃的发展领域。用于制备超细颗粒的常用方法:超临界溶液快速膨胀法(RESS)和超临界反溶剂过程(GAS)。这两种制备颗粒的方法由于超临界 CO_2 流体自身性质存在一定的局限性,如 RESS 过程要求组分在超临界流体中有较高的溶解度,但大多数极性和部分非极性化合物在 CO_2 中的溶解度很低。而用 GAS 过程制粒,则要求物质常温常压下在有机溶剂中有较高的溶解度。这两种方法都是通过溶解度的变化来获得微粒,因此这些微粒物质在常温常压下呈固态。中草药中提取的有效成分多呈液态,难以用 RESS 法和 GAS 法制备微囊。

如果利用同轴喷嘴则能实现超临界萃取与微胶囊制备的耦合,完成从萃取到制粒的统一。利用该工艺的工艺流程具有以下特点:a. 克服了目前超临界单一萃取或单一制粒的局限,实现超临界萃取与包覆行为的统一。b. 该方法适用于目标萃取物为液态的微胶囊的制备,可用于制备 O/W 型微胶囊。c. 为开发新型的、绿色的微胶囊技术提供了一条新路线。

花椒的香气成分来自其组织中所含的精油,精油是由萜烯等有机化合物及其含氧衍生物醇、醛、酮、酯等成分组成,是一种挥发性油,常温常压下呈液态,这与一般中药提取物常态相近。这里以花椒为例,介绍在超临界萃取出花椒油的基础上直接微胶囊化的研究。

（1）主要设备：超临界萃取与微胶囊制备的耦合装置，粉碎机，往复柱塞平流泵。

（2）原料：大红袍花椒、阿拉伯树胶粉、麦芽糊精（DE = 17）、石油醚、无水乙醇。

（3）工艺流程。

（4）操作要点：在进行实验时，二氧化碳进入萃取釜，把萃取釜中的花椒油萃取出以后经过调节阀进入同轴喷嘴，与由计量泵打入的壁材溶液（流量为 1 mL/min）混合乳化后喷入干燥室，在干燥室底部收集微胶囊。干燥室为两个不同直径的直筒同心安装，在两筒之间通入循环水以调节温度，同时在干燥室顶部吹入热风，进风温度为 80℃，出风温度 60℃，保证微粒的充分干燥。萃取的连续性保证了整个操作过程的连续性。

在实验中，同轴喷嘴是整个装置核心部分。目前国内外使用的喷嘴有烧结型、毛细管型等。也可使用内混合型：即溶解花椒油的二氧化碳气体与壁材溶液在一定压力下在喷嘴内混合，喷嘴孔径一般为 80 μm。

超临界萃取的花椒油直接制成微胶囊适合的工艺条件为：萃取压力 25 MPa，萃取温度 45℃，最佳固形物的质量分数为 30% 左右，CO_2 气体流量为 2 L/min，壁材量为 1 mL/min，造粒温度为 80℃。用该耦合方法得到的乳化液乳化稳定性较好，制备的微胶囊粒径小，分布范围窄，形态较好。微胶囊的收率为 5% 左右，微胶囊的花椒油直接包埋率可达到 54%。

4. 丁香油微胶囊的制备方法

20 世纪 70 年代，Shank 发明利用微生物细胞作为天然囊壁材料制备微胶囊的技术。由于酵母细胞呈球形或椭球形，以分散的单细胞状态存在，大小在 1 ~ 20 μm 范围内，完整的细胞壁和细胞膜结构具有一定的强度和通透性,因此是理想的微胶囊壁材。

酵母微胶囊制备过程主要包括三个步骤:酵母细胞制备及预处理,囊心渗透扩散到酵母细胞内形成微胶囊,产品后处理。在制备过程中,不需要引入其他化学试剂,因此不存在有机溶剂残留或脱除的问题,非常适合药物和食品添加剂的包覆。获得的微胶囊产品大小均一、无毒、生物相溶性好、易生物降解。酵母可以是酿酒或抗生素等工厂回收的废酵母,因此原料来源广泛、价格低廉。酵母微胶囊特别适合包封一些脂溶性的物质,如隐色染料、药物、香料和精油、农药、脂溶性维生素等,可以应用于食品、医药、纺织、化妆品、农业等领域。但是对制备微胶囊所用的酵母一般都有特殊要求:通常酵母是以湿菌体的形式使用,分散性差,细胞表面的水分易与脂溶性囊心出现分相,影响囊心向酵母细胞内渗透,且后续的干燥、造粒比较困难;要求酵母细胞内脂含量必须达到40%;或要求微胶囊制备过程中菌体保持生物活性等。

利用酵母细胞进行微胶囊化有以下特点:采用干酵母,微胶囊的后续处理工艺简单,微胶囊产品可以各种剂型使用;脂肪含量低,制备时不需要特殊培养条件;制备过程中对菌体活性没有要求。

丁香是一种名贵香料,从丁香花蕾中提取的丁香油,主要成分是丁香酚、β - 石竹烯等,它对食品常见的污染菌有较强的抑制作用,因此可以作为天然食品防腐剂。但由于丁香油挥发性强,受空气、光照影响易氧化变质。这里以丁香油微胶囊的制备为例,介绍利用酵母细胞进行微胶囊化的方法。

(1)主要设备:水浴恒温振荡器、真空干燥箱。

(2)原料:丁香油(丁香花蕾的超临界 CO_2 萃取物)、干啤酒酵母(湖北安琪酵母股份有限公司,脂肪含量 2.0% ~ 2.5%,使用前经过高温灭活处理)。

(3)工艺流程。

(4)操作要点:精密称取 2 g 已经灭活的干酵母,放入磨口三角瓶中,按配比加入丁香油,加盖后放入恒温水浴振荡器中。振荡一定时间后,精油即可通过渗透扩散作用进入酵母细胞内部,形成微胶囊。倾出,真空抽滤,并回收未包入的精油。无水乙醇洗涤细胞表面残留的精油,30℃真空干燥 20 min,收集微胶囊,称重。

选择包埋时间 9 h、包埋温度 70℃、芯材比为 1 mL/g 作为微胶囊制备条件比较适宜,微胶囊中丁香油包埋率可达到 40%。

三、香辛料精油树脂

香辛料精油树脂是指采用溶剂浸提香辛料后蒸去溶剂所得的液态制品。通常为色泽较深、黏度较大的油状物。可溶性提取物中除含精油外,还含有其他不挥发的化合物(抗氧化剂、色素等)。对不同类型的香辛料,所使用的溶剂不同。溶剂可用水或含 20%～80% 水的有机溶剂提取,有机溶剂可使用乙醇、丙二醇和甘油等。

在木本和草本香辛料中大多没有或很少含有挥发性精油,或因贮存不当挥发性物质分解而不能提取精油,但都能萃取得到精油树脂。植物中的树脂和脂肪油,对挥发性精油成分起着天然定香剂作用,而精油则缺乏这类天然定香剂。因此,与精油相比,香辛料油树脂有更完全和丰富的风味,十分接近于原天然香辛料,在风味物的利用价值上,可比原香辛料节省一半;精油树脂稳定,更适合于在需高温处理的食品中调味使用。

国外食品制造业都趋于使用精油树脂代替食用植物香辛料粉末,主要有以下优点:a. 卫生:在制造过程中使微生物丧失生长繁殖能力,且在精油树脂中微生物无法生存。b. 利用率高:精油树脂能将植物香辛料中的绝大部分赋香成分提取出来,使用中可分散均匀,呈味能力强,对加香产品无斑点,杜绝外观颜色变化,提高存放期。c. 精油树脂体积小,易保存,变质机会少,因其活性成分被脂肪包围,被氧化机会少,又由于精油树脂中含有天然抗氧化成分,对其稳定性有很大好处。d. 制成的精油树脂使用、管理极为方便,且经济、实用。

香辛料精油树脂的缺点:a. 在回收溶剂时会带走一部分挥发性成

分,头香尚有不足。b. 由于黏稠,难以精确称量,有时会在容器壁上黏附残留而影响食品风味,另外不同的香辛料精油树脂有不同的黏度,要混合均匀相当费时。c. 易于以次充好,用质量不高的香辛料代替好的香辛料,影响质量。d. 精油树脂中仍有鞣质存在,除非进一步的加工。e. 仍有部分溶剂残留,除非将溶剂回收的相当彻底。

香辛料精油树脂除可直接利用外,还可与其他物质结合,形成各种类型的油树脂,以供生产、生活所需。如强化油树脂、乳化油树脂、胶囊化油树脂、干性可溶性香辛料。

(一)香辛料油树脂的生产工艺

近三十多年来,人们对香辛料油树脂的研究和应用方面取得了很大的进展,特别是在油树脂的提取、分离、分析鉴定方面,运用超临界流体萃取、气相色谱、高效液相色谱、质谱、远红外光谱等新技术手段,有效地提取香辛料中主体风味成分和抗菌、抗氧化等活性成分,对主要香辛料油树脂中物质的化学组成、分子结构进行了分析鉴定,为香辛料油树脂的进一步生产和应用奠定了坚实的基础。

1.溶剂的选择

香辛料精油树脂通过溶剂萃取方法制得,为提高香辛料中有效成分的提取得率和效率,选择溶剂应综合考虑溶剂的挥发性、溶解力、毒性、气味、化学性质、黏度、安全性、易燃性、价格等。常用溶剂包括乙醇、石油醚、二氯乙烷、三氯甲烷、乙酸乙酯、正己烷等常规溶剂和二氧化碳等超临界流体。

由于二氯乙烷、三氯甲烷有致癌危险,一般不用作食用油树脂的提取溶剂。丙酮是国外提取香辛料油树脂的常用溶剂,但由于它的溶水性会使原料水分溶出,使丙酮的浓度变稀,降低其对精油成分的溶解度,另外水溶性的非香味物质如多糖、胶类物质等的溶出,影响产品品质。丙酮在碱性条件下还会生成 4 - 甲基 - 3 - 戊烯 - 2 - 酮,该成分在食用油树脂中规定含量不超过 0.001%,因而,丙酮不适宜提取精油树脂。乙醇也有类似的水溶性问题,但由于价格低、食用安全和便于生产管理,成为目前实际生产中常用的萃取溶剂,目前,国内常用 95% 的乙醇提取姜油树脂、花椒油树脂、丁香油树脂等。

　　不同的香辛料含有的风味物质不同,不同的风味成分在不同溶剂中也有不同的溶解度,因此选择适当的提取溶剂相当重要。Borges(1997)分别用丙酮和酒精提取甜辣椒油树脂,发现丙酮提取物的色素比用酒精提取的含量高,但油树脂得率低。用95%的酒精提取甜椒油树脂的得率为33%。Mini 等(1998)用6种不同的溶剂(丙酮、乙醇、二氯乙烷、正己烷、苯、乙酸乙酯)索氏法提取红辣椒油树脂,发现用乙酸乙酯抽提速度最快,溶剂用量最小,丙酮和苯有类似效果,乙醇抽提时间最长(40.2 min),溶剂用量最大。而油树脂得率是用二氯乙烷最低(10.6%),用乙醇最高(37.2%)。丙酮和乙酸乙酯对辣椒色素提取效果好,乙醇效果最差。

　　由于超临界流体同时兼有液体和气体的长处,它具有与液体相近的密度和介电常数,有利于溶剂和溶质分子之间的相互作用力,提高溶剂效能;又具有与气体相近的黏度,扩散系数也远大于一般的液体,有利于传质和溶质、溶剂间的分离,提高萃取效率,也无须进行溶剂蒸馏回收。在超临界流体中,因 CO_2 无毒无害,价格低廉,又容易回收,产品无溶剂残留;超临界萃取可在较低温度下进行,有利于对热敏感成分的提取;通过调节温度和压力,可改变溶剂的溶解性,选择性地分离非挥发性成分。因而,CO_2 被认为是目前理想的香辛料油树脂萃取溶剂。

　　2.提取工艺

　　油树脂提取工艺有索氏抽提式、热回流式、搅拌浸提式、浮滤式、逆流浸提罐式及超临界流体萃取技术等。索氏抽提式适宜于丙酮、石油醚等沸点低的溶剂,它可减少溶剂用量,提高提取效率,但较长时间处于加热状态,易造成热敏性成分的破坏或损失。逆流浸提能有效保持可溶性成分在香辛料与在溶剂中的浓度差,从而提高了有效成分的溶出量和溶剂有效成分的含量。

　　超临界流体萃取技术常用于香辛料油树脂的提取。影响超临界萃取的因素有物料水分、粒度、温度、压力、流体流速等。

　　(1)物料水分:物料中含有的水分会成为萃取夹带剂,降低油树脂溶出率,促进多糖等极性物质溶出,而在萃取物中出现水层。

(2)粒度:物料粒度细,增加传质面积,减少传质距离和阻力,但太细,在高压下物料会被压实,而增大了传质的阻力。

(3)温度:压力在 25 ~ 35 MPa、温度 35 ~ 55℃区域为超临界 CO_2 溶解力的"退化区域",温度对 CO_2 的溶解影响较大。在此压力区, CO_2 密度相对较小,可压缩性大,温度升高,物质扩散系数增加, CO_2 密度降低,对物质的溶解度下降。而在高压下, CO_2 密度大,可压缩性小,升温对其密度影响小。

(4)压力:在一定温度条件下,增加压力,使 CO_2 的密度增加,减少分子间传递的距离,增大溶质与溶剂间的传递效率,有利于萃取。

(5)流体流速:适当增加液体流量,可提高萃取速度,但过快,超过物料中可溶成分的扩散速度,只会增加流体消耗量和动耗。

通过对萃取温度和压力的调节,可对香辛料中风味成分选择性地提取和分离。对于洋葱油树脂的提取,用超临界 CO_2,在 30 MPa 下,温度从 40℃升至 65℃,油树脂得率增加,油树脂中有机硫化物浓度增加;在相同温度(40℃)下,萃取压力在 30 MPa 时油树脂得率比在 10 MPa 高,但油中有机硫化物浓度减少。有机硫化物浓度在用蒸馏法提取的油中最高,而在用丙酮和酒精提取的油中最低(25℃)。在感官评价中,超临界 CO_2 提取的风味成分最高,其次是蒸馏法和酒精法,二者无明显差异。但从接受度上,酒精法提取的最差,因其酒精气味太浓。利用超临界 CO_2 萃取胡椒风味成分,在萃取温度 35 ~ 55℃,压力 10 ~ 30 MPa,低压时,温度升高使胡椒挥发性成分提取率降低;在高压区,温度升高,使风味成分的提取率增加。同时发现低温低压有利于胡椒精油的萃取,高温高压则有利于胡椒碱的萃取。在压力 10 MPa 下萃取干葱头油树脂,得率为 0.28%,但其中硫含量高达 3.83%,而在压力为 30 MPa,温度从 45℃升到 65℃时,油树脂得率由 0.17%增加到 0.90%,其中硫含量由 1.34%增至 2.28%。由此可看出挥发性成分在低密度 CO_2 流体中溶解度大于非挥发性成分。

超临界流体最大弱点是溶解度比较小,萃取时需增加溶剂的循环次数才能获得较高的萃取率,从而延长提取时间,提高生产成本。并且对于某种特定物质,其在不同溶剂中的溶解度是不同的。因而在纯超临界流体中加入一种少量的、可与之混溶的、挥发性介于分离物与超临界组分之间的物质,可提高该类物质的溶解度。Kalic(1999)添加1%的丙酮或酒精作夹带剂,可提高辣椒色素的出率。低压提取的色素中含有大量β-胡萝卜素,而高压下提出的绝大多数是辣椒玉红素、辣椒红、辣椒黄质素、β-玉米黄质素和少量β-胡萝卜素。

3.油树脂成分的分析与鉴定

(1)分离与成分鉴定:对油树脂的分离,可采用分馏柱、分子蒸馏、冻析法、重结晶法、超临界萃取法等物理方法,以获得较纯的组分或单一成分。目前的超临界萃取设备上,一般都装有精馏塔,借助调解各段精馏塔的温度和压力,对油树脂中不同溶解性质的组分进行粗分离,也可在萃取时就通过调节压力和温度来对组分进行分离。要对油树脂组分进行高效分离,则需用分子蒸馏、柱层析、气相色谱(GC)、高效液相色谱(HPLC)等分析技术手段。气相色谱法特别适用于分析具有挥发性的或可转化为挥发性的有机化合物。高效液相色谱是以液体作为流动相,可在常温下对有机物质进行分离,特别适合于分析极性强、热稳定性差、难挥发的有机化合物。GC和HPLC是分析香辛料油树脂组成时的主要分离手段。对油树脂中各组分的分子结构和分子量进行定性鉴定可借助质谱、红外光谱、紫外光谱和核磁共振等分析仪器。在对组分进行定性分析前,必须对混合组分进行高效分离,减少各成分间的干扰。由于色谱—质谱联用仪(GC/MS、LC/MS)发挥了色谱法对复杂混合物的高效分离的特长和质谱在鉴定化合物中的高分辨能力,提高了分析效率和分析质量,因而成为目前分析香辛料挥发性油最常采用的方法。GC/MC已被用于花椒挥发油、八角茴香油、姜黄油树脂、生姜油树脂、大蒜油等组分的分析鉴定。

(2)定量分析:可通过检测香辛料原料和油树脂中某主体风味成分的含量来分析萃取效率和产品质量。对油树脂中各组分的定量分析可用色谱峰的峰面积值(或峰高值)作为计量依据。对这些主体成分的定量检测,还可根据其已知分子结构和物化性质来进行检测。

用电位滴定法与 Bennett Salamon 创造的羟胺法相结合,测定含羰基的生姜中姜油酮和花椒中花椒油素的含量。用分光光度计法(343 nm)或凯氏定氮法检测胡椒油树脂中的胡椒碱含量,采用"scoville"热单位的感官评定法测辣椒油树脂中的辣椒素含量。也可提取出其含有的精油,与标准的精油红外光谱对照。对香辛料油树脂品质的评定,通常都要结合感官鉴评的方法。

(二)陈皮油树脂的制备及应用

陈皮挥发油对胃肠道有温和的刺激作用,能促进消化液分泌,其油中主要成分为80%柠檬烯、6% α – 松油烯、含氧组分有 $C_6 \sim C_{12}$ 醇、芳樟醇等,可溶于乙醇、乙醚等有机溶剂。因此可选用适宜的溶剂,通过蒸馏、萃取等方法提取其有效油树脂成分。溶剂的选择对油树脂的质量、成本、得率都有较大影响。通常要考虑挥发性、溶解力、毒性、气味、化学性质、安全性、易燃性、成本等。选择提取溶剂时,需对溶剂作还原物测试:取 5 mL 提取溶剂加入 1 滴 1.5% 浓度的高锰酸钾溶液,保持混合物在20℃下 10 min,如溶液保持高锰酸钾紫红色不变,则说明该溶剂符合制油树脂的要求。目前常采用乙醇作为溶剂,其沸点为 77 ~ 78.5℃。

1. 主要设备

真空干燥箱、索氏抽提器、粉碎机。

2. 工艺流程

原料 → 干燥 → 粉碎 → 装料 → 抽提 → 浓缩 → 陈皮油树脂

3. 操作要点

制备时先将陈皮放入真空干燥箱中干燥,使其水分含量低于9%,干燥后的陈皮用粉碎机粉碎至30目左右。将索氏提取器安装得当,与电热设备配合恰当,接通冷凝器。装料时注意勿将原料粉末粘在试管壁,可用滤纸卷成圆锥状将陈皮粉装入,将尖端扎紧,放入索氏提取器中。选用95%的乙醇,按料液比1∶10、萃取时间3 h、加热温度100℃进行抽提。抽提时首先将冷凝管接通,开始加热,酒精慢慢升入索氏提取器中,将香辛料粉浸透,待索氏提取器中乙醇达到一定含量时,会重新回落到烧瓶中,这样反复几次,待到 3 h 后止。抽提后将提取的油树脂先进行常压浓缩,注意浓缩速度不宜太快,待提取液变黏稠即可停止,然后放入旋转蒸发器中减压脱溶剂,控制温度 75 ~ 80℃,转速 40 r/min。

4. 应用

在实际应用中陈皮油树脂需稀释,通常用 5 ~ 10 倍的色拉油稀释,从而制成陈皮调味油,应用更加方便。陈皮油树脂调味效果、卫生、便捷和美观程度等都远高于陈皮。

(三)姜油树脂的制备及应用

姜的特有香气主要是由存在于表皮组织的挥发油决定的,这种挥发油虽可采用蒸馏法获得,但它缺少高价值的辛辣味(包括姜醇、姜油酮和生姜素等)。这些辣味成分是不挥发的,它们可以用适当的挥发性溶剂(如乙醇、丙酮等)进行冷渗滤提取,然后在真空条件下除去溶剂而得到浓缩状态的深褐色黏稠油树脂物质,即姜油树脂。常用的姜油树脂的提取方法有 4 种:

1. 溶剂浸提法

包括直接溶剂浸泡法和索氏提取法。其中用乙醇连续索氏提取比用丙酮能获得更多的姜油树脂。

2. 压榨法

利用压榨手段对洗净的生姜直接处理,获得其中的姜油树脂。此法所得的姜油量除了与生姜本身质量有关外,更与生姜的预处理和压榨设施的操作情况有关。

3. 液体 CO_2 浸提法和超临界 CO_2 萃取法

其中以超临界 CO_2 萃取法效率最高,并且其反应条件温和,无溶剂残留,选择性易于控制。用该法提取出来的姜油树脂具有高品质的风味且含有轻分子精油组分产生的微妙芳香气味。而其温和的操作条件,则为生姜油树脂制备后所得的下游废脚料的利用提供了可能。

萃取的姜油树脂是一种深琥珀色至深棕色的黏稠液体,几乎不溶于水,醇溶度也较低,静置后可产生粒状沉淀。美国精油协会

（EOA）对标准的油树脂的定义为：挥发油含量 18～35 mL/100 g，折射率为 1.488～1.498（20℃），旋光性 -30°～ -60°（20℃）。另外，姜油树脂中的姜酚类化合物具有不稳定性，在受热、酸、碱处理时容易失水或发生逆羟醛缩合反应生成姜酮和相应的脂肪醛。此外，姜油树脂在贮存过程中，姜辣素含量会增加。

4.渗滤法提取姜油树脂

（1）主要设备：真空干燥箱、索氏抽提器、粉碎机。

（2）工艺流程。

原料 → 清洗 → 打浆 → 过筛 → 连续渗滤 → 生姜油树脂

（3）操作要点：将鲜老姜去除霉烂变质部分，清洗、沥水、称重，在高速组织捣碎机中，以 6000 r/min 速度打浆 3 min，过 40 目筛得姜泥。将所得的姜泥装入连续渗滤装置中，用 95% 酒精为溶剂，浸渍 24 h后，以 5 mL/min 的流速在室温下进行渗滤，渗滤液在 40～45℃下恒温水浴，8400～8500 Pa 下减压蒸馏回收酒精，得含水油树脂。

这种姜油树脂不仅含有所希望的辛辣成分，而且香气、香味、辣味俱全，其品质优于姜油。姜油树脂的得率因使用的溶剂不同而不同，如：乙醇为 3.1%～7.3%，丙酮为 5%～11%，二氯乙烷为 5%～6%，三氯乙烷为 4%～5%。

（4）姜油树脂的应用：姜油树脂含有姜的全部香气和味道，其气味香辛、甜蜜、口味辛辣、温热，富刺激性，因此可作为高品质的浓缩调味料。姜油树脂中的姜辣素，其各组分物质分子中均含有愈创木酚基结构，有很强的抗氧化性，可开发用作天然抗氧化剂。有实例表明，姜油树脂对大肠杆菌、啤酒酵母和青霉菌等表现出较强的抗菌性，且活性 pH 范围较广，可开发用作天然抗菌剂。现代医学表明，姜油树脂不仅对试验动物有升压和强心作用，还有降血脂和抗动脉粥样硬化等作用，可用作医药和保健品。

（四）丁香油树脂的制备及应用

丁香中的主要成分为挥发油，丁香酚占挥发油的 78%～98%，其他还有丁香酚醋酸酯、石竹烯、甲基戊基甲酮等。丁香挥发油具有抑菌、抗炎、镇痛、止泻、抗氧化、抑制肿瘤等作用。丁香酚和丁香酚醋酸酯对花生四烯酸、肾上腺素和胶原蛋白所诱导的血小板聚集有强烈抑制作用,并呈剂量依赖关系。

1. 主要设备

真空干燥箱、索氏抽提器、粉碎机。

2. 工艺流程

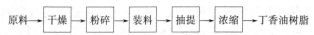

原料 → 干燥 → 粉碎 → 装料 → 抽提 → 浓缩 → 丁香油树脂

3. 操作要点

将丁香真空干燥至水分含量低于9%,粉碎机粉碎至30目左右。将索氏提取器安装得当,与电热设备配合恰当,接通冷凝器。装料时注意勿将香辛料粉末粘在试管壁,可用滤纸卷成圆锥状将丁香粉装入,将尖端扎紧,放入索氏提取器中。选用95%的乙醇,按料液比1∶10,萃取时间3 h,加热温度100℃进行抽提。抽提时首先将冷凝管接通,开始加热,酒精慢慢升入索氏提取器中,将香辛料粉浸透,待索氏提取器中乙醇达到一定含量时,会重新回落到烧瓶中,这样反复几次,直到3 h后停止。抽提后将提取的油树脂先进行常压浓缩,注意浓缩速度不宜太快,待提取液变黏稠即可停止,然后放入旋转蒸发器中减压脱溶剂即可。

4. 丁香油树脂的应用

在实际应用中丁香油树脂需稀释,通常用5～10倍的色拉油稀释,从而制成丁香调味油,应用更加方便。

四、香辛料油树脂微胶囊的生产工艺

香辛料油树脂微胶囊的工艺,尤其适合于将大蒜、生姜、花椒等天然香辛料调味品制成既便于食用又便于保存的粉状或粒状调料。

目前,将食品烹调及食品行业中经常使用的一些天然香辛料调味品进行微胶囊化处理后,再直接用于烹调及食品生产,因其可达到提高资源利用率、延长调味品的保存(鲜)期及使用方便等目的,越来越受到人们的重视。

(一)香辛料油树脂微胶囊的生产

将香辛料油进行微囊化处理,制成微胶囊,主要采用2种方式。

(1)将天然香辛料中作为呈味主体的挥发性精油提取出作为芯材,然后再将该精油与壁材混合、均质乳化、包囊,最后经高温喷雾干燥而制得相应的精油微胶囊。

采用精油作芯材并通过高温喷雾干燥制得微胶囊的不足之处在于精油及其挥发性物质损失较大,包埋率低;高温干燥时有的组分遭到破坏,产生一些新组分而使香味、口感变劣,影响产品的质量;此外,还存在精油提取过程中原料中的香气、味觉成分难于完全提出,获得率较低,原料利用不充分,以及高温干燥需配备高温锅炉,设备投资大等缺陷。

(2)采用油树脂做芯材,因油树脂中既含有代表香辛料香气的精油,还含有沸点较高的倍半萜及代表辛香味的树脂和天然抗氧化剂成分,因而具有良好的抗氧化分解能力,味感柔和圆润,香味和辛辣味等协调、贮存期长及香辛料中的有效成分能较完整地得到萃取等优点。

该技术虽然具有采用油树脂作芯材生产微胶囊的诸多优点,但其仅用单一的阿拉伯胶作壁材,经均质乳化包囊后,先经无水乙醇脱水,再经真空干燥而制得微胶囊,其中阿拉伯胶终浓度大于40%,无水乙醇与乳化液比率为10:1时芯材包埋率仅达83%,同时必须增加乙醇回收装置;而真空干燥时微胶囊极易粘连成块而难于成粉或粒状,影响产品质量。因此,该法又存在生产成本高、附属设备投资较大、且粉粒度差、难于保证产品质量等弊病。

(二)姜油树脂微胶囊的生产

1. 主要设备

高速组织捣碎机、连续渗滤装置、均质机、喷雾干燥机。

2. 原料

姜泥、阿拉伯胶、麦芽糊精。

3. 工艺流程

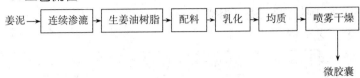

4. 操作要点

（1）原料预处理：采用鲜老姜（含水率 87%）作原料，除去杂质及变质部分，清洗沥干后重 40 kg，送入高速组织捣碎机中，在 10000 r/min 的条件下，间歇 3 min 打浆，过 20 目筛除去粗纤维等得到姜泥。

（2）油树脂的萃取：以浓度为 90% 的乙醇 10 kg 为溶剂，将所得姜泥浸渍 24 h 后送入连续渗漉装置中，在室温下，以 5 mL/min 的流速进行渗漉；再将渗漉液在 8.4～8.5 MPa 压强及 40～45℃条件下，减压蒸馏以回收乙醇，从而得含水油树脂 2520 g（88.44%）；渗漉萃取后的渣也用上述减压蒸馏装置回收乙醇后除去（渣量 1980 g）；合并回收溶剂，用 1% 活性炭除臭后再重新利用。

（3）乳化包囊壁材：采用阿拉伯胶、麦芽糊精配制，加水，将其与上述所得含水油树脂加入高速组织捣碎机中，在 10000 r/min 条件下乳化成原乳，此时无水油树脂：食用胶：水 = 1:1:8。然后将原乳送入均质机中，室温下进行两次均质乳化，第一次 10～20 MPa 均质 6 min，第二次 30～60 MPa，均质 9 min，得均匀稳定的 O/W 型乳剂（乳剂含水 80%）。

（4）脱水干燥：将上述乳剂加热到 45～50℃，泵入喷雾干燥机中进行低温物化干燥；泵压 0.2 MPa，喷嘴孔径 1 mm；干燥机进风温度 80℃，出风温度 50℃，制得粉状生姜油树脂微胶囊。

该实施例所得微胶囊中，含水率 3.81%，芯材包埋率 96.76%，收得率 95.88%，有效成分含量 1.62%，乙醇残留量 4.5 μg/g，粒径采用电子显微镜抽选扫描，平均粒径为 39.5 μm。

（三）大蒜油树脂微胶囊的生产

1. 主要设备

高速组织捣碎机、连续渗漉装置、均质机、喷雾干燥机。

2. 原料

蒜泥、阿拉伯胶、麦芽糊精。

3. 工艺流程

4. 操作要点

(1) 原料预处理:鲜蒜(含水率 70%)经挑选,分瓣去筋,清洗沥干,置于高速捣碎机中,在转速 10000 r/min 条件下,间歇式 3 min 打浆,过筛去皮,得蒜泥。

(2) 制备油树脂:将上述蒜泥,置于体积分数为 55% 的乙醇中浸渍 24 h 后,送入连续渗滤装置中,然后按实施(姜油树脂微胶囊的生产)的方式渗滤及回收溶剂,制得含水油树脂(含水率 85.57%)。

(3) 乳化包囊壁材:取阿拉伯胶、麦芽糊精,加水,在与姜油树脂微胶囊生产相同的条件下与制得的含水油树脂混合乳化成原乳,此时无水油树脂:食用胶:水 = 1:1:6,阿拉伯胶:麦芽糊精 = 1:9,再与姜油树脂微胶囊相同的方式进行 2 次均质得 O/W 型乳剂(含水率 75%)。

(4) 脱水干燥:与姜油树脂微胶囊生产相同,最后得粉状大蒜油树脂微胶囊。所得大蒜微胶囊中,含水率 7.12%,芯材包埋率 97%,收得率 96.4%,有效成分含量 0.48%,乙醇残留量 4.2 μg/g,微胶囊平均粒度为 47.25 μm。

(四)花椒油树脂微胶囊的生产

1. 主要设备

高速组织捣碎机、连续渗滤装置、均质机、喷雾干燥机。

2. 原料

花椒粉、阿拉伯胶、麦芽糊精。

3. 工艺流程

4. 操作要点

（1）原料预处理：将花椒（含水率12.5%）择净、除杂、粉碎，过40目筛，得花椒粉。

（2）油树脂的萃取：将上述花椒粉置于体积分数为55%的乙醇中浸渍24 h后送入连续渗漉装置中以5 mL/min的流速进行渗漉，渗漉液及渣分别在8.1～8.5 MPa压强下，85～90℃减压蒸馏回收溶剂后得含水油树脂（含水率57.9%）。

（3）乳化包囊：无水油树脂：食用胶：水 =1∶1∶5 的比例配制后乳化成原乳，其中阿拉伯胶：麦芽糊精 =1∶9；然后将原乳加热到70℃后仍用均质机进行两次均质，得 O/W 型乳剂（含水率71.42%）。

（4）脱水干燥：本实施例干燥器进风温度为 90～95℃，出风温度为50℃，其余操作与姜油树脂微胶囊生产相同，得粉状花椒油树脂微胶囊。

该微胶囊含水率2.98%，包埋率94.2%，收得率96%，有效成分含量9.8%；乙醇残留量4.5 μg/g；平均粒径为 12 μm。

（五）辣椒油树脂微胶囊的生产

1. 主要设备
高速组织捣碎机、超临界 CO_2 萃取装置、均质机、喷雾干燥机。

2. 原料
辣椒粉、阿拉伯胶、麦芽糊精。

3. 工艺流程

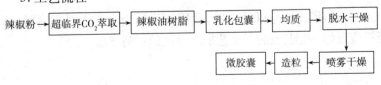

4. 操作要点

(1)原料预处理：将干辣椒(含水率8.0%)择净，粉碎后，过60目筛，待用。

(2)油树脂萃取：将上述干辣椒粉输入萃取室，然后通过压缩机将35℃及35 MPa超临界CO_2送入萃取室进行萃取，萃取100 min后将携带物料(辣椒粉)的液体送入高压分离室进行液渣分离，分离后的携带油树脂的CO_2流体则放入低压分离室，在0.1～0.3 MPa压力下进行液、气分离，残渣则由单向高压阀排入贮渣槽；在低压分离室中CO_2转变为气体后输往活性炭过滤器，吸附气体分子所携物料回收进入下一循环利用，而油树脂被释出送入贮存器，得含水油树脂(含水率8.5%)。

(3)乳化包囊：采用黄原胶、可溶性淀粉作壁材，加水并与制得的含水油树脂混合乳化成原乳后，输入均质机，在20～40 MPa及室温下，均质12～15 min，得O/W型乳剂(含水率66.68%)。

(4)脱水干燥：先取上述乳剂进行干燥处理，本实施例干燥器进风温度为90～95℃，出风温度控制在50℃左右，其余同姜油树脂微胶囊生产，得粉状辣椒油树脂微胶囊。

(5)造粒：将所得粉状油树脂作为载体，在喷雾干燥机流化床造粒室中，鼓动悬浮呈流化状态，再将均质后的另一半乳化剂喷入造粒室中，对粉状微胶囊进行造粒，干燥处理，最后得粒状辣椒油树脂微胶囊。上述微胶囊：含水率4%，包埋率92.0%，收得率95.3%，辣椒素含量0.38%，乙醇残留量4.0 mg/kg，微囊平均粒径为64.27 μm。

第四节　香辛料调味油

香辛料调味油是以香辛料、食用植物油为主要原料，经预处理、浸提或压榨、调配、灌装等工艺加工而成的一类产品。

一、工艺流程
(一)热油浸提法

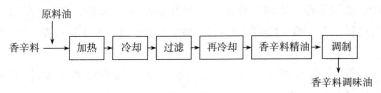

(二)蒸馏法

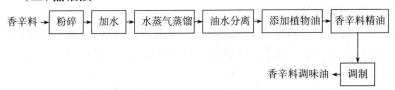

(三)溶剂萃取法

二、不同工艺操作要点
(一)热油浸提法生产香辛料调味油的操作要点

1.原料选择

香辛料调味油所用原料主要为香辛料与食用油。香辛料的选择如前所述。食用植物油应选用精炼色拉油。

2.原料预处理

已经干燥的香辛料可直接进行浸提,对于新鲜的原料要经过一定的前处理。如鲜葱(蒜)加2%的食盐水溶液,绞碎后静置4~8 h。老姜加3%的食盐水溶液,绞碎后备用。植物油要经过250℃脱臭处理 5 s,作为浸提用油。

3.浸提

采用逆向复式浸提,即原料的流向与溶剂油的流向相反。对于辣椒、花椒等在一定温度作用下能产生香味的香辛料,宜采用高温浸提,浸提温度 100~120℃,原料与油的质量比为 2:1,1 h 浸提 1 次,重复 2~3 次。

对于含有烯、醛类芳香物质,高温易破坏其香味的香辛料,宜采用室温浸提。浸提温度 25~30℃,原料与油的质量比为 1:1,1 h 浸提 1 次,重复 5~6 次。

4.冷却过滤

将溶有香辛料精油的油溶液,冷却至 40~50℃。滤去油溶液中不溶性杂质,进一步冷却至室温。对于室温浸提的香辛料油,直接过滤即可。

5.调配

测出浸提油中的呈味成分含量,再用浸提油兑成基础调味油,将不同原料浸提出的基础调味油,用不同配比配成各种复合调味油。

(二)蒸馏法生产香辛料调味油的操作要点

香辛料的粉碎细度与抽提率有关,以细一些为好,但过细时会影响水在粉粒间的通过,过粗时粉料的表面积小,影响抽提速度。加水量一般为香辛料的 4~10 倍,加水过少时,香辛料易黏结,不易蒸馏,加水过多时,蒸汽用量大,增加成本。将蒸馏出的精油添加在食用植物油中,混和均匀即可。蒸馏方法中还有真空蒸馏,可以降低加热温度,以避免制品的色泽过深。

(三)溶剂萃取法生产香辛料调味油的操作要点

萃取时的溶剂为水,也可以用含水的有机溶剂,如乙醇、丙二醇等,其含量在 80% 以下,萃取法适用于加热时易分解的香辛料,原料破碎需稍细一些,以增加萃取面积,浸渍时间与次数也因品种而异。

从香辛料中萃取其呈味成分于植物油中便可获得系列香辛料调味油制品,如姜油、花椒油、辣椒油、大蒜油、芥末油等。香辛料精油一般生产成本高、售价贵,难以直接进入家庭消费,而且纯精油浓度太高,对于家庭烹调使用量也难于控制,根据香辛料精油风味的浓烈度,用精炼植物油稀释成0.5%~2.0%的风味型调味油,以供家庭使用。将多种香辛料精油科学组合可配制成风味各异的风味型调味油。

香辛料调味油兼有油脂、调味品功能,营养丰富,风味独特,使用方便。和水溶性的调味汁相比,它是以油脂作为风味成分的载体,其风味成分具有一定的脂溶性。根据研究,人的味觉受体分布在脂质膜上,风味成分要有一定的脂溶性才能进入味觉受体。因此风味成分通过油脂的运载作用更容易进入味觉受体,产生味觉信息。另外风味成分以油脂为载体更易进入肉类组织,使食品的风味无论从食品的本身还是人的味觉都得到加强。

三、常见香辛料调味油的加工

下面举例介绍几种香辛料调味油的加工方法。

(一)辣椒油

辣椒油是以干辣椒为原料,放入植物油中加热而成。可作为调味料直接食用,或作为原料加工各种调味料。

1. 主要设备

夹层锅(或铁锅)、多切机。

2. 配方

植物油与干辣椒的质量比为3∶10,辣椒红少量。

3. 工艺流程

4. 操作要点

(1)选用含水量在12%以下的红色干辣椒。要求辛辣味强、无杂质、无霉变。

(2)将新鲜植物油加热至沸熬炼,使不良气味挥发后,冷却至室温。

（3）挑出杂质的干辣椒，用清水洗净、晾干，切成小碎块。

（4）将碎辣椒放入冷却油中，不断搅拌，浸渍 30 min 左右。然后缓缓加热至沸点，熬炸至辣椒微显黄褐色，停止加热。

（5）捞出辣椒块，待辣椒油冷却至室温后过滤，加少许辣椒红调色，即为成品。

5. 质量标准

鲜红或橙红色，澄清透亮，有辣油香，无哈喇味。

6. 注意事项

过滤后的辣椒油可静置一段时间，进行澄清处理。所用植物油不得选用芝麻香油。也可将辣椒和其他香辛料如葱、姜、花椒、八角、桂皮等一起用植物油浸提，制备辣椒风味调味油。

7. 应用

辣椒油可广泛用于烹制辣味菜肴、拌制凉菜。

（二）芥末油

芥末油是以黑芥子或者白芥子经榨取而得来的一种调味油，以独特的刺激性气味和辛辣香味而受到人们的欢迎，具有解腻爽口、增进食欲的作用。目前国内生产芥末油工艺主要有两种：一种是静态蒸馏法，采用蒸馏酒的原理及设备，将芥菜子粗粉碎，炒拌，静态蒸馏，取其精油，然后用植物油勾兑；另一种是动态蒸馏法，将芥菜子粉碎，经水发制，放在带搅拌及冷凝器的不锈钢反应釜中动态水蒸气蒸馏，馏出物用植物油萃取，精制后即为成品。后者提取精油得率比前者高。

无论采用哪种工艺，其原理均为芥菜子粉碎后，在水中保持一定的温度水解，芥末中的前体物质芥子苷在芥子酶的催化下产生强烈的辛辣刺激味（这些物质为烷基异硫氰酸酯），然后蒸馏出芥末精油—芥子油。

1. 静态蒸馏法

（1）主要设备：恒温水浴锅、磨碎机、蒸馏器、油水分离机、浸泡容器、调配容器、灌装机、贴标机、包装机。

（2）配方：植物油99%，芥末精油0.1% ~1%。

（3）工艺流程。

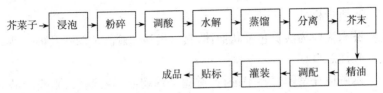

（4）操作要点：选择子粒饱满、颗粒大、颜色深黄的芥菜子为原料。将芥菜子称重，加入 6～8 倍 37℃ 左右的温水，浸泡 25～35 h。浸泡后的芥菜子放入磨碎机中磨碎，磨的越细越好，得到芥末糊。用白醋调整芥末糊的 pH 为 6 左右。将调整好 pH 的芥末糊放入水解容器置恒温水浴锅中，在 80℃ 左右保温水解 2～2.5 h。将水解后的芥末糊放入蒸馏装置中，采用水蒸气蒸馏法，将辛辣物质蒸出。蒸馏后的馏出液为油水混合物，用油水分离机将其分离，得到芥末精油。将芥末精油与植物油按配方比例混合搅拌均匀，即为芥末油。将芥末油灌装于预先经清洗、消毒、干燥的玻璃瓶内，贴标、密封，即为产品。

2. 动态蒸馏法

（1）主要设备：不锈钢反应釜、冷凝器、萃取罐、收集器。

（2）工艺流程。

（3）操作要点：芥菜子粉碎时必须干燥，无草根和土砂等，最好现用现磨，不要受潮，应该放在干燥处，其粉碎粒度为 30 目。在 0.5 m³ 不锈钢反应釜中加入 300 kg 水，然后在搅拌下少量多次加入 150 kg 芥末粉，到其为炭状物时继续搅拌约 5 min。盖严釜盖，75℃ 保温 2 h，需间歇搅拌多次。向反应釜中输入蒸汽，经蒸汽夹带芥子油与蒸汽混合蒸出，通过冷凝器后变成蒸馏水一起流出。预先放入收集萃取罐中 50 kg 植物油，得芥子油蒸馏水混合物 300 kg。搅拌萃取使芥子油完全溶于植物油，一般搅拌 0.5 h。搅拌萃取后，将油水混合物静置，油水分层，用虹吸法将水抽出或用离心式分离机进行分离，即为成品。

3. 质量标准

芥末油应为浅黄色油状液体,具有极强的刺激辛辣味及催泪性。

4. 注意事项

水解应在密闭容器中进行,避免辛辣物质挥发逸失,影响产品质量。蒸馏时尽量使辛辣物质全部蒸出,减少损失。芥末油应放在阴凉避光处,避免与水接触,否则易发生化学反应,影响产品质量。

5. 应用

芥末油是食用调和油中最特殊、最有风味的一种。属纯天然食品,由植物油和芥子油精心调制而成,适用于各式菜点佐餐调味,特别是日式饭菜、海鲜、火锅等调味,更是必不可少。

(三)大蒜油

大蒜精油是大蒜中的特殊物质,呈明亮透明琥珀色的液体。大蒜精油中的主要成分属于硫醚类化合物,包括烯丙基丙基二硫化物、二烯丙基二硫化物、二烯丙基三硫化物、大蒜素等,对一般健康及心脏血管的健康很有帮助。大蒜调味油的制作过程是先以菜子毛油为油源,毛油经通常的油脂精炼方法,进行脱胶、脱酸、脱色、脱臭,得到菜子高级食用油,再采用熬制法以高级食用菜子油制取大蒜料中的风味。

1. 主要设备

脱皮机、离心机、磨碎机、蒸馏器、调质锅。

2. 配方

菜籽油与大蒜的比例为20:3,菜子油的数量包含了破碎大蒜时加入的食用油量。

3. 工艺流程

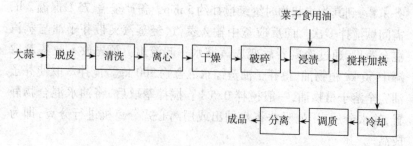

4. 操作要点

(1)选择蒜味浓郁的独头蒜或其他品质较好、味浓、成熟度俱佳的大蒜为风味料。蒜瓣用稀碱液浸泡处理,至稍用力即脱皮。然后送入脱皮机内将蒜皮去净。光蒜瓣用温水反复清洗,然后用离心分离机甩干表面水分,稍摊晾或烘干一下,至蒜瓣表面无水分。

(2)将晾干的光蒜瓣送入齿条式破碎机中进行破碎。为便于破碎操作,可边送入大蒜边混入一些食用油,以防止破碎机堵塞并减少蒜味挥发。

(3)将破碎后的大蒜混合物置入盘管式加热浸提锅中,并同时加入浸提的食用植物油。按比例加好食用油后,充分拌匀。接着进行间接加热同时不断搅拌,加热至混合体温度达95℃,并保持温度至水分基本蒸发掉,再加热至145℃左右,保持 8 min,即通入冷却水将混合物冷却降温至70℃,将油混合物打入调质罐,保温 12 h,再将物料冷却至常温,将冷却物料送入分离机分离除去固体物,收集液体油即是大蒜风味调味油。

5. 质量标准

具有浓郁的蒜香味,口感良好,无异味,色泽为浅黄色至黄色澄清透明油状液体,允许有微量析出物(振荡即消失),无外来杂质。

6. 应用

本品可作为调味品直接供家庭和餐饮行业使用,也可作为食品添加剂,用于方便食品、速冻食品、膨化食品、焙烤食品及海鲜制品等。

(四)花椒油

花椒油是一种从花椒中提取出呈香、呈味物质于食用植物油中的产品。花椒油保持了花椒原有香味、麻味,具有花椒本身的药理保健作用,食用方便,用途多样。

1. 主要设备

脱皮机、离心机、磨碎机、蒸馏器、调质锅。

2. 配方

菜子油与花椒的比例为10∶1。

3. 工艺流程

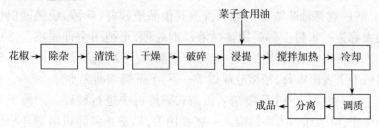

4. 操作要点

（1）选用成熟的花椒，除去花椒子及灰尘等其他杂质，如有必要用水淘洗，则洗后应甩去表面水分并干燥。

（2）将花椒以粉碎机破碎至 20～30 目，颗粒状。

（3）风味提取：将精制好的植物油（如菜籽油）加入提制罐中，用大火加热至 110～130℃，熬油直至无油泡，将花椒末浸入热油中，提制罐密闭保持一段时间，让花椒风味尽可能多地溶于油中。将混合料降温至约 70℃，送入调质锅中保温调质 12 h，最后离心。用分离机将油中的花椒末分离除去，即得到花椒油。如油中含有水分，则应加热除尽水分，最后冷却至常温，才可成为成品油。

5. 质量标准

花椒油为浅黄色至棕黄色澄清透明油状液体，具有花椒特有的香味和麻味，口感良好，无异味。

6. 应用

主要用于需要突出麻辣风味的各类咸味食品中，如中、西式火腿、肉串、肉丸、海鲜制品，以及速冻、膨化、调味食品，也适用于餐饮酒店制作美味佳肴。

（五）生姜调味油

1. 主要设备

切菜机、压榨机、蒸馏器。

2. 配方

菜籽色拉油 100 kg、鲜老姜 45 kg、精盐 3 kg。

3. 工艺流程

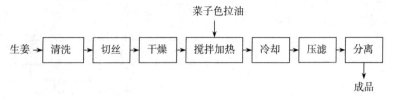

4. 操作要点

将鲜老姜洗净,用切菜机切成姜丝,摊晾晒至半干(或在烘房于60℃以下烘至半干)。色拉油加热至130℃,缓慢加入姜丝、食盐,恒温110~120℃,搅拌40~50 min,待姜丝基本脱水、酥而不焦糊时为止。连油带渣放出夹层锅,降温至60℃。吸取上面的姜味油压滤,即得具有姜香味、姜辣味的黄色透明的姜味调味油。剩下的姜丝装入布袋,趁热用螺旋压榨机压榨出油。

5. 质量标准

生姜调味油为黄色至橙黄色油状澄明液体,具有浓郁的生姜特征香气和辣味。

6. 应用

主要用于低温肉制品、方便食品、焙烤食品等,也可直接用作家庭调料或用于速冻食品、膨化食品及海鲜制品。

(六)复合香辛料调味油

复合香辛料调味油具有多种香辛料的风味和营养成分,集油脂和调味于一体,独到方便。风味原料选用数种香辛料,油脂采用纯正、无色、无味的大豆色拉油或菜子色拉油,以油脂浸提的方法制成。

1. 主要设备

过滤机、磨碎机、蒸馏器、调质机。

2. 配方

风味原料可选择茴香、肉桂、甘草、丁香等,其配方组成如下(以1000 kg 原料油脂为例):茴香 10~16 kg,肉桂 3~5 kg,甘草 5~8 kg,花椒 1~3 kg,丁香 1~3 kg,肉豆蔻 1~2 kg,白芷 1~2 kg。

3. 工艺流程

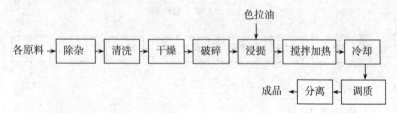

4. 操作要点

（1）风味原料的准备：先将各香辛料作适宜的筛选除杂、干燥处理。如果采用鲜料，则应洗净并除去表面水分。原料应选用优质料，去除霉变和伤烂部分。用粉碎机对茴香、山柰、胡椒等硬质料进行破碎，使粉碎粒度介于 0.1 ~ 0.2 mm 左右，过 40 目筛。

（2）风味提制：先将色拉油打入提制锅中，并加热升温到风味浸提温度，放入茴香、花椒、肉桂等。如有新鲜风味加入，则应等前面的料浸提一定时间后，最后加入鲜料，再浸提 10 min，全过程温度不应超过 90℃。浸提完毕将混合物冷却降温至 70℃ 左右，送入调质锅保温调质 12 h，接着用板框过滤机过滤将固体物除去（滤出的固体物可用压榨机作压榨处理，使油脂全部榨出并回收），得到提制粗油。当风味料含有鲜料时，粗油应进行真空脱水干燥，脱水温度 50℃ 左右，真空度 96 KPa 以上，搅拌下干燥 10 h（至水分含量符合安全要求）。

5. 应用

本品可作为调味品直接供家庭和餐饮行业使用。

（七）川味调味油

川味调味油是烹饪过程中常用的辣味调味油，色泽浅黄，具有天然香辛料与油脂的正常气味。川味调味油的制作工艺简单，成品油香辣可口，十分受欢迎。剩下的香辛料油炸残渣，可细磨后添加生产川味麻辣酱。

1. 主要设备

切菜机、压榨机、蒸馏器、夹层锅。

2. 配方(按 100 kg 基础植物油计,见表 4 - 7)

表 4 - 7　川味调味油配方(kg)

原料	配方 1	配方 2	配方 3
辣椒	5.0	2.0	5.0
花椒	1.0	4.0	15.0
八角	0.5	0.5	
茴香	0.2	0.2	
桂皮	0.2	0.2	
姜粉	0.4	0.4	
鲜大蒜	6.0	2.0	
鲜老姜	1.0	4.0	
香葱	5.0	3.0	
食盐	3.0	3.0	1.0
酱油	2.0	1.0	1.0
豆豉		1.0	2.0
芝麻			5.0
五香粉			1.0

3. 工艺流程

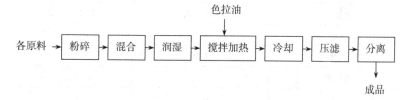

4. 操作要点

将辣椒干用直径 4 mm 的筛片粉碎机粗碎,大蒜用切菜机切成蒜片,生姜切姜丝,晾晒至半干(或在烘房于 60℃ 以下烘至半干)。葱白洗净,晾干水气,寸断备用。其他香辛料混合细碎成 80 目,与食盐混匀,用酱油加适量水润湿 4 h。将色拉油加热至 130℃,放入香葱油炸片刻,再缓慢加入姜丝、蒜片,恒温 110~120℃,断续搅拌约 10 min。至蒜片、葱白微黄时加入润湿的香辛料混合物,继续恒温浸提约 30 min,待油水泡变小、稀少,蒜片、姜丝脱水发黄、酥而不焦糊时连油带渣放出夹层锅。等油温降至 60℃,吸取上面油泵入压滤机压滤,箱装密封即可。

5. 应用

川味调味油不仅可用于炒菜、烧菜,还可用于餐桌调味,麻辣风味浓郁,使用方便。

(八)香辣调味油

制作香辣调味油的理念来自于厨师烹制川菜的一般手法,体现了传统烹饪技艺理念与现代工业手段相结合的特点。香辣调味油的生产均采用天然原料,无任何化学合成成分,不添加任何防腐剂,具有麻、辣、香等特点,香气扑鼻,诱人食欲,适用于天然调味品。

1. 主要设备

压榨机、蒸馏器、夹层锅、粉碎机。

2. 配方

按 100 kg 基础植物油计,见表 4-8。

表 4-8 香辣调味油配方(kg)

原料	配方1	配方2
辣椒干	18.0~20.0	8.0~10.0
花椒	0.5	
八角	1.0	
咖喱粉		1.0
姜	0.8	
食盐	3.0	2.0
酱油	5.0	1.0
豆豉		3.0
芝麻	4.0	2.5
五香粉		1.5

3. 工艺流程

同川味调味油。

4. 操作要点

将辣椒干用直径 4 mm 的筛片粉碎机粗碎,八角、花椒、姜混合粉碎成 80 目,混合后加食盐、酱油和适量水充分润湿,以手捏成团而指间不滴水为度,放置 3～4 h。将色拉油用带电动搅拌器的蒸汽夹层锅加热至 130℃,在搅拌中(转速 45 r/min)缓慢加入润湿的配料及炒香破碎的芝麻面。油温控制在 110～120℃ 之间,恒温提取约 30 min,见油面水泡变小、稀少且辣油红润、辣味足,则连油带渣放出夹层锅。待油温降至 60℃,吸取上面的香辣油,泵入板框压滤机压滤,装瓶密封,即得色泽深红、晶莹剔透、色香味俱佳的香辣油。

5. 质量标准

黄褐色至褐色液体,协调的麻辣香气和肉香,无异味。脂肪含量≤30.0%。

6. 注意事项

香辣油收率一般为 85%～90%。剩下的辣椒渣是生产辣椒酱的极好原料。

7. 应用

在加工食品中应用:火锅、拌菜、小食品加工、肉食加工、膨化食品加工、馍片加工、调料加工。在餐饮中应用:麻辣调料。

(九)香辣烹调油

在烹制鸡鸭鱼肉菜肴时,为了增进菜肴风味和消除原料中的腥膻气味,往往在烹调时添加生鲜的大蒜、葱、茴香、花椒之类香辣调味品,特别是中式菜肴烹调十分重视这种调味技术。如果将各种香辣调味品按一定的配比添加于食用油中,使香辣味有效成分溶于食用油,制成香辣烹调油,烹制菜肴时加入,就可以制得各种美味可口的菜肴。

1. 主要设备

切菜机、压榨机、蒸馏器、夹层锅、粉碎机。

2. 配方

生菜油 1 L,茴香 10～30 g,花椒 5～15 g,葱 40～80 g,大蒜 30～

60 g,姜 10~50 g。

3. 工艺流程

同川味调味油。

4. 操作要点

各原料粉碎成 80 目,混合后加食盐、酱油和适量水充分润湿,以手捏成团而指间不滴水为度,放置 3~4 h。将色拉油用带电动搅拌器的蒸汽夹层锅加热至 130℃,在搅拌中(转速 45 r/min)缓慢加入润湿的配料。油温控制在 110~120℃,恒温提取约 30 min,见油面水泡变小、稀少且辣油红润、辣味足,则连油带渣放出夹层锅。待油温降至 60℃,吸取上面的香辣油,泵入板框压滤机压滤,装瓶密封,即得香辣烹调油。

5. 质量标准

黄褐至褐色液体,协调的麻辣香气,无异味。

6. 应用

同香辣调味油。

(十)肉香味调味油

肉香味调味油是一种具有肉香味,且保存了生姜和鲜葱中原有活性成分的调味油。肉香味调味油能使生姜、鲜葱原有的风味成分和生理活性物质最大限度溶入植物油并不被热破坏。

1. 主要设备

粉碎机、蒸馏器、离心机。

2. 配方

以每 100 kg 色拉油计,八角粉 1.5 kg、肉桂粉 0.8 kg、甘草粉 0.6 kg、茴香粉 0.33 kg、花椒粉 0.3 kg、肉豆蔻 0.2 kg、白芷 0.1 kg、沙姜粉 0.21 kg、丁香粉 0.1 kg、鲜葱 4.0 kg、鲜姜 1.5 kg。

3. 工艺流程

同川味调味油。

4. 操作要点

将鲜葱、鲜姜清洗,切碎投入加热至 120~125℃的大豆色拉油中,炸至微黄。然后加入其他香辛料粉,在 120~125℃恒温 10~

20 min,冷却至60℃以下,离心过滤,分装,得到成品肉香味调味油。

5.质量标准

该产品色泽橙黄,具有浓郁的炸鸡风味。

6.应用

既可作为炸鸡调味油,也可广泛用于烧烤、佐餐、凉拌、方便面等作为调味油使用。

香辛料调味油中的水分及挥发物含量、酸价、过氧化值、重金属含量及微生物指标可参考食用植物油标准。

(十一)香辛料强化剂

香辛料强化剂是以某个香辛料为主,辅以其他食用香料或香辛料来增加其香气强度或留香能力,弥补这些香辛料在加工过程中易挥发成分的损失,以增加仿真程度和降低成本的一种较简单的香辛料混合物。其中所用香辛料大都采用精油或油树脂形式。

1.姜油类

(1)姜油强化剂 – 1(g):姜油 10.0、橙叶油 0.5、乙酸乙酯 3.0、茶油 84.0、丁香油 0.5、丁酸戊酯 2.0。

(2)姜油强化剂 – 2(g):姜油 35.0、姜黄精油 10.0、β – 倍半水芹烯 10.0、红没药烯 8.0、莰烯 6.0、桉叶素 2.0、β – 水芹烯 3.0、乙酸龙脑酯 0.5、香叶醇 0.3、2 – 壬酮 0.2、橙花醛 0.2、癸醛 0.1。

2.花椒油强化剂(g)

花椒油 10.0、芫荽子油 1.0、大茴香油 0.25、芳樟醇(90%)1.25、姜油 0.25、月桂叶油 0.25、食用酒精(96%)87.0。

3.小茴香油强化剂(g)

小茴香油 84.5、肉桂皮油 2.5、辣椒油树脂 3.75、众香子油 2.5、丁香油 2.5、月桂叶油 1.25、芥菜子油 1.25、蒜油 1.75。

4.蒜油类

(1)蒜油强化剂 – 1(g):蒜油 18.0、二烯丙基硫醚 1.75、二甲基硫醚 0.04、醋酸(纯,食用级)0.06、烯丙基硫醇 0.1、硫氰酸丁酯 0.1、桔皮油 80.0。

(2)蒜油强化剂 – 2(g):二烯丙基三硫醚 30.0、二烯丙基二硫醚

30.0、蒜油25.0、二烯丙基硫醚15.0。

5. 众香子风味强化剂(g)

众香子粉19.0、众香子叶油树脂1.0、姜粉2.0、抗结块剂0.5、抗氧化剂0.01。

6. 芫荽子油强化剂(g)

芳樟醇74.0、2-莰酮5.0、对伞花烃2.0、γ-松油醇6.0、α-蒎烯3.0、柠檬烯2.0、2-癸烯10.0、乙酸香叶酯2.0、芫荽子油16.0。

7. 肉桂油类

(1)肉桂油强化剂-1(g):肉桂油7.6、石竹烯3.0、乙酸肉桂酯5.0、α-松油醇0.7、桉叶素0.6、肉桂醛76.0、丁香酚4.0、芳樟醇2.0、香豆素0.7、4-松油醇0.4。

(2)肉桂油强化剂-2(g):肉桂油5.0、丁香酚80.0、石竹烯6.0、乙酸桂酯2.0、肉桂醛3.0、异丁香酚2.0、芳樟醇2.0。

(3)斯里兰卡肉桂油强化剂(g):肉豆蔻油3.4、小豆蔻油1.0、斯里兰卡肉桂油5.0、苯丙醇1.35、苯甲醇11.4、姜油0.7、黑胡椒油3.0、月桂叶油2.05、众香子油4.0、丁香油11.4、肉桂醛56.0、愈疮木油0.7。

8. 莳萝子油强化剂(g)

莳萝子油15.0、α-水芹烯25.0、香芹酮35.0、柠檬烯25.0。

9. 肉豆蔻油强化剂(g)

肉豆蔻油12.0、α-蒎烯21.0、肉豆蔻醚10.0、γ-松油醇4.0、柠檬烯3.0、黄樟素2.0、桧烯22.0、β-蒎烯12.0、4-松油醇8.0、香叶烯3.0、桉叶素3.0。

10. 迷迭香油强化剂(g)

迷迭香油14.0、桉叶素20.0、莰烯7.0、龙脑5.0、乙酸龙脑酯3.0、α-蒎烯20.0、2-莰酮18.0、β-蒎烯6.0、香叶烯5.0、α-松油醇2.0。

11. 八角油强化剂(g)

八角油2.7、柠檬烯8.0、芳樟醇0.8、大茴香醛1.0、甲基黑椒酚0.5、茴香脑87.0。

第五节　香辛料调味粉

单一型香料调味粉的生产可参照第一节中关于粉状香辛料的干制生产。复合香辛料调味粉的加工方法比较简单,主要包括原料预处理、粉碎、混合、包装等工序。

一、香辛料的复配原理

(一)香辛料的复配流程

选择合适的不同风味的原料和确定最佳用量,是决定复合香辛料风味好坏的关键。在设计配方时,首先要进行资料收集,包括各种配方和各种原料的性质、价格、来源等情况。然后,根据所设定的产品概念,运用调味理论知识和资料收集成果,进行复合调配。具体的配兑工作,大致包括以下几个方面:

(1)掌握原料的性质与产品风味的关系,加工方法对原料成分和风味的影响。

(2)考虑各种味道之间的相互关系(如相乘、对比、相抵、转化等)。

(3)在设计配方时,应考虑既要有独特的风味,又要讲究复合味,色、香、味要协调,原料成本符合要求。

(4)香辛料是复合调味品的主要辅料,在确定复合调味品原料比例时,宜先确定食盐的量,再决定鲜味剂的量,根据突出风味的特点选择适宜的香辛料,其他呈味成分的配比,则依据资料和个人的调味经验。

(5)有时产品风味不能立即体现出来,应间隔10~15天再次品尝,若感觉风味已成熟,则确定为产品的最终风味。

(6)反复进行产品试制和品尝,保存性试验,直至出现满意的调味效果,定型后方可批量生产。

编制配方是整个复合香辛料生产工作中最重要的环节,它关系到整个生产过程,决定着商品推销活动的成败,技术性要求较高。完成这项工作不仅要有较高的食品及调味品方面的知识水平,还要求对各种烹调法及各地的名菜肴品种等有广泛的了解。在完成了上述工作之后,还要获取一般理化分析数据,其中包括糖度、食盐含量、pH、相对密度、水分活度、色度、黏度等,有了这些基础工作和数据,就可以转入工厂生产了。

(二)香辛料的配伍原则

1.科学配比

各种香辛料具有特殊香气,有的突出,有的平淡,因此,在使用剂量上不是等分的,如肉桂用量超量,会使产品产生涩味和苦味;月桂用量超量会变苦;丁香过多会产生刺激味。所以配合比例要适当、科学合理。

2.注重风味

设计每种复合香辛料时,应注重加工产品风味。如生产鸡调料、鱼调料、羊肉调料、红烧猪肉调料等时,参照风味菜肴烹制所用调料,使加工产品具有特殊风味。在选用辣味香辛料时,需根据其辣味成分,如生姜辣味是姜酮、姜醇,胡椒辣味是辣椒素和胡椒碱,芥末的辣味物质是各种硫氰酯等,添加适量,以免造成产品风味的不协调。

3.互换性

有些芳香性香辛料,只要主要成分相类似,使用时可以相互调换,如小茴香和八角茴香,豆蔻和月桂,丁香和多香果,在原料短缺时,可以互换。

二、复合香辛料工艺流程及操作要点

(一)复合香辛料产品形式

复合香辛料的制作是将原始香辛料或其风味浸提物,按照一定配方进行混合。其特点是突出一种或几种风味,其他的原料则作为辅助成分,使整体风味趋于和谐。每种复合香辛料都适用于特定的食品原料,能够突出原料的本味,去除异味,并在烹饪过程中释放出独特的香气,达到增进食欲、促进消化的目的。按照复合香辛料的产品形式,分为粉末状、油状、汁状、酱状等。粉末状产品多由原始香辛料直接加工制成,油状和汁状等产品,则是利用香辛料提取的精油经复配和二次加工制成。

（二）工艺流程

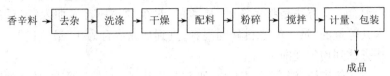

（三）操作要点

1. 原料选择

由于原料产地不同,产品的香气成分含量也有差异。因此,要保持进货产地稳定,选择新鲜、干燥、无霉变、有良好的固有香气的原料。每批原料进厂后,要先经过品尝和化验,确保原料质量稳定。

2. 原料预处理

包括去杂、洗涤和干燥3个工序。由于香辛料在加工和贮藏运输过程中,会沾染许多杂质,如灰尘、土块、草屑等,所以首先要进行识别和筛选,除去较大的杂质。对于灰尘和细菌等不易除去的杂质,则通过对筛选后的原料进行洗涤来除去,洗涤后沥去多余的水。将原料均匀铺于烘盘内,放入烘箱,在60℃温度下烘干。

3. 配料

根据产品的用途和调配的原则,设计产品配方。按照配方称取不同原料,进行混合。

4. 搅拌

为避免由于粉碎时进料不均匀而导致产品质量不稳定,在粉碎后增加一道搅拌工序,将粉碎后的香辛料搅拌均匀,然后进行包装。

香辛料调味粉的制取可采用粉末的简单混合,也可在提取后,熬制混合,经浓缩后喷雾干燥制得。其产品呈现醇厚复杂的口感,可有效地调整和改善食品的品质和风味。其产品的卫生、安全性能均优于简单混合的产品。采用简单混合方法加工的粉状香辛料,不易混合均匀,在加工时要严格按混合原则加工。混合的一般原则是:混合的均匀度与各物质的比例、相对密度、粉碎度、颗粒大小与形状,以及混合时间等均有关。如配方中各原料的比例是等量的或相差不大的，则容易混匀；若比例相差悬殊时，则应采用"等量稀释法"进行逐步混合。其方法是将色深的、质重的、量少的物质首先加入，然后加入其等量的、量大的原料共同混合，直到加完混合为止，最后过筛，经检查达到均匀度即可。

一般来说，混合时间越长，则越易达到均匀，但所需的混合时间应视混合原料的多少及使用的机械来决定。在实际生产中，多采用搅拌混合兼过筛混合的一体设备。

三、复合香辛料调味粉的生产

下面介绍几种常见的香辛料调味粉的加工方法。

(一)咖喱粉

咖喱(Carry)起源于古印度，词源出于泰米尔族，意即香辣料制成的调味品。是用胡椒、肉桂之类芳香性植物捣成粉末并与水、酥油混合成的糊状调味品。18世纪，伦敦克罗斯·布勒威公司把几种香辣料做成粉末来出售，便于携带和调和，大受好评。特别是放入炖牛肉中，令人垂涎欲滴。于是咖喱传遍欧、亚、美洲。

目前，世界各地销售的咖喱粉的配方、工艺均有较大差异且秘而不宣，各生产厂家均视为机密。仅日本就有数家企业生产不同配方的咖喱粉，且都有自己的固定顾客群。咖喱粉虽然诸家配方、工艺不一，但就其香辛料构成来看有10~20种，并可分为赋香原料、赋辛辣原料和赋色原料3个类型。赋香原料，如肉豆蔻及其衣、芫荽、枯茗、小茴香、豆蔻、众香子、月桂叶等；赋辛辣原料，如胡椒、辣椒、生姜等；赋色原料，如姜黄、郁金、陈皮、藏红花、红辣椒等。一般赋香原料占40%，赋辛辣原料占20%，赋色原料占30%，其他原料占10%。其中姜黄、胡椒、芫荽、姜、番红花为主要原料，尤其是姜黄更不可少。咖喱粉因其配方不一，又可分为强辣型、中辣型、微辣型，各型中又分高级、中级、低级3个档次，颜色金黄至深色不一，其香浓郁。

这里介绍一种咖喱粉加工的基本方法及配方。

1. 主要设备

烘干设备、万能粉碎机、搅拌混合设备、万能磨碎机、包装机。

2. 配方

表 4-9 为常见的咖喱粉的配方。根据原料特点，可自行调整配方。

表 4-9 咖喱粉的配方(质量分数/%)

香辛料	配方 1	配方 2	配方 3	配方 4	配方 5	配方 6	配方 7	配方 8
芫荽	24	22	26	27	37	32	36	36
小豆蔻	12	12	12	5	5			
枯茗	10	10	10	8	8	10	10	10
葫芦巴	10	4	10	4	4	10	10	10
辣椒	1	6	6	4	4	2	5	2
茴香	2	2	2	2	2	4		
姜		7	7	4	4		5	2
丁香	4	2	2	2	2			
多香果				4	4		4	4
胡椒(白)	5	5		4		10		5
胡椒(黑)			5		4		5	
桂皮				4	4			
芥子(黄)							5	3
肉豆蔻干皮				2	2			
姜黄	32	30	20	30	20	32	20	28

注:配方 1 印度型;配方 2 印度型,辛辣;配方 3 印度型,辛辣;配方 4 高级,辛辣适中;配方 5 高级,辛辣适中;配方 6 中级,辛辣;配方 7 中级,适中;配方 8 低级,适中。

3. 工艺流程

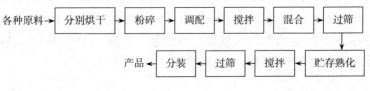

4. 操作要点

（1）烘干时咖喱粉的水分含量为 5% ~6%,配方中的每种原料都应适当烘干,以控制水分,并便于粉碎。

（2）将各种原料分别进行粉碎,对油性较大的原料可进行磨碎,有些原料通过炒制可增加香味,粉碎后可炒一下,然后过 60 目或 80 目筛。

（3）按配方称取各种原料于搅拌混合机中,混合配方中的粉料,在搅拌的同时撒入液体调味料。由于各种原料密度不相同,含量不同,不易混合均匀,应采用等量稀释法逐步混合,然后加入其等量的、量大的原料共同混合,重复到原料加完;质轻的原料不易混合均匀,可先将液体调味料与质轻的原料先混合,再投入大量原料中去。

（4）混合好的咖喱粉放在密封容器中,贮存一段时间,使风味柔和,均匀。

（5）包装前再将咖喱粉搅拌混合过筛,对于含液体调味料较多的产品,还应进行再烘干,然后包装即为产品。

5. 质量标准

黄褐色粉末,无结块现象,辛辣柔和带甜,水分 <6%。

6. 注意事项

（1）各种原料要分清,不得有误,严格按配方进行称取,每种原料粉碎后都要清扫粉碎设备。

（2）咖喱粉的质量与参配原料质量有关,而粉碎、焙炒、熟化等工艺过程对产品也有很大的影响,上述工艺应严格按要求实施。

7. 应用

咖喱粉用于烹调,可赋色添香,去异增辛,促进食欲。可用于多种烹调技法,如炒、熘、烧、烩、炖、煮、蒸等;适用于多种原料,如牛肉、羊肉、猪肉、鸡肉、鸭肉、鹅肉、鱼肉、炸肉、大豆、菜花、萝卜、米饭（日本咖喱饭）等;可直接放入菜肴,也可制成咖喱汁浇淋于菜肴上,或与葱花、植物油熬成咖喱油使用。添加量一般在 0.15% ~4%,或根据个人喜好及咖喱粉的辣度酌量增添。

（二）五香粉

五香粉也称五香面,是将 5 种或 5 种以上香辛料干品粉碎后,按一定比例混合而成的复合香辛料。

五香粉是我国最常使用的调味品之一,市售五香粉配方、口味均有较大差异,各生产厂家均有各自配方,且都保密。但其主要调香原料大体有八角、桂皮、小茴香、砂仁、豆蔻、丁香、山奈、花椒、白芷、陈皮、草果、姜、高良姜、草果等,或取其部分,或取其全部调配而成。

1. 主要设备

烘干设备、万能粉碎机、搅拌混合设备、万能磨碎机、包装机。

2. 配方

表 4-10 为常见的五香粉的配方。

表 4-10　五香粉配方(质量分数/%)

香辛料	配方 1	配方 2	配方 3	配方 4	配方 5	配方 6	配方 7	配方 8	配方 9
八角	10.5		31.3	55		20		15	20
桂皮	10.5	10	15.6	8	9.7	43	12	16	10
小茴香	31.6	40	15.6		38.6	8		10	8
丁香	5.3	10			9.6		22	5	4
甘草	31.6	30		5	28.9			5	2
花椒		10	31.3		9.6	18		10	5
山奈				10	3.6		44	4	3
砂仁				4			11	4	6
白胡椒				3				6	4
陈皮						6		5	5
豆蔻							11	8	10
干姜				15		5		2	5
芫荽								6	4
高良姜								2	4
白芷								2	5
五加皮	10.5		6.2						5

3.工艺流程

原料香辛料 → 粉碎 → 过筛 → 混合 → 计量包装 → 成品

4.操作要点

(1)将各种香辛料原料分别用粉碎机粉碎,过60目筛网。

(2)按配方准确称量投料,混合均匀。50 g/袋,采用塑料袋包装。用封口机封口,谨防吸湿。

5.质量标准

均匀一致的棕色粉末,香味纯正,无结块现象,无杂质。细菌总数≤500 CFU/g;大肠杆菌<3 MPN/g;致病菌不得检出。

6.注意事项

(1)各种原料必须事先检验,无霉变,符合该原料的卫生标准。

(2)如发现产品水分超过标准,必须干燥后再分袋;若原料本身含水量超标,也可先将原料烘干后再粉碎。产品的水分含量要控制在5%以下。

(3)生产时也可将原料先按配方称量准确后混合,再进行粉碎、过筛、分装;但不论是按哪一种工艺生产,都必须准确称量、复核,使产品风味一致。

(4)如产品卫生指标不合格,应采用微波杀菌干燥后再包装。

7.应用

五香粉入肴调味,可赋香增味,除腥解异,增进食欲。其中有多种香辛料共同发挥作用,使菜品香味和谐而浓郁。可用于烧、卤、蒸、拌、炸、酱、腌等多种烹调技法,并可用于馅心调制。多用于牛、羊、猪、鸡、鸭、鹅、鱼等动物性原料中,也用于萝卜、土豆、白菜、芥菜等蔬菜。添加量一般在0.02% ~3%。

(三)十三香

十三香是指以13种或13种以上香辛料,按一定比例调配而成的粉状复合香辛料。过去多见于民间,今也有市售,其配方、口味有较大差异。其香辛料构成有八角、丁香、花椒、云木香、陈皮、肉豆蔻、砂仁、小茴香、高良姜、肉桂、山奈、小豆蔻、姜等。十三香风味较五香粉更浓郁,调香效果更明显。

1. 主要设备

烘干设备、万能粉碎机、搅拌混合设备、万能磨碎机、包装机。

2. 配方

表4-11为常见的十三香的配方。

表4-11 十三香配方(质量分数/%)

香辛料	配方1	配方2	配方3	配方4	配方5	配方6	配方7	配方8	配方9
八角	15	20	25	30	50	40	35	10	17
丁香	5	4	3	5	3	7	8	4	6
花椒	5	3	8	4	7	12	10	11	15
云木香	4	5	4	3	2	1	4	3	5
陈皮	4	4	2		2	3	2	4	2
肉豆蔻	7	8	5	3	3	2	4	5	3
砂仁	8	7	6	5	4	5	8	6	3
小茴香	10	12	8	10	9	7	10	30	15
高良姜	6	5	7	4	4	3	5	4	5
肉桂	12	10	9	12	8	8	9	10	12
山奈	7	8	6	7	2	3	2	3	4
草豆蔻	8			5	2	3	2	4	10
姜	9	8	10	8	4	3	1	6	3
草果		6	7	4		3			

3. 工艺流程

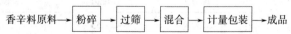

香辛料原料 → 粉碎 → 过筛 → 混合 → 计量包装 → 成品

4. 操作要点

(1)将各种香辛料原料分别用粉碎机粉碎,过60目筛网。

(2)按配方准确称量投料,混合均匀。50 g/袋,采用塑料袋包装。用封口机封口,防止吸湿。

5. 质量标准

浅黄色粉末,具有浓郁的十三香风味。

6. 注意事项

(1)购进原料后必须充分晒干或烘干,粉碎过筛。各种原料必须事先检验,无霉变,符合该原料的卫生标准。

(2)生产时也可将原料先按配方称量准确后混合,再进行粉碎、过筛、分装;但不论是按哪一种工艺生产,都必须准确称量、复核,使产品风味一致。如发现产品水分超过标准,必须干燥后再分袋;若原料本身含水量超标,也可先将原料烘干后再粉碎。产品的水分含量要控制在5%以下。

(3)每种原料粉碎后应分别存放,以免混放在一起时发生串味现象。

7. 应用

十三香入肴调味,可增香添味,祛除异味,促进食欲。其用途、用法与五香粉基本相同。

(四)七味辣椒粉

七味辣椒粉是一种日本风味的独特混合香辛料,由7种香辛料混合而成。它能增进食欲、助消化,是家庭辣味调味的佳品。

1. 主要设备

粉碎机、烘干箱、粉料包装机。

2. 配方

表4-12为常见的七味辣椒粉的配方。

表4-12 七味辣椒粉配方(质量分数/%)

香辛料	配方1	配方2	配方3
辣椒	50	55	50
大蒜粉	12		
芝麻	12	5	6
陈皮	11	15	15

续表

香辛料	配方 1	配方 2	配方 3
花椒	5	15	15
大麻仁	5	4	4
紫菜丝	5		2
油菜子		3	3
芥子		3	3
紫苏子			2

3. 工艺流程

香辛料原料 → 粉碎 → 过筛 → 混合 → 计量包装 → 成品

4. 操作要点

（1）原料粉碎：干燥的红辣椒皮与子分开，辣椒皮粗粉碎，辣椒子粉碎过 40 目筛。陈皮与辣椒粉碎过 60 目筛。

（2）混合、包装：将粉碎后的原料与芝麻、大麻仁、芥子、油菜子按配方准确称量，混合均匀，用粉料包装机装袋。

5. 质量标准

红色颗粒状，有辛辣味和芳香味，无结块现象。

6. 注意事项

（1）红辣椒皮不可粉碎过细，成碎块即可，以增强制品的色彩。

（2）红辣椒必须选择色泽鲜红、无霉变的优质辣椒。

（3）所用其他原料必须符合卫生标准，产品的含水量不可超过 6%。

（4）成品一般采用彩色食品塑料袋分量密封包装。有条件的采用真空铝箔袋包装更好。规格一般以 25 ~ 50 g/袋，100 ~ 200 袋/箱为宜。

（5）七味辣椒粉的整个加工制作过程，要树立无菌观念，严格遵守食品卫生法操作规程进行操作。包装的严密直接关系到产品的质量,封口时要封得严密牢靠。

（6）七味辣椒粉的成品粉料易吸潮变质。配制成品粉料要根据当班实际包装数量而配制,若包装不完,要采取有效的防潮措施,进行密封保存。

（7）为了保证包装袋的封口严密,除包装袋装成品粉料时要清洁干爽外,还要避免包装袋的封口沾上成品粉料。

7.应用

七味辣椒粉多数应用于日本料理中的腌菜、面类、火锅、猪肉汤、烤肉串等。

第六节　香辛料调味汁

香辛料调味汁是随着现代人的口味发展起来的一种方便的专业化的调味汁。它通常是以酱油为基汁,辅以其他原料,如白砂糖、酵母粉、水解植物蛋白、多种香辛料和辣椒油等调配而成。

一、工艺流程

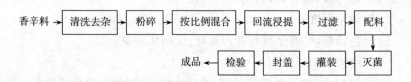

香辛料 → 清洗去杂 → 粉碎 → 按比例混合 → 回流浸提 → 过滤 → 配料
成品 ← 检验 ← 封盖 ← 灌装 ← 灭菌

二、操作要点

1. 原料处理

香辛料应形体完整、无污染、无霉变。来料后应清洗、除杂,适当粉碎以便浸提。其他原料应符合食品卫生要求。

2. 浸提

按配比质量称取香辛料、混合、加热浸提,加入料重25倍的水,在50～60℃条件下浸泡4 h,然后煮沸30 min后过滤。

3.过滤

浸提液通过过滤网过滤,滤渣进行第二次、第三次提取,过滤,滤液合并。

4.配料

加入盐、鲜味剂、稳定剂、料酒混合均匀。

香辛料调味汁的种类各不相同,但共同的特点是:增鲜,能使淡而无味的原料获得鲜美的滋味。香辛料调味汁能改变和确定菜肴的滋味,其中香辛料可消除原料中的异味,消费者可以根据自己的习惯使用不同的调味汁,以达到满意的效果。

三、香辛料汁的生产

(一)辣椒汁

辣椒汁是以辣椒为主要原料生产制作的蔬菜类辛香调味汁,主要由鲜辣椒、白砂糖、食盐、大蒜和水等调配而成。

辣椒是人类传统调料之一,有增进食欲、促进消化液分泌的功效,同时具有杀菌作用。传统主要是以原果形式作为菜肴的调料,不仅方式单一,且使用不便。通过加工制作辣椒汁后不仅能保持原有的营养品质,还可增加贮藏时间,且口味酸、辣、鲜、香俱全,风味独特,质地细腻,可直接佐餐、沾蘸或涂抹食用,方便卫生。

辣椒汁含有较高的辣椒素类、维生素 C 和类胡萝卜素等物质,具有增加食欲、助消化、促进血液循环、防腐杀菌等功能。辣椒汁中含有的优质天然色素可以调节菜肴食物的色泽。

1.主要设备

磨碎机或捣碎机、搅拌调配罐、胶体磨、夹层锅、灌装机。

2.配方

辣椒咸坯 50 kg,苹果 10 kg,洋葱 1.5 kg,生姜 2 kg,大蒜 0.2 kg,白糖 2.5 kg,味精 0.2 kg,冰醋酸 0.15 L,柠檬酸 0.4 kg,增稠剂 0.2 ~ 0.5 kg,香蕉香精 5 kg,山梨酸钾 0.1 kg,肉桂 50 g,肉豆蔻 25 g,胡椒粉、丁香各 100 g。

3.工艺流程

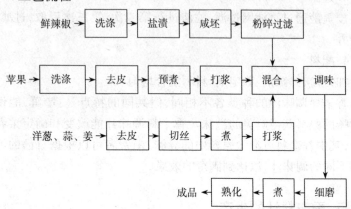

4.操作要点

选用色泽红艳、肉质肥厚的鲜辣椒,最好选用既甜又辣的灯笼辣椒。将辣椒洗净,沥干水分,摘去蒂把,用人工或机械把辣椒破碎成1 cm左右的小块。每100 kg辣椒用食盐20~25 kg腌渍,并加入0.05 kg明矾。前3天每天倒缸1次,后3天每天打耙1次,6天即成。用时将辣椒盐坯磨成糊。

苹果洗净,去皮,挖去果心,放入2%食盐水中。然后放进沸水中煮软,连同水一同倒入打浆机打浆。洋葱、蒜、姜去掉外皮,切成丝,煮制,捣碎成糊状。各种香辛料加水煮成汁备用。

先将辣椒与苹果糊充分混合搅拌,再加入各种调味料、调味汁及溶解好的增稠剂,最后加入香精及防腐剂。将配好的料经胶体磨使其微细化成均匀半流体,放入密封罐中,贮存一段时间,使各种原料进一步混合熟化。

5.质量标准

红黄色,半流体,不分层,均匀一致。鲜甜、酸咸适口,略有辛辣味。具有混合的芳香气味。

6.注意事项

鲜辣椒可以大批腌成咸坯,以便以后陆续加工用。成品的含盐量可通过辣椒咸坯的加盐量和配方中辣椒糊的含盐量来控制,一般成品含盐6% ~ 10%。鲜姜不易破碎,可与其他香辛料同煮取汁。

7. 应用

可用于炒菜、烧菜,也可用于餐桌调味,麻辣风味浓郁,使用方便。

(二)芥末汁

芥末汁主要以干芥末粉为原料,再配以其他调味料,辛辣解腻,为调味佳品。

1. 主要设备

瓦罐、保温设备、冰箱或冷藏柜。

2. 配方

干芥末粉500 g,醋精20 g,精盐25 g,白砂糖50 g,白胡椒粉5 g,生菜油50 g,开水500 g。

3. 工艺流程

干芥末粉→ 过筛 → 调成酱 → 保温 → 调味 → 冷藏 →成品

4. 操作要点

将芥末粉用箩筛过,放入瓦罐内,冲入开水,用力搅拌,搅匀成酱(稠度要大)。用筷子在酱上扎几个孔,上面再浇上开水,水量没过芥末即可。将瓦罐放在35 ~ 40℃的地方,盖上盖,经过4 ~ 6 h,去其芥末的苦味,再倒去浮面的水。

将醋精、盐、糖、生菜油、白胡椒粉一同放入芥末中,调味搅匀,加盖,即可放入5℃左右冰箱(或冰柜)中冷藏。

5. 质量标准

成品色泽黄润,辛辣解腻,可配各种沙司作料。

6. 注意事项

量少时擦成末即可,量大时可用绞肉机绞。成品宜冷藏。

7. 应用

芥末汁是调制冷菜的半成品,有的品种也可以佐餐热菜。

(三)姜汁

姜汁的生产是以新鲜生姜为原料,经过破碎、榨汁、分离等工序生产的原汁,再加入辅料,经过均质、杀菌等工序精制而成。由于生姜经破碎后,榨汁机以很高的压力把生姜组织结构破坏,生姜中有效成分随汁液而被榨取出来,所以生姜调味汁最大限度地保留了鲜生姜的有效成分和风味。从而为消费者提供了安全、卫生、方便的优质生姜制品。

1. 主要设备

破碎机、压榨机、离心分离机、过滤机、配料缸、高压均质机、超高温瞬时灭菌器、包装设备等。

2. 原料

生姜、复合稳定剂、异抗坏血酸、食盐、柠檬酸、增香剂等。

3. 工艺流程

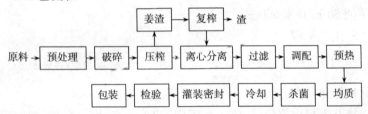

4. 操作要点

(1)把符合要求的生姜挑选整理、清洗、除去杂质,用 90~98℃ 0.3%柠檬酸溶液热烫 10~15 s 后,用净水冲洗干净。热烫的主要作用在于对生姜表面杀菌,时间不宜过长,否则,生姜中淀粉糊化,不利于过滤,并影响产品贮藏过程中的非生物稳定性。

(2)将材料破碎至直径 2~4 mm 的颗粒后在压榨机中榨汁。生姜含纤维素较多(0.7%),采用螺旋压榨机榨汁,容易发生破筛现象。本工艺采用压榨机榨汁。在姜渣中加少量净水后复榨,姜汁尽快进行分离、过滤,除去其中固体颗粒(如淀粉颗粒)。

(3)按姜汁配方加入食盐、抗氧化剂、柠檬酸、复合稳定剂等辅料后混合均匀。加入柠檬酸和食盐,将 pH 调至 4.5~4.8,可以抑制褐变,改善产品品质,抑制微生物生长繁殖。加入复合稳定剂可以使产品均匀一致,减少分层现象。通过实验比较,使用复合稳定剂比使用单一稳定剂的效果好得多。

(4)尽管经过离心分离及过滤,但姜汁中仍含有固体微粒,通过均质可以使其破碎,均匀地分散于姜汁中,以减少分层与沉淀现象,提高产品的感观质量。均质温度55~65℃,压力14~18 MPa。

(5)生姜中的有些成分虽然具有一定防腐作用,但长时间存放还远不能阻止微生物的生长繁殖。因此,必须对姜汁进行杀菌,以保证产品在保质期内不产生腐败变质现象,杀菌温度与杀菌时间不仅影响杀菌效果,而且还影响产品风味和色泽。一般采用超高温瞬时杀菌(130℃,3~5 s),杀菌效果好,且生姜调味汁中风味物质及营养物质损失少。出料温度控制在55~60℃,以便进行热包装。

5.质量标准

色泽淡黄或暗黄色,质地均匀,具有浓郁的生姜香味和生姜特有的辛辣味。存放时间较长时,允许微量沉淀生成。pH 4.5~4.8,食盐9.8%~10.2%,挥发油≥0.16 mL/L。

6.注意事项

(1)该产品容易出现的问题是产品的稳定性。这与稳定剂的选用、分离过滤的效果、均质压力、均质温度、杀菌温度及杀菌时间等因素有关。

(2)在产品生产过程中,一定要保持生产环境的卫生。为此,设备使用前后一定要清洗消毒(用80~90℃,3% NaOH 溶液消毒),以保证产品卫生。

7.应用

广泛应用于各类炒菜、小菜及食品加工工程中,起到去腥解膻的作用。

第七节　香辛料调味酱

调味酱与调味汁的主要区别在于:调味汁为液态或近似液态的调味品,而调味酱为半固态稠状调味品。香辛料调味酱具有风味独特、花色品种多、携带方便、营养丰富等特点,越来越受广大消费者的喜爱,已成为餐馆、家庭和旅游的佐餐佳品。

一、工艺流程

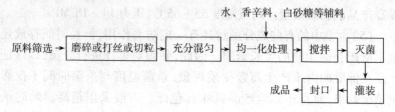

二、操作要点

以上工艺流程为一般通用流程,不同的风味调制酱在生产工艺上有所不同,特别是在辅料预处理工序和灭菌工序。有的盐含量相对较高的调制酱,采用灌装前加热调配、趁热灌装封口的杀菌方式;而对于一些盐含量相对较低,而且蛋白质等营养成分丰富的调制酱,则一定要采用在灌装封口后再杀菌的方式。

一般的香辛料调味品因原料的形态不同,很难完美地显示各种特有的风味。香辛料调味酱通过特殊工艺处理能够全面改善这种缺陷,使各种风味搭配协调完美,另外香辛料调味酱具体的添加量很小,对不同风味、香气的需要按一定比例添加。和粉状香辛料对比,香辛料调味酱添加量少、香气浓郁、口感纯正、效果极佳。由于香辛料调味酱经过加工之后干净卫生,细菌控制在一定范围内(其本身就有一种天然防腐作用),因此就避免了使用粉状香辛料带有各种细菌而影响产品的货架期。

三、香辛料调味酱的生产

下面介绍几种常见的香辛料调味酱的加工方法。

(一)芥末酱

芥末酱由芥末粉经发制、调配而成。它味辛性温,具有良好的益气化痰、温中开胃、发汗散寒、通络止痛的功效。其强烈的刺激性气味能引起人们的食欲,是夏季凉拌菜的适宜调料,可给人以清爽的感受。

1. 主要设备

粉碎机、80 目筛网、夹层锅、调配罐、包装机或灌装机。

2. 配方

芥末粉 10 kg,白醋 1 kg,盐 0.5 ~ 1 kg,白糖 1 kg,增稠剂 0.15 ~ 0.35 kg,水 20 ~ 25 kg。

3. 工艺流程

原料 → 粉碎 → 调酸 → 发制 → 调配 → 装瓶 → 灭菌 → 成品

4. 操作要点

芥末粉应选择原料新鲜、色泽较深的佳品。将芥末粗粉用粉碎机粉碎,粒度要求在 80 目以上,越细越好。将 10 kg 芥末细粉加入 20 ~ 25 kg 温水调成糊状,加入 1 kg 白醋,调 pH 为 5 ~ 6。

将调好酸的芥末糊放入夹层锅中,开启蒸汽,使锅内糊状物升温至 80℃ 左右,在此温度下保温 2 ~ 3 h,将增稠剂溶化,配成浓度为 4% 的胶状液。白糖、食盐用少量水溶化,与发酵好的芥末糊混合,再加入增稠剂,搅拌均匀即为芥末酱。

将调配好的芥末酱装入清洗干净的玻璃瓶内,经 70 ~ 80℃、30 min 灭菌消毒,冷却后即为成品。

5. 质量标准

体态均匀,黄色,黏稠,具有强烈的刺激性辛辣味,无苦味及其他异味。

6. 注意事项

发酵过程是非常重要的工序,在此期间芥子苷在芥子酶的作用下,水解出异硫氰酸烯丙酯等辛辣物质。这是评价芥末酱质量优劣的关键。

发酵过程应在密闭状态下进行,以防辛辣物质挥发。

7. 应用

应用于生鱼片、日式寿司、冷面、水饺子、海鲜、火锅、凉拌菜等的调味。

(二)辣椒酱

辣椒的加工品种类很多,辣椒酱是其中附加值较高的产品,这里介绍其中几种辣椒酱加工的种类及加工方法。

1.乳酸发酵及非发酵型辣椒酱

这类辣椒酱是利用红椒或红椒粉,加入大蒜、芝麻、食盐、味精、豆豉、生姜、花生、核桃、花椒、胡椒等配料,经过混合、磨细、装罐、杀菌等一系列工艺制作而成,如阿香婆、辣妹子辣椒酱等。它不经过霉菌发酵阶段,但有的经过乳酸发酵。这里介绍其中一种产品——蒜蓉辣椒酱的配方及加工方法。

(1)主要设备:打浆机、配料缸、灌装设备。

(2)配方:辣椒10 kg、白砂糖500 g、大蒜500 g、生姜200 g、味精50 g、熟芝麻200 g、植物油400 g。

(3)工艺流程。

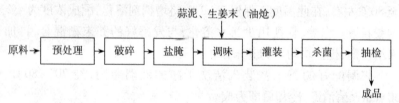

(4)操作要点:当辣椒果实由青转为红熟时,即可采收用作原料。剔除原料中不利于加工的蒂、柄、虫害部分,然后用清水冲洗干净,控干水分。用打浆机破碎,也可用粉碎机进行破碎,筛孔直径以2 mm为宜。经破碎处理后的辣椒,添加7%~8%的食盐,自然发酵7~10 d即可。在发酵期间要不断搅拌,使产生的气体完全排放掉,一般1天数次。发酵结束后即可进行调配。在配料缸中加热至75~80℃,搅拌均匀。此时具有浓郁的酱香味溢出,即可进行热灌装。常压杀菌30 min,冷却。

(5)质量标准。

色泽:暗红色、色泽鲜艳,半透明状。

气味:具有浓郁的酱香味,甜辣适口,无异味。

理化指标:总糖含量5%~10%;食盐含量7%~12%;维生素C含量0.5~1.0 mg/g;不添加任何防腐剂。

卫生指标:符合 GB 2718—2014《食品安全国家标准　酿造酱》。

（6）注意事项:用盐量的多少直接影响产品的风味和食用价值。含盐量在 7% 左右时,食用比较方便,不会太咸,但产品酱味不易出来,发酵中可能会发酸,对风味物质的形成有直接的影响;当含盐量在 13%～15% 时,风味较好,且产品不会有酸味而影响口感,但盐太多,太咸,不利于人们直接食用。因此考虑到这个问题,一般采用 12% 的盐腌,然后在调配时再加入一定比例的没有发酵过的辣椒酱（破碎后直接用于加工的部分）,使产品的最后含盐量在 7% 左右。

自然发酵的过程与外界湿度有关系,在夏天一般是 7 d 完成发酵。

根据不同的市场需求,可加进油炸的大蒜（油炸的目的主要是为了除臭）,也可加进生姜调味,这样的蒜蓉辣酱更有利于家庭消费。如果用于饭店炒菜、火锅店的调料,可不加大蒜。这样不但可以满足不同的市场需求,而且可以灵活地变换产品的花色品种,增强竞争力。

（7）应用:既可作为调味品直接供家庭和餐饮行业使用,又可作为食品添加剂,用于方便食品（特别是方便面的调味酱包）、火锅调料、罐头食品及海鲜制品等。

2. 霉菌发酵型辣椒酱的加工方法

霉菌发酵型辣椒酱是历史悠久的酿造调味品之一,都是以粮食和辣椒为主要原料,利用霉菌为主要微生物经发酵而成的产品。它已经成为人们日常使用的调味品。霉菌发酵型辣椒酱常用的生产方法有两种:普通发酵法和加酶发酵法,下面分别介绍这 2 种方法。

（1）普通发酵法。

①主要设备:打浆机、配料缸、灭菌设备。

②配方:辣椒 100 kg、食盐 17 kg、面粉 1 kg。

③工艺流程。

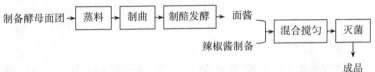

④操作要点。

酵母面团的制备:按原料总量的 5% 取面粉加水调匀,同时加入事先准备好的面包发酵液 2%,保温 30℃,任其起发。

蒸料:将面粉加水同时加入酵母面团,揉匀,放置 1 h,切块,上甑,蒸熟得面糕。

制曲:面糕蒸熟后,冷却,打碎,接种米曲霉种曲,入曲室制曲,约 96 h 后出老曲。

制醅发酵:成曲在容器中堆积后,加 16~17℃盐水浸泡,发酵温度控制在 50~55℃,制得面酱。

辣椒酱制备:选用鲜红辣椒,除去蒂柄,洗净、晒干明水、切碎。辣椒加盐拌匀,装坛腌制,约 3 个月就成辣椒酱。用时取出,加适量盐水或甜米酒混合。

磨细、灭菌:将发酵成熟的面酱与辣椒酱混合,用钢磨磨细,再过筛,并用蒸汽加热灭菌,即为成品。必要时对干稀进行调节。

⑤注意事项:可根据需要,在制备辣椒酱的过程中加入适量的香油、芝麻酱、白糖和香辛料粉等。

(2)加酶发酵法。

此法生产酱类食品,改变了制酱工艺的传统习惯,简化了生产工序,改善了产品的卫生。产品甜味突出,出品率高。

①主要设备:搅拌机、破碎机、灭菌设备。

②配方:辣椒 100 kg、食盐 17 kg、面粉 1 kg。

③工艺流程。

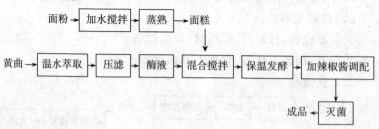

④操作要点。

酶液的萃取:按原料总质量的 13% 称取麸曲(其中 3.04 麸曲 10%,3.324 麸曲 3%),放入有假底的容器中,加入 40℃的温水,浸渍

1.5~2 h,放出。如此套淋 2~3 次,测定酶的活力,一般每毫升糖化酶活力达到 40 单位以上时,即可应用。

蒸面糕:将面粉放入拌和机中,按 30% 加水,充分拌匀,不使成团。和匀后,常压分层蒸料;加料完毕后,待穿气时开始计时,数分钟即可蒸熟。稍冷后,用破碎机破碎,使颗粒均匀。在正常情况下,熟料的含水量为 35% 左右。

保温发酵:面糕蒸熟后,冷却到 60℃ 左右,下缸,按比例拌匀后压实。此时品温约为 45℃,24 h 后,容器边缘部分开始液化,有液体渗出。面糕开始软化时即可开始翻酱,以后每天翻酱两次,保持品温45~50℃。第 7 天时,温度升至 55~60℃,第 8 天可根据色泽深浅将品温调至 60~65℃。出酱前品温可升至 70℃,立即出酱,制得面酱。在下缸后第 4 天,可磨酱 1 次,将小块面糕磨细,有利于酶解。此法生产面酱出品率高,每 100 kg 面粉可生产面酱 210 kg 左右,但风味稍差。

辣椒酱制备:选用鲜红辣椒,除去蒂柄,洗净、晒干明水、切碎,辣椒加盐拌匀,装坛腌制,约 3 个月就成辣椒酱,用时取出,加适量盐水或甜米酒混合。也可将辣椒混入面糕中一同发酵。

调配、磨细、灭菌:将面酱和辣椒酱按适当比例调配拌匀后,用钢磨磨细,再过筛,并用蒸汽加热灭菌,即为成品。必要时对干稀进行调节。

⑤注意事项:可根据需要,在制备辣椒酱的过程中加入适量的香油、芝麻酱、白糖和香辛料粉等。

(三)辣豆瓣酱

现代辣豆瓣酱的生产工艺与传统方法不同,用瞬时浸烫法代替蒸煮法生产出的豆瓣酱甜辣相间,色、香、味独特。

1. 主要设备

粉碎机、蒸锅、搅拌机、灭菌设备。

2. 配方

豆瓣 25 kg,曲精 8 g,面粉 5 kg,食盐 6.25 kg,辣椒酱 25 kg,米酒0.5 kg,少量花椒、胡椒、八角、干姜、山奈、小茴香、桂皮、陈皮。

3.工艺流程

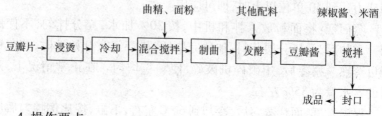

4.操作要点

（1）先将干法或湿法去皮后的豆瓣片 25 kg 左右装于箩筐,待水烧到沸腾时,把装入豆瓣的箩筐放入蒸锅内。豆瓣入水后不断搅拌,使之受热均匀,一般浸烫 2～3 min,达到 3 分熟程度即可迅速取出,用冷水冲淋浸泡,使之降温,然后沥去水分,倒入接种拌曲台。

（2）制作豆瓣曲:将浸烫无明显水分、用手指捏断豆瓣断面可见白迹的豆瓣,拌入按原料质量 0.3‰的曲精和 20% 的标准面粉中充分混合拌匀,装入曲室的竹编盘内,厚度以 2～3 cm 为宜,维持室温 28～30℃,待其温度升至 37℃ 时进行翻曲 1 次,并将结饼的曲块搓散、摊平。一般 2～3 天即为成曲。

（3）豆瓣曲发酵:按每 100 kg 豆瓣曲,加水 100 kg、食盐 25 kg 的比例配制发酵盐水,先将盐水烧开,再放入装有少量花椒、胡椒、八角、干姜、山奈、小茴香、桂皮、陈皮等香辛料的布袋,煮沸 3～5 min 后取出布袋,将煮沸的溶液倒入配制溶解食盐水的缸或桶里,把成曲倒入发酵缸或桶里,曲料入缸后很快会升温为 40℃ 左右。此时要注意每隔 2 h 左右将面层与缸底层的豆瓣酱搅翻均匀,待自然晒露发酵 1 天后,每周翻倒酱 2～3 次。倒酱时要将经过日晒、较干、色泽较深的酱醅集中,再用力往下压入酱醅内深处发酵,酱的颜色随着发酵时间的增长而逐步变成红褐色,一般日晒夜露 2～3 个月后成为熟酱。

（4）成品辣豆瓣酱:在 100 kg 发酵成熟的原汁豆瓣酱中加入 100 kg熟辣椒酱、2 kg 米酒充分搅拌均匀,装入已蒸汽灭菌冷却的消毒瓶内,装至离瓶口 3～5 cm 高度为止,随即注入精制植物油于瓶内 2～3 cm,然后排气加盖旋紧,检验、贴商标、装箱后即可为产品出售。

5. 质量标准

(1)感官指标:色泽,呈酱红色,鲜艳而有光泽。口味,鲜美而辣,无苦味、霉味。杂质,无小白点,无僵瓣,无黑疙瘩,无其他杂质和辣椒子等。

(2)理化指标:水分 < 60%,食盐 14% ~ 15%,全氮含量 > 1.18%,氨基酸 > 0.7%,总酸(以乳酸计) < 1.3%。

6. 应用

无蒸煮香辣豆瓣酱既可直接作菜肴,又是各类炒菜、凉菜、面食的精美调味佐料。

(四)紫苏子复合调味酱

紫苏子复合调味酱是以紫苏子、辣椒为原料,经与芝麻、豆瓣酱等进行调配而制成的调味酱,其产品酱香柔和、口感细腻、辣味中带有紫苏的清香;同时,由于紫苏子的加入提高了产品的营养价值。

1. 主要设备

粉碎机、夹层锅、磨浆机。

2. 配方

豆瓣酱 60 kg,干辣椒 1 kg,酱油 6 kg,食盐 4 kg,紫苏子 5 kg,蔗糖 6 kg,精炼菜油 8 kg,香辛料及味精 3 kg,芝麻 4 kg,水 2 kg,苯甲酸钠 18 g,TBHQ 16 g。

3. 工艺流程

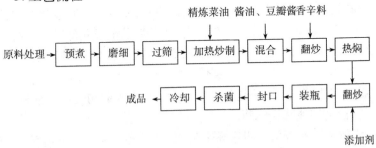

4. 操作要点

(1)原料处理:紫苏子和芝麻应颗粒饱满,无杂质、无霉变、无虫蛀,经分选、清洗、沥干后,在电炒锅中焙炒至香气浓郁、颗粒泡松,无生腥、无焦苦及糊味,时间 15~20 min。将紫苏子和芝麻在粉碎机中粉碎,过 80 目筛。辣椒为红色均匀、无杂色斑点的干辣椒,水分≤12%,剔除霉烂、虫蛀辣椒及椒柄。在夹层锅中预煮约 30 s 后捞起,沥干水分,磨细成泥。

(2)加热炒制:精炼菜油加温至 150~180℃,如温度过低,产品香味不足,过高则易焦糊。酱油不发酸、无异味,符合国家标准。酱油在夹层锅中加热至 85℃,保持 10 min。豆瓣酱用磨浆机磨细。

(3)配料加工:花椒、小茴香及蔗糖应打碎成粉,过 100 目筛,姜去皮绞碎成泥。翻炒及热焖的时间为 5~10 min。沸水杀菌,时间 40 min。

5.质量标准

(1)感官指标:色泽,产品为红褐色,鲜艳而有光泽。香气,具有酱香、酯香及紫苏的清香,无不良气味。滋味,味鲜、辣味柔和,咸淡适口,略有甜味,无苦、酸、焦糊或其他异味。体态,黏稠适中,无霉花,无杂质。

(2)理化及卫生指标:总酸含量 1.1%,还原糖含量(以葡萄糖计)78%,α-亚麻酸 3%,食盐含量 12%,大肠杆菌(MPN/100 mL)≤30,致病菌不得检出。

6.注意事项

由于紫苏子油中有 60% 以上的含 3 个双键的不饱和脂肪酸——α-亚麻酸,生产时通过焙炒不仅增香、除腥,还可使脂肪氧化酶失活,并加入一定量的抗氧化剂,可防止产品中的脂肪酸氧化酸败,对保证产品质量起到了重要的作用。产品最好真空装瓶,减少与空气的接触。

7.应用

既可直接作菜肴,又是各类炒菜、凉菜、面食的精美调味佐料。

(五)胡椒风味调味酱

胡椒是世界著名的调味香辛料,其种子和果实都含有挥发油、胡椒碱、粗脂肪、粗蛋白、淀粉和可溶性氮等。以豆瓣酱和白胡椒为主要原料制作的胡椒风味调味酱,不仅丰富了胡椒产品,而且提高了胡椒的经济效益。

1. 主要设备

干燥箱、恒温培养箱、蒸汽灭菌设备。

2. 配方

大豆酱 7 kg、胡椒 0.5 kg、辣椒 0.3 kg、姜 0.15 kg、大蒜 0.15 kg。

3. 工艺流程

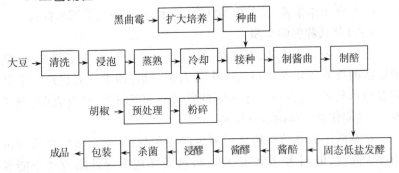

4. 操作要点

(1)浸泡:大豆浸泡 4~8 h,浸泡至豆粒表面无皱纹,并能用手指压成两瓣为适度。

(2)蒸煮:在高压灭菌锅中于 121℃维持 30 min。

(3)接种:接入 3%的黑曲霉曲种。

(4)制酱曲:于 30℃烘箱内培养 16 h 后调盘,到 22 h 左右第 1 次翻曲,再经 6~8 h 第 2 次翻曲,此时控温 25℃,曲温 34~36℃,再经 60 h 后出曲。

(5)制酱:将大豆曲倒入大烧杯中扒平压实,自然升温到 40℃左右,再加入 60~65℃的 1.11 g/mL 热盐水,并加盖面盐一层。醅温达 45℃左右,保温发酵 10 d。成熟后补加 1.2 g/mL 盐水,充分拌匀,在室温中发酵 4~5 d 得成品大豆酱。

(6)调配:将各种配料分别加入锅内进行焖炒,焖炒温度为 85℃以上,维持 10~20 min。

5. 质量标准

色泽,棕褐色,鲜艳,有光泽。风味,酱香浓郁,有胡椒香味,辣味适中,无异味。

6.注意事项

在大豆酱中添加胡椒等,能抑制豆腥味,增加了产品特殊的风味,使产品同时具有酱香味和胡椒风味。

7.应用

既可直接作菜肴,又是各类炒菜、凉菜、面食的精美调味佐料。

(六)草菇蒜蓉调味酱

草菇又名美味草菇、兰花菇、秆菇、麻菇等,是原产于热带、亚热带地区的重要食用菌。目前可大量人工栽培,四季均有供应。草菇营养价值较高,富含可产生鲜味的氨基酸如谷氨酸、鹅膏氨酸,滋味鲜美,是制作调味酱的良好原料。

在草菇作为鲜品销售或用来生产罐头时,尽管大量草菇营养价值并未降低,但因为开伞、破头等外形破坏成为等外品或者不能利用。为了提高草菇的综合加工利用效率,降低生产成本,以开伞、破头等外形残损的草菇为主要原料,以大蒜为配料,可制作营养和风味俱佳的草菇蒜茸调味酱。

1.主要设备

夹层锅、打浆机、胶体磨、均质机、真空浓缩罐、真空封罐机。

2.配方

草菇 9 kg、大蒜 1 kg、食盐 80 g、复合稳定剂 2 g、蔗糖 10 g、柠檬酸 2.5 g、生姜粉 2.5 g、酱油 20 g。

3. 工艺流程

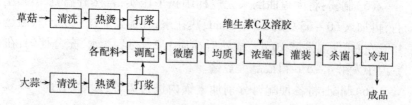

4.操作要点

(1)前处理:将草菇洗净,置于 90~95℃热水中烫漂 2~3 min,灭酶活和软化组织,完成后立即进入打浆工序,得到草菇原浆;将大蒜洗净,置于温水中浸泡 1 h,搓去皮衣,捞出蒜瓣,淘洗干净,随即置于沸水中烫漂 3 ~ 5 min,灭酶活和软化组织,完成后立即进入打浆工序,得到大蒜原浆。

(2)调配、微磨及均质:按照原料配比,将草菇原浆、大蒜原浆及其他辅料调配均匀,并通过胶体磨磨成细腻浆液,进一步用 35 ~ 40 MPa 的压力在均质机中进行均质,使草菇、大蒜纤维组织更加细腻,有利于成品质量及风味的稳定。

(3)浓缩及杀菌:为保持产品营养成分及风味,尽量减少草菇的酶褐变程度,采用低温真空浓缩并添加 0.25% 的维生素 C 抑制褐变,浓缩条件为:60 ~ 70℃、0.08 ~ 0.09 MPa,以浓缩后浆液中可溶性固形物含量达到 40% ~ 45% 为宜。在浓缩接近终点时加入增稠剂和维生素 C,继续浓缩至可溶性固形物含量达到要求时,关闭真空泵,解除真空,迅速将酱体加热到 95℃,进行杀菌,完成后立即进入灌装工序。

(4)灌装及杀菌:预先将四旋玻璃瓶及盖用蒸汽或沸水杀菌,保持酱体温度在 85℃ 以上装瓶,并稍留顶隙,通过真空封罐机封罐密封,真空度应为 29 ~ 30 kPa。随后置于常压沸水中保持 10 min 进行杀菌,完成后逐级冷却至 37℃,擦干罐外水分,即得到成品。

5. 质量标准

(1)感官指标:色泽,深棕黄色,均匀一致,无杂质。组织形态,均匀酱状,无汁液分泌;流散缓慢,黏稠度适中。口感及风味,口感细腻、滋味鲜美、咸味适中,具有浓郁的草菇风味,大蒜风味协调。

(2)理化指标:水分 55% ~ 60%。

(3)污染物限量、真菌毒素限量、微生物限量:符合相关国家标准(GB 2718—2014)。

6. 应用

本品可作为调味品直接供家庭和餐饮行业使用。

(七)辣椒牛肉酱

辣椒牛肉酱因香辣适口、色泽宜人、口味鲜美、营养丰富,受到广大消费者的欢迎。

1. 主要设备

夹层锅、绞肉机、杀菌锅等。

2. 配方

辣椒 64.0 kg、牛肉丁 11.0 kg、食用盐 2.2 kg(根据原料中含盐量增减)、熟花生油 2.0 kg、熟芝麻仁 1.0 kg、熟核桃仁 0.5 kg、熟花生仁 1.0 kg(碎粒)、桂圆肉 0.2 kg(切碎)、味精 100.0 g、白砂糖 2.0 kg、酱油 2.0 kg、黄酒 1.0 kg、甜面酱 5.0 kg、麦芽糊精 2.0 kg、卡拉胶粉 1.0 kg、水 5.0 kg。

3. 工艺流程

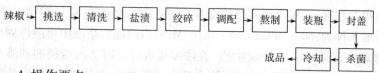

4. 操作要点

(1)原辅料要求:应采用自然长红的、辣味浓郁的新鲜辣椒。新鲜牛肉(最好成熟处理)、食用盐、白砂糖、味精、酱油、花生油、黄酒、甜面酱等符合国标要求。

(2)辣椒酱的制作:将辣椒去除辣椒柄和不合格部位,在流动水中清洗干净,捞出控水,放进大缸中(或不锈钢池中),每 100 kg 辣椒中加食盐 5 kg,搅拌均匀后,上面用洁净的石头轻压,使辣椒全部浸于卤中,并每 2 天上下翻动 1 次,保持均匀。盐渍辣椒时间为 8 d,取出辣椒经孔径 1 mm 的电动绞肉机绞成碎粒。

(3)牛肉丁的制作:将牛肉洗净后,剔除牛肉中的骨(包括软骨)、板筋、淋巴等不合格部位,切成 5 cm 见方、长 15 cm 左右的长条。

腌渍配方:牛肉 100 kg、食用亚硝酸钠 2 g、食用盐 3 kg。先将亚硝酸钠、食用盐拌和均匀,加到牛肉中、搅拌均匀,在 0 ~ 4℃库温里腌渍,每天翻动 1 次,腌 48 h 出库。牛肉放进水中煮沸 12 min,捞出冷却,切成 6 mm 见方小块备用。

(4)调配方法:先将白砂糖、食用盐放于夹层锅中,加热溶解,调至规定质量,经 120 目滤布过滤。滤液中加进辣椒酱等全部辅料,搅拌均匀,边加热边搅拌,保持微沸 10 min 出锅。

(5)装瓶:将瓶、盖清洗干净,经85℃以上水中消毒,控干水分,趁热灌装,每瓶装酱量为120 g。

(6)排气、封盖:排气是制作辣椒牛肉酱的关键工段之一,酱体装瓶后,密封前将瓶内顶隙间的、装瓶时带入的和原料组织细胞内的空气尽可能从瓶内排除,从而使密封后瓶内顶隙内形成部分真空的过程。

装瓶后,经95℃以上排气箱加热排气,当瓶内中心温度达到85℃以上时,用人工旋紧瓶盖或用真空旋盖机封盖。

(7)杀菌、冷却:经110℃杀菌后,反压水冷却。封盖后及时杀菌,杀菌锅内水温50℃左右时下锅,升温到110℃,保持恒温恒压30 min,杀菌结束停止进蒸汽,关闭所有的阀门,让压缩空气进入杀菌锅内,使锅内压力提高到0.12 MPa,开始冷却,压缩空气和冷却水同时不断地进入锅内,用压缩空气补充锅内压力,保持恒压,待锅内水即将充满时,将溢水阀打开,调整压力,随着罐头冷却情况逐步相应降低锅内压力,直至瓶温降低到45℃左右出锅,擦净瓶外污物,于37℃保温5 d,经检验、包装出厂。

5.质量标准

成品色泽:呈淡红色或红褐色。滋味及气味:辣味适中,香味纯正,无异味。杂质:不允许存在。食盐含量3.5% ~5%,总酸(以醋酸计)≤1%。

6.注意事项

排气的目的是阻止需氧菌及霉菌的生长;避免或减轻食品色、香、味的变化;减少维生素和其他营养素的损失;加强四旋瓶盖和容器的密封性;阻止或减轻因加热杀菌时空气膨胀而使容器破损;减轻或避免杀菌时出现瓶盖凸角和跳盖等现象。

7.应用

本品可作为调味品直接供家庭和餐饮行业使用。

(八)海鲜香辣酱

由于传统的香辣酱有明显地方特色,工业化程度很低,且适应面较窄。要把传统的香辣酱进行大众化、工业化和规模化,必须对配方进行调整,使香辣酱适合大众口味。天然海鲜香辣酱就是在传统香辣酱的基础上对配方进行调整,同时添加了由牡蛎制得的海鲜汁,利用牡蛎肉中的糖原、无机盐、牛磺酸及维生素等成分丰富其营养价值和保健功能。

1. 主要设备

绞肉机、水解罐、真空浓缩锅、夹层锅、灌装机、灭菌设备。

2. 配方

油辣椒30%、大蒜10%、生姜10%、浓缩海鲜汁10%、砂糖9%、陈醋6%、芝麻10%、食盐14%,其余为味精和黄酒等。

3. 工艺流程

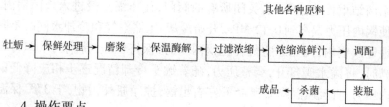

4. 操作要点

(1)原料预处理:新鲜的牡蛎肉放入清洗槽中,搅拌,洗除附着于肉上的泥沙、贝壳碎屑、黏液,捞起沥干,沥干后的牡蛎肉用0.3%的甘氨酸溶液(溶液:贝肉=1:1)浸渍30 min捞起沥干;再用5%的盐水浸渍30 min,使肉质收缩的同时去掉部分腥味成分。

(2)磨浆:将贝肉放入绞肉机或钢磨中磨碎,磨至糊状。为增加酶与肉的接触面积有利于酶解,磨得越细越好。磨好后的肉糊加2倍水,并用10%的NaOH溶液调整pH值至7.0~7.5。

(3)保温酶解:将调整好pH值的肉糊泵入保温水解罐中,加入0.1%枯草杆菌中性蛋白酶(占肉重),搅拌均匀。升温至50~55℃,水解1~1.5 h。用醋酸调整pH值至5.5左右,加热煮沸10 min左右以使酶蛋白变性并去掉部分腥味。

(4)过滤浓缩:将水解液用120目的筛网过滤,然后泵入真空浓缩锅中浓缩至氨基态氮为1 g/100 mL左右即得浓缩海鲜汁。

(5)油辣椒的制备:花生油在夹层锅中加热到80~85℃,然后慢慢倒入盛有辣椒粉的不锈钢桶中,边倒边搅拌,直到桶里的辣椒粉全部被油浸润为止。

(6)芝麻粉的制备:将芝麻放入夹层锅中慢火炒熟,粉碎成末即得。

(7)混合调配:将各种配料按配方和工艺流程的要求加入配料罐中,然后不断搅拌至混合均匀为止。

(8)装瓶杀菌:将调配好的海鲜香辣酱泵入膏状定量灌装机中灌装,然后送入卧式杀菌锅中于120℃下杀菌10 min。

(9)外包装:杀菌后冷却至40℃,然后贴上商标、套上收缩薄膜,经热收缩机包装后入库。

5.注意事项

(1)牡蛎的酶解:酶解前的加水量为2倍,不可过多或过少。过多不仅会影响酶解的速度、延长酶解时间,而且不利于后续的浓缩;过少则由于反应液过稠会降低酶解的效果。

(2)口味大众化的关键措施:通过减少油辣椒的配比、调整糖酸比及添加牡蛎水解浓缩汁等措施使香辣酱适合大众口味。

6.应用

本品可作为调味品直接供家庭和餐饮行业使用,以突出海鲜风味。

第五章　香辛料生产设备

第一节　香辛料生产输送设备

香辛料生产中的原料、辅料、废料、成品、半成品及物料载盛器等的输送需要输送机械来完成。输送固体物料时,采用各种类型的输送机,如带式输送机、斗式提升机、螺旋输送机、气力输送装置等来完成物料的输送任务。

一、带式输送机

带式输送机是一种利用强度高而具有挠性输送带的连续输送物料的输送机,可用于块状、颗粒状香辛料产品及整件物料进行水平方向或倾斜方向的运送。同时还可用作选择、检查、包装、清洗和预处理操作台等。

带式输送机的工作速度范围广(0.02~4.00 m/s),输送距离长,生产效率高,所需动力不大,结构简单可靠,使用方便,维护检修容易,无噪声,能够在全机身中任何地方进行装料和卸料。其主要缺点是输送轻质粉状物料时易飞扬、倾斜角度不能太大。

带式输送机是具有挠性牵引构件的运输机构的一种形式,主要由封闭的环形输送带、托辊、机架、驱动装置、张紧装置所组成。输送带既是牵引构件,又是承载构件。常用的输送带有:橡胶带、各种纤维编织带、塑料带、尼龙带、强力锦纶带、板式带、链条带、钢带和钢丝网带等。在带式输送机中,普通型橡胶带应用较多。

二、斗式提升机

在连续化生产中,有时需将物料沿垂直方向或接近于垂直方向进行输送。由于采用带式输送机时倾斜输送的角度必须小于物料在输送带上的静止角,输送物料方向与水平方向的角度不能太大,此时应该采用斗式提升机。如香辛料厂输送散装物料时,把物料从料槽升送到预煮机都采用斗式提升机。

斗式提升机占地面积小,可把物料提升到较高的位置(30~50 m),生产率范围较大(3~160 m³/h)。缺点是过载敏感,必须连续均匀地供料。斗式提升机按输送物料的方向可分为倾斜式和垂直式两种;按牵引机构的不同,又可分为皮带斗式和链条斗式(单链式和双链式)两种;按输送速度来分,有高速和低速两种。

斗式提升机的装料方式分为挖取式和撒入式。前者适用于粉末状、散粒状物料,输送速度较高,可达 2 m/s,料斗间隔排列。后者适用于输送大块和磨损性大的物料,输送速度较低(<1 m/s),料斗呈密接排列。物料装入料斗后,提升到上部进行卸料。卸料时,可以采用离心抛出、靠重力下落和离心与重力同时作用 3 种形式。靠重力下落称为无定向自流式;靠重力和离心力同时作用的称为定向自流式。

三、螺旋输送机

螺旋输送机是一种不带挠性牵引件的连续输送机械,主要用于各种干燥松散的粉状、粒状、小块状物料的输送。例如辣椒粉、花椒等的输送。在输送过程中,还可对物料进行搅拌、混合、加热和冷却等工艺。但不宜输送易变质的、黏性大的、易结块的及大块的物料。

螺旋输送机的结构简单,横截面尺寸小,密封性能好,便于中间装料和卸料,操作安全方便,制造成本低。但输送过程中物料易破碎,零件磨损较大,消耗功率较大。螺旋输送机使用的环境温度为 −20~50℃,物料温度 <200℃,一般输送倾角 $\beta \leqslant 20°$。螺旋输送机的输送能力一般在 40 m³/h 以下,高的可达 150 m³/h。输送长度 <40 m,最长不超过 70 m。

螺旋输送机由一根装有螺旋叶片的转轴和料槽组成。转轴通过轴承安装在料槽两端轴承座上,一端的轴头与驱动装置相连,如机身较长再加中间轴承。料槽顶面和槽底分别开进、出料口。物料的输送是靠旋转的螺旋叶片将物料推移而进行的。使物料不与螺旋叶片一起旋转的力是物料自身质量，以及料槽和叶片对物料的摩擦阻力。旋转轴上焊有螺旋叶片，叶片的面型根据输送物料的不同有实体面型、带式面型、叶片面型等。转轴在物料运动方向的终端有止推轴承，以承受物料给螺旋的轴向反力。

四、气力输送装置

运用风机(或其他气源)使管道内形成一定速度的气流，达到将散粒物料沿一定的管路从一处输送到另一处的目的，称为气力输送。人们在长期的生产实践中，认识了空气流动的客观规律，根据生产上输送散粒物料的要求，创造和发展了气力输送装置。目前，气力输送装置已成为散粒物料如香辛料颗粒等装卸和输送的现代化工具之一。

与其他输送机相比，气力输送装置具有许多优点：a. 输送过程密封，因此物料损失很少，且能保证物料不易吸湿、污染或混入其他杂质，同时输送场所灰尘大幅减少，从而改善了劳动条件。b. 结构简单，装卸、管理方便。c. 可同时配合进行各种工艺过程，如混合、分选、烘干、冷却等，工艺过程的连续化程度高，便于实现自动化操作。d. 输送生产率较高，尤其利于实现散装物料运输机械化，可极大提高生产率，降低装卸成本。

气力输送也有不足之处：a. 动力消耗较大。b. 管道及其他与被输送物料接触的构件易磨损，尤其是在输送摩擦性较大的物料时。c. 输送物料品种有一定的限制，不宜输送易成团黏结和易碎的物料。

五、刮板输送机

刮板输送机是借助于牵引构件上刮板的推动力，使散粒物料沿着料槽连续移动的输送机。料槽内料层表面低于刮板上缘的刮板输送机称为普通刮板输送机，料层表面高于刮板上缘的刮板输送机称为埋刮板输送机。普通刮板输送机的结构简单，占用空间小，工艺布置灵活，可多点进料和卸料。但输送能力较低，仅适于短距离输送、轻载输送。

埋刮板输送机是由普通刮板输送机发展而来的,主要由封闭机槽、刮板链条、驱动链轮、张紧轮、进料口和卸料口等部件组成,其牵引件为链条,承载件为刮板,因刮板通常为链条构件的一部分或为组合结构,故该链条为刮板链条。通过采用不同结构的机筒和刮板,埋刮板输送机可完成散粒物料的水平、倾斜和垂直输送。

埋刮板输送机结构简单,体积小,密封性好,安装维护方便;能在机身任意位置多点装料和卸料,工艺布置灵活,它可以输送粉状、粒状、含水量大、含油量大,或含有一定易燃易爆溶剂的多种散粒物料,生产率高而稳定,并容易调节。埋刮板链条工作的条件恶劣,滑动摩擦多,容易磨损,满载时启动负荷大,功率消耗大。刮板输送机不适用于输送黏性大的物料,输送速度低。

六、振动输送机

振动输送机是利用振动技术,对松散态颗粒物料进行中、短距离输送的输送机械。

振动输送机主要由输送槽、激振器、主振弹簧、导向杆架、平衡底架、进料装置、卸料装置等部分组成。振动输送具有产量高、能耗低、工作可靠、结构简单、外形尺寸小、便于维修的优点,目前在香辛料、粮食、饲料等部门,广泛用于输送块状、粒状和粉状物料。当制成封闭的槽体输送物料时,可改善工作环境。一般不宜输送黏性大的或过于潮湿的物料。

第二节　香辛料分选分级设备

许多香辛料原料在收集、运输和贮藏过程中混入了泥砂、石、草等杂物,将会影响成品质量,损害人体健康,并且对后序加工设备造成不利影响。在进行产品加工之前,必须对其进行分选或分级,清理杂物,使香辛料原料的规格和品质指标达到标准。

分选是指清除物料中的异物及杂质;分级是指对分选后的物料按其尺寸、形状、密度、颜色或品质等特性分成等级。分选与分级作业的工作原理和方法虽有不同之处,但往往是在同一个设备上完成的。

香辛料原料分选、分级机械的主要作用为:a. 保证产品的规格和质量指标。b. 降低加工过程中原料的损耗率,提高原料利用率。c. 提高劳动生产率,改善工作环境。d. 有利于生产的连续化和自动化。e. 有利于降低产品的成本。

香辛料原料常用的分选、分级有多种方法,较为常见的方式有以下几种。

①按物料的宽度分选、分级,一般可采用筛分,通常圆形筛孔可以对颗粒物料的宽度差别进行分选和分级,长形筛孔可以针对颗粒物料的厚度差别进行分选和分级。

②按物料的长度分选、分级,利用旋转工作面上的袋孔(一般称为窝眼)对物料进行分选和分级。

③按物料的密度分选、分级,主要用于颗粒的粒度或形状相仿但密度不同的物料,利用颗粒群相对运动过程中产生的离析现象进行分选和分级。颗粒群的相对运动可以由工作面的摇动或气流造成。

④按物料的流体动力特性分选、分级,主要是利用物料的流体动力特性的差别,在垂直、水平或者倾斜的气流或水流中进行分选和分级,实际上是综合了物料的粒度、形状、表面状态及密度等各种因素进行的分选和分级。

⑤按物料的电磁特性分选,主要用于香辛料原料中铁杂质的去除。

⑥按物料的光电特性分选、分级,利用物料的表面颜色差异,分出物料中的异色物料,如辣椒色选机等。

⑦按物料的内部品质分选、分级,根据物料的质量指标(如水分、糖度、酸度等化学含量)进行分选和分级,采用的方法往往是物料的某些成分对光学特性、磁特性、力学特性、温度特性的影响等无损检测的方法。从香辛料安全性和营养性考虑,内部品质的分选和分级比其他的分选和分级更具有广泛的意义。

⑧按物料的其他性质分级,采用某些与物料的品质指标有关联

的物理方法检测物料并进行分选、分级。如采用嗅觉传感器检测物料的味道,采用计算机视觉系统检测物料的纹理、灰度等。

　　许多香辛料的原料、半成品和成品都是粉粒料,粉粒料中的颗粒常有不同的粒度、粒形、表面粗糙度、密度、颜色、磁性、介电性等各种不同的物理性质,其中,根据不同的粒度和粒形特征进行分选的筛分机械是粉粒料中最常用的机械。

　　振动分选一般是通过机械的振动将原料通过一层或数层带孔的筛而使物料按宽度或厚度分成若干个粒度级别的过程。

一、摆动筛

　　摆动筛又称摇动筛,摆动筛和振动筛均属于平筛类,两者区别不大。与振动筛相比,摆动筛摆动幅度较大,数量级为厘米,振动筛振幅数量级为毫米。摆动筛是以往复运动为主,而以振动为辅,摆动次数在 600 次/min 以下。摆动筛通常采用曲柄连杆机构传动,电动机通过皮带传动使偏心轮回转,偏心轮带动曲柄连杆使机体(上有筛架)沿着一定方向作往复运动。由于机体的摆动,使筛面上的物料以一定的速度向筛架的倾斜端移动。筛架上装有多层活动筛网,小于第一层筛孔的物料从第一层筛子落到第二层筛子,而大于第一层筛孔的物料则从第一层筛子的倾斜端排出收集为一个级别,其他级别依此类推。

　　摆动筛的机体运动方向垂直于支杆或悬杆的中心线,机体和出料方向有一倾斜角度,由于机体摆动和倾角存在而使筛面上的物料以一定的速度向前运动,物料是在运动过程中进行分级的。摆动筛的筛面是平的,因而全部筛面都在工作,制造和安装都比较容易,结构简单,调换筛面十分方便,适用于多种物料的分级。缺点是动力平衡较差,运行时连杆机构易损坏,噪声较大等。

　　物料在摆动的筛面上主要有两种运动,一种是使物料沿筛面倾斜方向向下移动,或称正向移动;另一种是使物料沿筛面倾斜方向向上移动,或称反向移动。物料正向移动速度快,可使物料层处于较薄状态,从而增加过筛机会。若该速度过快,就需要较长的筛面,否则,就会造成来不及过筛的物料进入另一级中。另外,由于料层太薄,物料在筛面上跳动过大而影响过筛机会。一般正向运动大于反向运动,才能使物料不断向出料口移动。然而又必须有一定的反向移动,才能使物料有更多机会通过筛孔。因此,摆动筛安装好后,要多次调试,选择最佳进料量,做到既有较高的分级效率又有较大的生产能力。

摆动筛的特点是用机械的方法带动微振动,使物料在振动中移动和分级。但振动产生噪声,并影响零部件的寿命,则必须控制。这就是摆功筛中振动和平衡一对矛盾。为了防止发生剧烈的振动,除了在制造、安装中保证其精度外,设计上通常采取平衡重平衡或对称平衡的方法。

平衡重平衡法,即在偏心装置上加设平衡重物,是以平衡轮来平衡单筛体惯性力的方法。平衡重装置的方位应与筛体运动方向相平行,当曲柄连杆机构转到水平位置时,平衡重所产生的离心惯性力恰好与筛体产生的惯性力方向相反而起平衡作用。但是,当转到垂直方向,反而会产生不平衡的惯性力。采用平衡重平衡,需要确定平衡重物的重量和相位。

对称平衡法,即采取双筛体的方法平衡,是在偏心轴上装置两个偏心轮,用两个连杆带动上下筛体运动。同向双筛体一上一下。由于上下两个偏心轮的偏心方向相反,则上下两筛体的运动方向也相反,使筛体水平方向的惯性力得以抵消而平衡。垂直方向的不平衡则不能避免。

二、除石机

除石机用于除去原料中的砂石。常用的方法有筛选法和比重法等。筛选法除石机是利用砂石的形状和体积大小与加工原料的不同,利用筛孔形状和大小的不同除去砂石。密度除石机是利用砂石与原料密度不同,在不断振动或外力(如风力、水力、离心力等)作用下,除去砂石。

(一)粒状原料密度除石机

密度除石机常用于清除物料中密度比原料大的并肩石(类似豆

类大小石子)等重杂质的一种装备。该机主要由进料、筛体排石装置、吹风装置、偏心振动机构等部分组成,如图 5－1 所示为 QSC 型密度除石机。

　　密度除石机由进料装置、筛体、风机、传动机构等部分组成。传动机构常采用曲柄连杆机构或振动电机两种。进料装置包括进料斗、缓冲匀流板、流量调节装置等组成。筛体与风机外壳固定连接,风机外壳又与偏心传动机构相连,因此,它们是同一振动体。筛体通过吊杆支承在机架上。除石筛面一般用薄钢板冲压成双面突起的鱼鳞形筛孔。密度除石机中的筛孔并不通过物料,而只作通风用,所以筛孔大小、凸起高度不同,出风的角度就会不同,从而影响到物料的悬浮状态和除石效率。筛面向后逐渐变窄,后部称为聚石区,筛面与其上部的圆弧罩构成精选室,改变圆弧罩内弧形调节板的位置,可改变反向气流方向,以控制石子出口区含粮粒数。鱼鳞形冲孔除石筛面的孔眼均指向石子运动方向(后上方),对气流进行导向和阻止石子下滑,它并不起筛选作用。吹风系统包括风机、导风板、匀风板、风量调节装置等,气流进入风机,经过匀风板、除石筛面,穿过物料后,排放到机箱内循环使用。

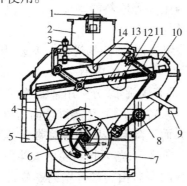

图 5－1　QSC 型密度除石机

1—进料口　2—进料斗　3—进风调节手轮　4—导风板　5—出料口
6—进风调节装置　7—风机　8—偏心传动　9—出风口　10—精选室
11—吊杆　12—匀风板　13—除石筛面　14—缓冲匀流板

密度除石机工作时,物料不断地进入除石筛面的中部,由于物料各成分的密度及空气动力特性不同,在适当的振动和气流作用下,密度较小的物料颗粒浮在上层,密度较大的石子沉入底层与筛面接触,形成自动分层。由于自下而上穿过物料的气流作用,使物料之间孔隙度增大,降低了料层间的正压力和摩擦力,物料处于流化状态,促进了物料自动分层。因除石筛面前方略微向下倾斜,上层物料在重力、惯性力和连续进料的推力作用下,以下层物料为滑动面,相对于除石筛面下滑至净料粒出口。与此同时,石子等杂物逐渐从物料颗粒中分出进入下层。下层石子及未悬浮的重颗粒在振动及气流作用下沿筛面向后上滑,上层物料也越来越薄,压力减小,下层颗粒又不断进入上层,在达到筛面末端时,下层物料中物料颗粒已经很少了。在反吹气流的作用下,少量物料颗粒又被吹回,石子等重物则从排石口排出。密度除石机工作时,要求下层物料能沿倾斜筛面向后上滑而又不在筛面上跳动。

(二)块根类原料转筒式除石机

块根类原料转筒式除石机是用来除去块根类香辛料原料中的石块泥砂。如图5-2所示为除去夹杂在原料中砂石的转筒式除石机。其工作原理是砂石与生姜等原料的密度差较大,从而利用它们在水中不同的沉降速度进行分离。

该除石机由两段组成,前段为扬送轮5,后段为转鼓7,扬送轮外安装有小斗,作除砂用。扬送轮内有大斗,作去石用。转鼓上有筛孔,转鼓的内外壁上都有螺旋带,分别用来输送石块和泥沙。当料水混合物由流送槽2进入转鼓7后,生姜继续向前流送,而夹杂在生姜中的砂石因密度较大而沉降到转鼓内螺旋带上,随着螺旋带旋转向料水混合物相反的方向移动,落入扬送轮的大斗内,被提升后由砂石出口排出。通过筛孔的泥砂由转鼓外壁的螺旋带推至前段,经扬送轮外小斗撮起,在转动中滑入轮内大斗与石块一起排除。

为了防止原料下沉到转鼓壁上,该机还安装有水泵,使流送水循环,加大水流速度。生产中为了加强除石效果,可串联两台或两台以上转筒式除石机,除石效率可达92%以上,且对原料流送过程影响较小,所以得到广泛应用。

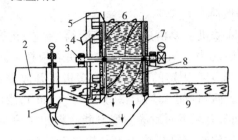

图 5 - 2　转筒式除石机

1—循环水泵　2—流送槽　3—主轴　4—砂石出口

5—扬送轮　6—除石器　7—转鼓　8—螺旋带　9—流送沟

三、除铁机

除铁机用于除去原料中的铁质磁性杂物,如铁片、铁钉、螺丝等。常用的方法是磁选法,利用磁力作用除去夹杂在香辛料原料中的铁质杂物。

香辛料原料在加工前必须经过严格的磁选,除去夹在原料中的铁性杂质,香辛料原料中混入的磁性金属杂质,对加工机械和人身安全危害较大,必须用除铁机去除。除铁机又称磁力除铁机,它的主要工作部件是磁体。每个磁体都有 2 个磁极,其周围存在磁场,磁体分为电磁式和永磁式 2 种形式。电磁式除铁机磁力稳定,性能可靠,但必须保证一定的电流。永磁式除铁机结构简单,使用维护方便,不耗电能,但使用方法不当或时间过长磁性会退化。

磁选设备有永磁溜管、胶带式除铁机和永磁滚筒等。

(一)永磁溜管

永磁溜管的永久磁铁装在溜管上边的盖板上,一般在溜管上设置 2 ~ 3 个盖板,每个盖板上装有 2 组前后错开的磁铁。工作时,原料从溜管端流下,磁性物体被磁铁吸住。工作一段时间后进行清理,可依次交替地取下盖板,除去磁性杂质,溜管可连续进行磁选,永磁溜管结构简单,不占地方。为提高分离率,应使流过溜管的物料层薄而均匀。

(二)永磁滚筒

永磁滚筒除铁机主要由进料装置、滚筒、磁芯、机壳和传动装置等部分组成。磁芯由铁氧体永久磁铁和铁隔板按一定顺序排列成170°的圆弧形,安装在固定的轴上,形成多极头开放磁路。磁芯圆弧表面与滚筒内表面间隙小而均匀(一般小于 2 mm),滚筒由非磁性材料制成,外表面敷有无毒而耐磨的聚氨酯涂料作保护层,以延长使用寿命。滚筒通过蜗轮蜗杆机构由电动机带动旋转。磁芯固定不动,滚筒重量轻,转动惯量小。永磁滚筒能自动地排除磁性杂质,除杂效率高(98% 以上),特别适合除去粒状物料中的磁性杂质。

为了有效地保障安全生产和产品质量,在香辛料原料加工的全过程中,凡是高速运转的机器的前部应装有磁选设备。为了保证磁选效果,物料通过磁极面的速度不宜过快,永磁溜管的物料速度一般为 0.15~0.25 m/s,永磁滚筒的圆周速度一般为 0.6 m/s 左右。

四、光电分选分级机械与设备

利用紫外、可见、红外等光线和物体的相互作用而产生的折射、反射和吸收等现象,对物料进行非接触式检测的方法是 20 世纪 60 年代开始用于农产品和香辛料质量检验的新方法。根据物料的吸收和反射光谱可以鉴定物质的性质,例如,利用紫外光作激励光源照射香辛料获得香辛料上的辐射荧光,根据荧光的强度可以判别香辛料上附着的微生物及其代谢物(如黄曲霉素)。香辛料物料的光学特性是指物料对投射其表面上的光产生反射、吸收、透射、漫射或受光照后激发出其他波长的光的性质。物料是由许多微小的内部中间层组成的,不同物料的物质种类、组成不同,因而在光学特性方面的反映也不尽相同。

香辛料物料在种植、加工、贮藏、流通等过程中难免会出现缺陷,例如含有异种异色颗粒、变霉变质粒、机械损伤等,因而在工业生产中有必要对产品进行检测和分选。然而,常规手段大多依靠跟手配合的人工分选,具有生产率低、劳动力费用高、容易受主观因素干扰、精确度低等缺陷,无法对颜色变化进行有效分选。光电检测和分选技术克服了手工分选的缺点,具有以下明显的优越性:a.既能检测表面品质,又能检测内部品质,而且检测为非接触性的,因而是非破坏性的。经过检测和分选的产品可以直接出售或进行后续工序的处理。b.排除了主观因素的影响,对产品进行全数(100%)检测,保证了分选的精确性和可靠性。c.劳动强度低,自动化程度高,生产费用降低,便于实现在线检测。d.机械的适应能力强,通过调节背景光或比色板,即可以处理不同的物料,生产能力大,适应了日益发展的商品市场的需要和工厂化加工的要求。

香辛料植物是在自然条件下生长的,它们的叶、茎、秆、果实等在阳光的抚育下,形成了各自固有的颜色。这些颜色受到辐照、营养、水分、生长环境、病虫害、损伤、成熟程度等诸多因素的影响,会偏离或改变其固有的颜色。换言之,人们可以通过农产品的颜色变化,识别、评价它们的品质(包括内部的成分含量,如糖度、酸度、淀粉、蛋白质等成分含量)特性。

色选机是利用光电原理,从大量散装产品中将颜色不正常或感染病虫害的个体(球状、块状或颗粒状)及外来杂质检测分离的设备(图5-3)。光电色选机的工作原理:贮料斗中的物料由振动喂料器送入通道成单行排列,依次落入光电检测室,从电子视镜与比色板之间通过。被选颗粒对光的反射及比色板的反射在电子视镜中相比较,颜色的差异使电子视镜内部的电压改变,并经放大。如果信号差别超过自动控制水平的预置值,即被存贮延时,随即驱动气阀,高速喷射气流将物料吹送入旁路通道。而合格品流经光电检测室时,检测信号与标准信号差别微小,信号经处理判断为正常,气流喷嘴不动作,物料进入合格品通道。

光电色选机主要由供料系统、检测系统、信号处理与控制电路、剔除系统四部分组成。供料系统由贮料斗、振动器、斜式槽(立式)或带式输送器(卧式)组成。其作用是使被分选的物料均匀地排成单列,穿过检测位置并保证能被传感器有效检测。色选机系多管并列设置,生产能力与通道数成正比,一般有20、30、40、48等系列。

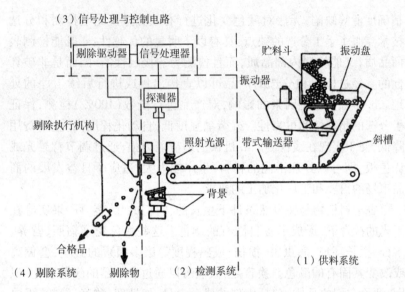

图 5－3　光电色选机系统示意图

　　供料的具体要求是：a. 计量。保证每个通道中单位时间内进入检测区的物料量均匀一致。b. 排队。保证物料沿一定轨道一个个按顺序单行排列进入检测位置和分选位置。c. 匀速。为了保证不合格品确实被剔除，物料从检测位置到达分选位置的时间必须为常数，且须与从获得检测信号到发出分选动作的时间相匹配。

　　检测系统主要由光源、光学组件、比色板、光电探测器、除尘冷却部件和外壳等组成。检测系统的作用是对物料的光学性质（反射、吸收、透射等）进行检测以获得后续信号处理所必需的受检产品的正确的品质信息。光源可用红外光、可见光或紫外光，功率要求保持稳定。检测区内有粉尘飞扬或积累，影响检测效果，可以采用低压持续风幕或定时地高压喷吹相结合以保持检测区内空气明净，环境清洁，并冷却光源产生的热量，同时还设置自动扫帚装置，随时清扫，防止粉尘积累。

　　剔除系统接收来自信号处理控制电路的命令，执行分选动作。最常用的方法是高压脉冲气流喷吹。它由空压机、贮气罐、电磁喷射阀等组成。喷吹剔除的关键部件是喷射阀,应尽量减少吹掉一颗不合格品带走的合格品的数量。为了提高色选机的生产能力,喷射阀的开启频率不能太低,因此,要求应用轻型的高速、高开启频率的喷射阀。

五、金属及异杂物识别机械

香辛料加工过程中,不可避免地会受到金属或其他异物的污染。为此,在香辛料生产线中(尤其是自动化和大规模生产过程中),由于产品安全、设备防护、法规或(客户)合同要求等原因,往往需要安装金属探测器或异物探测器。

(一)金属探测器

金属探测器工作环境通常要求有一个无金属区,装置周围一定空间范围内不能有任何金属结构物(如滚轮和支承性物)。相对于探测器,一般要求紧同结构件的距离约为探测器高度的 1.5 倍,而对于运动金属件(如剔除装置或滚筒)需要 2 倍于此高度的距离。此环境下可检出物料中的铁性和非铁性金属,探测性能与物体磁穿透性能和电导率有关,可探测出直径 >2 mm 的球形非磁性金属和直径 >1.5 mm 的球形磁性金属颗粒,另外金属颗粒的大小、形状和(相对于线圈的)取向非常重要,金属探测器的灵敏度设置要考虑这些因素。探测的最终目的是除去物料中混入的金属或受金属污染的产品,因此金属探测器连接的剔除机械要能保证百分之百将污染物剔除,尽量减少因剔除金属或金属污染产品而引起的未受污染的产品损失。被剔除的受污染产品要收集在一个不再回到加工物流的位置。

(二)X 射线异物探测器

自 20 世纪 70 年代后期开始,X 射线异物探测器逐渐应用于香辛料加工业中,随着图像处理技术的发展及先进的快速微处理机的应用,利用 X 射线探测器全自动检测香辛料已经成为可能。

X 射线异物探测器的探测原理是基于 X 射线的成像比较原理,X 射线是短波长($\lambda \leqslant 10^{-9}$ m)高能射线,可穿透(可见光不透的)生物组织和其他材料。透过这些材料时,X 射线能量会发生衰减。物体不同,X射线衰减程度也不同。检测到的是X射线经处理的二维图像,将这种图像与标准图像比较,可判断被测物料中是否含有异常物体。

X射线异物探测器可应用于以下内容的检测:a. 金属、玻璃、石块和骨头等物质,铝箔包装内的不锈钢物质。b. 含有高水分或盐分的香辛料,以及一些能降低金属检测器敏感度的产品。c. 检视包装遗留或不足、产品放置不当及损坏的产品。

X射线异物探测敏感度主要取决于异物造成X射线的减弱程度在大小和厚度方面与产品相比较的结果。如表5-1所示为在20 m/min的检测速度下,一些异物的检测敏感度水平。X射线不易检测到密度较低的异物,因此,对纸、绳子和头发等检测尚有困难。

表5-1　X射线异物探测器对某些香辛料中异物的检测敏感度

异物种类	检测敏感度/mm	异物种类	检测敏感度/mm
金属粒子	0.5~1	橡胶	1.5~2
石头	1	木头	4~5
玻璃	1	骨骼	6
塑料	1~1.5		

第三节　原料处理设备

一、擦皮机

鲜姜高效脱皮对提高姜制品质量,降低生产成本,具有重要意义。鲜姜等块根、块茎类香辛料的外皮在加工成成品之前,大多需要除去表皮。由于原料的种类不同,皮层与果肉结合的牢固程度不同,生产的产品不同,对原料的去皮要求也不同。去皮的基本要求是去皮完全、彻底,原料损耗少。目前香辛料加工中常用的去皮方法有化学去皮和机械去皮。

(一)化学去皮

化学去皮又称碱液去皮,即将原料在一定温度的碱液中处理适当的时间,果皮即被腐蚀,取出后,立即用清水冲洗或搓擦,外皮即脱落,并洗去碱液。

(二)机械去皮

机械去皮应用较广,既有简易的手工去皮又有特种去皮机。按去皮原理不同,可分为机械切削去皮、机械磨削去皮和机械摩擦去皮。

(1)机械切削去皮:采用锋利的刀片削除表面皮层。去皮速度较快,但不完全,且原料损失较多,一般需用手工加以修整,难以实现完全机械作业,适用于果大、皮薄、肉质较硬的香辛料原料。

(2)机械磨削去皮:利用覆有磨料的工作面除去表面皮层。可高速作业,易于实现完全机械操作,所得碎皮细小,便于用水或气流清除,但去皮后表面较粗糙,适用于质地坚硬、皮薄、外形整齐的原料。

(3)机械摩擦去皮:利用摩擦因数大、接触面积大的工作构件而产生的摩擦作用使表皮发生撕裂破坏而被去除。所得产品表面质量好,碎皮尺寸大,去皮死角少,但作用强度差,适用于果大、皮薄、皮下组织松散的原料。

离心擦皮机是一种小型间歇式去皮机械。依靠旋转的工作构件驱动原料旋转,使得物料在离心力的作用下,在机器内上下翻滚并与机器构件产生摩擦,从而使物料的皮层被擦离。用擦皮机去皮对物料的组织有较大的损伤,而且其表面粗糙不光滑,一般适用于加工生产切片或制酱的原料。常用擦皮机处理生姜等块根类香辛料原料。

擦皮机(图5-4)由工作圆筒5、旋转圆盘4、加料斗6、卸料口11、排污口13及传动装置等部分组成。工作圆筒内表面是粗糙的,圆盘表面呈波纹状,波纹角 $\alpha = 20° \sim 30°$,二者大多采用金刚砂粘结表面,均为擦皮工作表面。圆盘波纹状表面除兼有擦皮功能外,主要用来抛起物料,当物料从加料斗落到旋转圆盘波纹状表面时,因离心力作用被抛至圆筒壁,与筒壁粗糙表面摩擦而达到去皮的目的。擦皮工作时,水通过喷嘴送入圆筒内部,卸料口的闸门由把手锁紧,擦下的皮用水从排污口排去;已去皮的生姜靠离心力的作用从打开闸门的卸料口自动排出。

为了保证正常的工作效果,这种擦皮机在工作时,不仅要求物料能够被完全抛起,在擦皮室内呈翻滚状态,不断改变与工作构件间的位置关系和方向关系,便于各块物料的不同部位的表面被均匀擦皮,并且要保证物料能被抛至筒壁。因此,必须保持足够高的圆盘转速,同时,擦皮室内物料不得填充过多,一般选用物料的充满系数为0.50~0.65,依此进行生产率的计算。

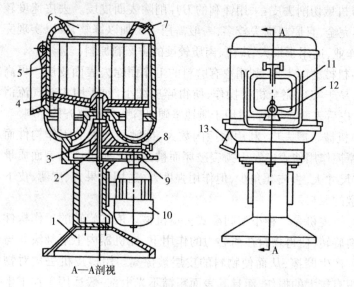

A—A剖视

图 5-4 脱皮机原理图
1—机座 2—齿轮 3—轴 4—圆盘 5—圆筒 6—加料斗 7—喷嘴
8—加油孔 9—齿轮 10—电机 11—卸料口 12—把手 13—排污口

二、切片机

切割机械是香辛料加工中最为常见的作业机械之一,它通过对加工物料进行机械剪切,从而得到所需的形状和尺寸的产品,如片、条、丁、块、泥(糜)等形态,可应用于加工工艺的不同程序。

在进行切割时,在切割平面内的切割方向上,刀片与物料之间必须保持一定的相对运动,才能完成切入直至切断。切割器是直接完成切割作业的部件,是切割机械的核心。切割器的类型及结构直接影响着切割机械的功能及整体性能。切割器一般可按切割方式和结构形式划分。

(一)按切割方式

按切割方式,切割器分为有支撑切割器和无支撑切割器2种。

1. 有支撑切割器

即在切割点附近有支撑面,切割物料起阻止物料沿刀片刃口运动方向移动的作用。这种切割器在结构上表现为由动刀和定刀(或另一动刀)构成切割幅。为保证整齐稳定的切割断面质量,要求动刀与定刀之间在切割点处的刀片间隙尽可能小且均匀一致。这种切割器所需刀片切割速度较低,碎段尺寸均匀、稳定,动力消耗少,多用于切片、段、丝等要求形状及尺寸稳定一致的场合。

2. 无支撑切割器

指物料在被切割时,由物料自身的惯性和变形力阻止其沿切割方向移动。这种切割器仅包含有一个(组)动刀,而无定刀(或另一动刀)。所需刀片切割速度高,碎段尺寸不均匀,动力消耗多,多用于碎块、浆、糜等形状及尺寸一致性要求不高的场合。

(二)按结构形式分

按结构形式,切割器分为盘刀式、滚刀式和组合刀式3种。

1. 盘刀式切割器

动刀刃口工作时所形成的轨迹近似为圆盘形,即刃口所在平(曲)面近似垂直回转轴线,所得到的产品断面为平面,是应用广泛的一种切割器。这种切割器便于布置,切割性能好,易于切制出几何形状规则的片状、块状产品。切制出产品的尺寸(如切片的厚度):当物料喂入进给方向与动刀主轴方向垂直时,取决于相邻刀片的间距;当物料喂入进给方向与动刀主轴方向平行时,取决于相邻2次切割过程中物料进给量。

2. 滚刀式切割器

动刀刃口工作时所形成的轨迹近似为圆柱面,即刃口所在平(曲)面近似平行回转轴线,所切出的断面呈圆柱面。在一些对产品形状要求不严格的场合,为便于收集切制出的产品,切割刀片固定在机壳上,而物料移动。滚刀式切割器的刀片主要有直刃口、螺旋刃口。

在实际生产中使用的刀片形状多种多样,常见的类型如图5-5所示。刀片形状的选用取决于被切割物料的种类、几何形状、物理特性、成品的形状及质量要求。切割坚硬和脆性物料时,常采用带锯齿的圆盘刀,图5-5(a),其两侧都有磨刃斜面;切割塑性和非纤维性的物料时,一般采用光滑刃口的圆盘刀,图5-5(b);圆锥形切刀的刚度好,切割面积大,图5-5(c),常用来切割脆性物料;梳齿刀刃口呈梳形,两个缺口间有一定的距离,图5-5(f),切下的产品呈长条状,常将前后两个刀片的缺口交错配量,可得到方断面长条产品;波浪形鱼鳞刃口刀,图5-5(g)切下的产品断面为半圆形,切割过程无撕碎现象。

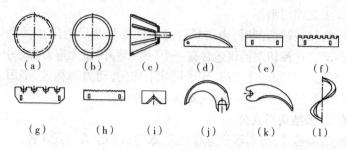

图5-5　切割器刀片结构形式

(a)锯齿刃口圆盘刀;(b)光滑刃口圆盘刀;(c)光滑刃口锥形刀;
(d)凸刃口刀;(e)直刃口刀;(f)梳齿刃口刀;(g)鱼鳞刃口刀;
(h)锯齿刀;(i)三角形刃口刀;(j)凸刃刀;(k)凹刃刀;(l)光刃螺旋刀

切片机械是指那些通过对物料的切割获得厚度均匀一致的片状产品的机械。为了获得预定的厚度,切片机械需要通过喂入机构沿切片的厚度方向进行稳定的定量进给,然后由切割器完成定位切割。在切片作业中,有些不需要按物料的特定方向进行切片,有些则需要按指定的方向进行切片。

通用型离心式切片机(图5-6)主要由圆锥形机壳6、回转叶轮1和安装在机壳内壁的定刀片3组成,其机壳及回转叶轮的轴线与水平面垂直,属于立式结构。原料经圆锥形喂料斗进入切片室内,受到高速旋转的回转叶轮的驱动而绕机壳内壁转动,在离心力和叶片驱赶的作用下压紧于机壳内壁,遇到伸入到内侧的定刀片后,即被切成与刀片结构形状及刀片间隙相应的片状,通过缝隙排出。回转叶轮的叶片一般呈后倾结构,使得物料在离心力和叶片压力共同作用下贴紧在机壳内壁上,避免仅依赖离心力而要求叶轮外缘线速度过高引起的产品折断。

刃口沿机壳母线平行方向或相交布置,固定于筒壁上,并伸入到机壳内壁内侧,属于滚刀式切割器。刀片间隙即为刃口与机壳内壁在半径方向上的距离,决定着切片的厚度,该间隙可通过调节刀片刃口的伸入量进行调整。刃口形状规格因切片形状需要而异,一般可切出平片、波纹片、V 形丝等。这种切片机的结构简单,生产能力较大,具有良好的通用性。切割时的滑切作用不明显,切割阻力大,物料受到较大的挤压作用,故适用于有一定刚度、能够保持稳定形状的块状物料。

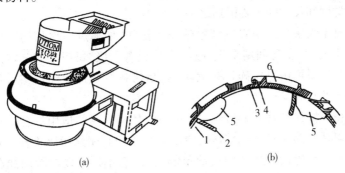

(a)　　　　　　　　　(b)

图 5 - 6　离心式切片机

1—回转叶轮　2— 叶片　3—定刀片　4—刀座　5—物料　6—机壳

三、原料的粉碎设备

粉碎是制取香辛料粉或以香辛料为原料提取精油、油树脂等时常用的操作步骤。粉碎是用机械力的方法克服固体物料内部凝聚力达到使之破碎的单元操作。习惯上有时将大块物料分裂成小块物料的操作称为破碎;将小块物料分裂成细粉的操作称为磨碎或研磨,两者又统称粉碎。

物料颗粒的大小称为粒度,它是粉碎程度的代表性尺寸。对于球形颗粒来说,其粒度即为直径。对于非球形颗粒,则有以面积、体积或质量为基准的各种名义粒度表示法。

根据被粉碎物料和成品粒度的大小,粉碎可分为粗粉碎、中粉碎、微粉碎和超微粉碎 4 种。a. 粗粉碎原料粒度在 40 ~ 1500 mm 范围内,成品颗粒粒度 5 ~ 50 mm。b. 中粉碎原料粒度 5 ~ 50 mm,成品粒度 0.1 ~ 5 mm。c. 微粉碎(细粉碎)原料粒度 2 ~ 5 mm,成品粒度 0.1 mm 左右。d. 超微粉碎(超细粉碎)原料粒度更小,成品粒度在 10 ~ 25 μm。

粉碎前后的粒度比称为粉碎比或粉碎度,主要指粉碎前后的粒度变化,同时间接反映出粉碎设备的作业情况。一般粉碎设备的粉碎比为 3 ~ 30,但超微粉碎设备可远远超出这个范围,达到 300 ~ 1000。对于一定性质的物料来说,粉碎比是确定粉碎作业程度、选择设备类型和尺寸的主要根据之一。

对于大块物料粉碎成细粉的粉碎操作,如通过一次粉碎完成则粉碎比太大、设备利用率低,故通常分成若干级,每级完成一定的粉碎比。这时可用总粉碎比来表示,它是物料经几道粉碎步骤后各道粉碎比的总和。

粉碎操作有好几种方法,每种方法有其特定的适用场合。这些方法包括开路粉碎、自由粉碎、滞塞进料粉碎和闭路粉碎 4 种。a. 开路粉碎是粉碎设备操作中最简单的一种,它不用振动筛等附属分粒设备,故设备投资费用低。物料加入粉碎机中经过粉碎作用区后即作为产品卸出,粗粒不作再循环。由于粗粒很快通过粉碎机,而细粒在机内停留时间较长,故产品的粒度分布很宽,能量利用不充分。b. 自由粉碎,物料在作用区的停留时间很短,当与开路磨碎结合时,让物料借重力落入作用区,限制了细粒不必要的粉碎,因而减少了过细粉末的形成。此法在动力消耗方面较经济,但由于有些大颗粒迅速通过粉碎区,导致粉碎物的粒度分布较宽。c. 滞塞进料粉碎,在粉碎机出口处插入筛网,以限制物料的卸出。对于给定的进料速率,物料滞塞于粉碎区直至粉碎成能通过筛孔的大小为止。因为停留时间可能过长,使得细粒受到过度粉碎,且功率消耗大。滞塞进料法常用于需要微粉碎或超微粉碎的场合,一台设备操作可获得很大的粉碎比。d.闭路粉碎,从粉碎机出来的物料流先经分粒系统,分出过粗的料粒后重新送入粉碎机。在这种情况下,粉碎机的工作只是针对颗粒较大的物料,物料的停留时间短,所以可以降低动力消耗。所采用的分检方法根据送料的形式而定,如采用重力法加料或机械螺旋进料时,常用振动筛作为分粒设备,当用水力或气力输送时则常用旋风分离器。

在香辛料粉碎操作中,上述方法为干法,所谓干法是指当进行粉碎作业时物料的含水量不超过4%。另外还有湿法,湿法是将原料悬浮于载体液流(常用水)中进行粉碎,湿法粉碎时的物料含水量超过50%,此法可克服粉尘飞扬问题,并可采用淘析、沉降或离心分离等水力分级方法分离出所需的产品。在香辛料加工上,粉碎经常作为浸出的预备操作,使组分易于溶出,故颇适于湿式粉碎法。湿法操作一般消耗能量较干法操作的大,同时设备的磨损也较严重。但湿法比干法易获得更微细的粉碎物,故在超微粉碎中应用广泛。

(一)冲击式粉碎机

冲击式粉碎机主要有2种类型,即锤片式粉碎机和齿爪式粉碎机。它们是以锤片或齿爪在高速回转运动时产生的冲击力来粉碎物料的。

1.锤片式粉碎机

大多香辛料属硬脆性原料,适于用锤片式粉碎机进行粉碎操作。锤式粉碎机的结构示意如图5-7所示,在机壳内镶有锯齿型冲击板。主轴上有钢质圆盘(或方盘),盘上装有许多可拆换的锤刀,锤刀可以自由摆动。锤刀下方装有筛网。工作原理是:当圆盘随主轴高速(一般为800~2500 r/min)旋转时,锤刀借离心力的作用而张开,并将从上方料斗中加入的物料击碎,物料在悬空的状态下就可被锤的冲击力所破碎,然后物料被抛至冲击板上,再次被粉碎,此外物料在机内还受到挤压和研磨的作用。被粉碎的物料通过机壳下方的筛网孔排出。若锤刀遇到过硬物块，则可以摆动让开，而不致损坏机器。

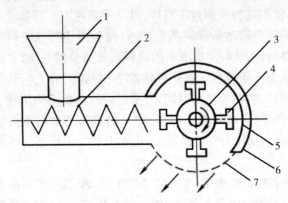

图 5 - 7　锤片式粉碎机的工作原理
1—加料斗　2—螺旋加料器　3—转盘　4—锤头　5—衬板　6—外壳　7—筛板

　　筛网有不同规格，它对产品的颗粒、大小及粉碎机的生产能力有很大的影响，一般锤式粉碎机筛孔直径为 1.5 mm，中心距为 2.5 ~ 3.5 mm。为避免物料堵塞筛孔，物料含水量不应超过 15%。锤刀与筛网的径向间隙是可以调节的，一般为 5 ~ 10 mm。

　　常用的锤刀有矩形、带角矩形和斧形。矩形锤刀的尺寸通常为 40 mm × (125 ~ 180) mm × (6 ~ 7) mm。锤刀末端的圆周速度一般为 25 ~ 55 m/s。速度越高，产品颗粒就越小，锤刀头部的打击面磨损很快，所以多采用高碳钢或锰钢材料。当锤刀一角被磨损后，可以调换使用。应严格准确对称安装锤刀，保证主轴具有动平衡的性能，以免产生附加的惯性力损伤机器。

　　锤式粉碎机的优点是结构简单、紧凑，能粉碎各种不同性质的物料，粉碎度大，生产能力高，运转可靠。其缺点是机械磨损比较大。

　　2. 爪式粉碎机

　　爪式粉碎机由进料斗、动齿盘转子、定齿盘、包角为 360°的环形筛网及出粉管等组成。定齿盘上有两圈定齿，齿的断面呈扁矩形；动齿盘上有 3 圈齿，其横截面是圆形或扁矩形。工作时，动齿盘上的齿在定齿盘齿的圆形轨迹线间运动。当物料沿喂料斗轴向喂入时,受到动、定齿和筛片的冲击、碰撞、摩擦及挤压作用而被粉碎,同时受到动齿盘高速旋转形成的风压,以及扁齿与筛网的挤压作用,使符合成品粒度的粉粒体通过筛网排出机外。动齿的线速度为 $80 \sim 85$ m/s,动、定齿间隙为 3.5 mm 左右。该机特点是结构简单、生产率较高、耗能较低,但通用性差,噪声较大,常用于饲料粉碎等操作。图 5-8 所示为齿爪式粉碎机结构示意图。

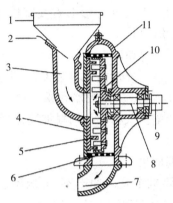

图 5-8　齿爪式粉碎机

1—喂料口　2—进料调节板　3—进料口　4—机盖　5—定齿盘　6—筛网
7—出粉口　8—主轴　9—带轮轴　10—动齿盘　11—机壳

(二)涡轮粉碎机

涡轮粉碎机,由刀片组成的粉碎转子支承在左右端盖的轴承座上作高速旋转,使固体物料颗粒在内腔的齿形衬板与刀片之间受到挤压、撕裂、碰撞、剪切等多种作用,从而达到粉碎目的;同时转子两端的大、小叶轮高速旋转,在进口和出口间通过腔体形式涡流效应,使被粉碎颗粒顺畅地进口(间隙大)到出口(间隙小),实现粉碎并细化。为限止腔内温度过高,提高粉碎效率,防止颗粒粘腔、粘刀,某些型号在腔体表面设计有水夹套强迫水冷,使腔内温度控制在较低限度。涡轮粉碎机适用粉碎各种塑料、无机矿物、中药材、谷物、香辛料等物料,粉碎后的细度可达 200 目。

(三)气流粉碎机

利用物料的自磨作用,用压缩空气、蒸汽或其他气体通过一定压力的喷嘴喷射产生高速的湍流和能量转换流,物料颗粒在其作用下悬浮输送,相互发生剧烈的冲击、碰撞和摩擦,加上高速气流对颗粒的剪切作用,使物料得以充分的研磨而粉碎。适用于热敏材料的超微粉碎,可实现无菌操作、卫生条件好。

气流粉碎机又可分为立式环形喷射气流粉碎机、对冲式气流粉碎机、超音速喷射式粉碎机。

1. 立式环形喷射气流粉碎机

立式环形喷射气流粉碎机由供料装置、料斗、压缩空气或热蒸汽入口、喷嘴、立式环形粉碎室、分级器和粉碎物出口等构成。工作过程为从喷嘴喷出的压缩空气将喂入物料加速,致使物料相互撞击、摩擦等而达到粉碎。

2. 对冲式气流粉碎机

对冲式气流粉碎机主要由冲击室、分级室、喷嘴、喷管等构成。工作过程为两喷嘴同时相向向冲击室喷射高压气流,物料受到其中一气流的加速,同时受到另一高速气流的阻止,犹如冲击在粉碎板上而破碎。

3. 超音速喷射式粉碎机

超音速喷射式粉碎机包括立式环形粉碎室、分级器和供料装置等。工作过程为物料从喂料口投入后,受到 2.5 马赫(气流速度与音速的比值)以上的超音速气流的强烈冲击,使物料颗粒相互间发生剧烈的碰撞作用,可达到 1 μm 的超微细粒度。粉碎机上设有粒度分级机构,微粒排出后,粗粒返回机内继续粉碎,直至达到所需粒度为止。

气流粉碎机的主要特点如下:能使粉粒体的粒度达到 5 μm 以下;粗细粉粒可自动分级,且产品粒度分布较窄;可粉碎低熔点和热敏性物料;产品不易受金属或其他粉碎介质的污染;可以实现联合作业;可在无菌条件下操作;结构紧凑,构造简单。

（四）搅拌磨

搅拌磨主要由研磨容器、分散器、搅拌轴、分离器、输料泵等组成。搅拌磨的工作原理为：在分散器高速旋转产生的离心力作用下，研磨介质和液体浆颗粒冲向容器内壁，产生强烈的剪切力、摩擦力、冲击力和挤压力等作用力，使浆料颗粒粉碎。研磨介质多为玻璃珠、钢珠、氧化铝珠、氧化锆珠等。

（五）冷冻粉碎机

有些物料在常温下具有热塑性或者非常强韧，粉碎起来非常困难。冷冻粉碎机可将物料冷冻，使物料成为脆性材料再粉碎。粉碎原理是利用一般物料具有低温脆化的特性，用液氮或液化天然气等冷媒对物料实施冷冻后的深冷粉碎方式。

低温粉碎工艺按冷却方式分为：浸渍法、喷淋法、气化冷媒与物料接触法。

按操作过程可分为：a. 物料经冷媒处理，使其温度降低到脆化温度以下，随即送入常温状态粉碎机中粉碎。b. 将物料投入内部保持低温的粉碎机中粉碎。c. 物料经冷媒深冷后，送入粉碎机内保持适当低温进行粉碎。

第四节　香辛料物料混合设备

在香辛料工业中，常常采用搅拌、混合和均质操作。

搅拌是指借助于流动中的 2 种或 2 种以上物料在彼此之间相互散布的一种操作，其作用可以实现物料的均匀混合、促进溶解和吸收气体、强化热交换等物理及化学变化。搅拌对象主要是流体，按物相分类有气体、液体、半固体及散粒状固体；按流体力学性质分类有牛顿型和非牛顿型流体。在香辛料加工工业中，许多物料呈流体状态，有的稀薄，有的黏稠，有的具有牛顿流体性质，有的具有非牛顿流体性质。

均质是指借助于流动中产生的剪切力将物料细化、将液滴碎化的操作，其作用是将香辛料加工所用的浆、汁、液进行细化、混合、均质处理,以提高香辛料加工产品的质量和档次。例如,乳化型香辛料的生产,均质使油树脂更易分散于水溶液中制成一种乳化液,不仅提高了乳状液的稳定性,而且改善了香辛料的感官质量,无渣滓口感,加香产品无斑点。

混合是香辛料加工工艺过程中不可缺少的单元操作之一。混合后的物料可以是香辛料工业中的最终产品,也可以作为在工艺过程中实现某种工艺操作的需要组合,例如,可以用来促进溶解、吸附、浸出、结晶、乳化、生物化学反应、防止悬浮物沉淀及均匀加热和冷却等。被混合的物料经常是多相的,主要有以下几种情况:a. 液—液相:可以有互溶或乳化等现象。b. 固—固相:纯粹是粉粒体的物理现象。c. 固—液相:当液相多固相少时,可以形成溶液或悬浮液;当液相少固相多时,混合的结果仍然是粉粒状或团粒状;当液相和固相比例在某一特定的范围内,可能形成黏稠状物料或无定型团块,这时混合的特定名称可称为"捏合"或"调和",它是一种特殊的相变状态。d. 固—液—气相:通过将空气或惰性气体混入物料以增加物料的体积、减少容重并改善物料的质构流变特性和口感。

在香辛料加工工业中,混合机应用于原料混合、粉料混合、香辛料粉中加辅料、添加剂、调味粉等的制造操作。混合机是将2种或2种以上的粉料颗粒通过流动作用,使之成为组分浓度均匀混合物的机械。混合机主要是针对散粒状固体,特别是干燥颗粒之间的混合而设计的一种搅拌机械。在混合机内,大部分混合操作都并存对流、扩散和剪切3种混合方式,但由于机型结构和被处理物料的物性不同,其中某一种混合方式起主导作用。

在混合操作中,粉料颗粒随机分布。受混合机作用,物料流动,引起性质不同的颗粒产生离析。因此在任何混合操作中,粉料的混合与离析同时进行,一旦达到某一平衡状态,混合程度即可确定,如果继续操作,混合效果的改变也不明显。影响混合效果的主要因素是粉料的物料特性和搅拌方式。粉料的物料特性包括粉料颗粒的大小、形状、密度、附着力、表面粗糙程度、流动性、含水量和结块倾向等。试验证明,大小均匀的颗粒混合时,密度大的趋向器底;密度近似的颗粒混合时,最小的和形状近似圆球形的趋向器底;颗粒的黏度越大,混度越高,越容易结块和结团,不易均匀分散。

混合的方法主要有两种:一种方法是容器本身旋转,使容器内的混合物料产生翻滚而达到混合的目的;另一种方法是利用一只容器和一个或一个以上的旋转混合元件,混合元件把物料从容器底移进到上部,而物料被移送后的空间又能够由上部物料自身的重力降落以补充,以此产生混合。按混合容器的运动方式不同,可分为固定容器式和旋转容器式。按混合操作形式,分为间歇操作式和连续操作式。固定容器式混合机有间歇与连续两种操作形式,依生产工艺而定;旋转容器式混合机通常为间歇式,即装卸物料时需停机。间歇式混合机易控制混合质量,可适应粉料配比经常改变的情况,因此应用较多。

一、旋转容器式混合机

该机又称为旋转筒式混合机、转鼓式混合机,是以扩散混合为主的混合机械。它的工作过程是:通过混合容器的旋转形成垂直方向运动,使被混合物料在器壁或容器内的固定抄板上引起折流,造成上下翻滚及侧向运动,不断进行扩散,从而达到混合的目的。

旋转容器式混合机的基本结构由旋转容器、驱动转轴、减速传动机构和电动机等组成。混合机的主要构件是容器。容器的形状决定混合操作的效果。因而,对容器内表面要求光滑平整,以避免或减少容器壁对物料的吸附、摩擦及流动的影响,同时要求制造容器材料无毒、耐腐蚀等。材质上多采用不锈钢薄板材。

旋转容器式混合机的驱动轴水平布置,轴径与选材以满足装料后的强度和刚度为准。减速传动机构要求减速比大,常采用蜗轮蜗杆、行星减速器等传动装置。因动力消耗不大,故混合功率一般为配用额定电机功率的50% ~60% 。

旋转容器式混合机的混合量(即一次混合所投入容器的物料量)取容器体积的30% ~50% ,如果投入量大,混合空间减少,粉料的离析倾向大于混合倾向,搅拌效果不理想。混合时间与被混合粉料的性质及混合机型有关,多数操作时间约为 10 min。

旋转容器式混合机根据被混合物料的性质可分为以下几种类型:水平型圆筒混合机、倾斜型圆筒混合机、轮筒型混合机、双锥型混合机、V 型混合机和正方体型混合机。

(一)水平型圆筒混合机

水平型圆筒混合机的圆筒轴线与回转轴线重合。在操作时,粉料的流型(即流体质点运动的轨迹及速度分布)简单。由于粉粒没有沿水平轴线的横向速度,容器内两端位置又有混合死角,并且卸料不方便,因此混合效果不理想,混合时间长,一般采用得较少。

(二)倾斜型圆筒混合机

倾斜型圆筒混合机的容器轴线与回转轴线之间有一定的角度,因此粉料运动时有三个方向的速度,流型复杂,加强了混合能力。这种混合机的工作转速在 40 ~ 100 r/min 之内,常用于混合调味粉料的操作。

(三)轮筒型混合机

轮筒型混合机是水平型圆筒混合机的一种变形。圆筒变为轮筒,消除了混合流动死角;轴与水平线有一定的角度,起到和倾斜型圆筒混合机一样的作用。因此,它兼有前两种混合机的优点。缺点是容器小,装料少;同时以悬臂轴的形式安装,会产生附加弯矩。

(四)双锥型混合机

双锥型混合机的容器是由两个锥筒和一段短柱筒焊接而成,其锥角有 90° 和 60° 两种结构。双锥型混合机操作时,粉料在容器内翻滚强烈,由于流动断面的不断变化,能够产生良好的横流效应。它的主要特点是:对流动性好的粉料混合较快,功率消耗低,转速一般为 5 ~ 20 r/min,混合时间为 5 ~ 20 min,混合量占容器体积的 50% ~ 60%。

(五)V 型混合机

V 型混合机也称双联混合机。它的旋转容器是由两段圆筒以互成一定角度的 V 型连接,两筒轴线夹角在 60° ~ 90°,两筒连接处切面与回转轴垂直。这种混合机的转速一般在 6 ~ 25 r/min,混合时间约为 4 min,粉料混合量占容量体积的 10% ~30% 。V 型混合机旋转轴为水平轴,其操作原理与双锥型混合机类似。但由于 V 型容器的不对称性,使粉料在旋转容器内时而紧聚时而散开,因此,混合效果要优于双锥型混合机,而混合时间也比双锥型混合机更短。为适应混合流动性不好的粉料,一些 V 型混合机对结构进行了改进,在旋转容器内装有搅拌浆,而且搅拌浆还可以反向旋转,通过搅拌浆使粉料强制扩散,同时利用搅拌浆剪切作用还可以破坏吸水量多、易结团的小颗粒粉料的凝聚结构,从而在短时间内使粉料得到充分混合。V 型混合机适用于多种干粉类香辛料物料的混合。

(六)正方体型混合机

正方体型混合机容器形状为正方体,旋转轴与正方体对角线相连。混合机工作时,容器内粉料三维运动,其速度随时改变,因此,重叠混合作用强,混合时间短。由于沿对角线转动,因而没有死角产生,卸料也较容易。这种混合机很适宜混合咖啡等粉料。

二、固定容器式混合机

固定容器式混合机的特点是容器固定,靠旋转搅拌器带动物料上下及左右翻滚,以对流混合为主,主要适用于混合物理性质差别及配比差别较大的散体物料。

(一)单螺旋多功能混合机

单螺旋多功能混合机适用于粉体、浆液和膏体等多种物料的混合,混合用螺旋不仅能自转,还能紧贴混合槽的内表面,绕锥体的中心轴进行公转,使物料能实现上升、螺旋及下降等多种运动,从而实现物料的快速混合。此种设备有操作性良好、动力消耗小、发热小、对粉体损伤小、混合速度快及物料容易排出等多种优点,可广泛应用于香辛料调味品的生产。

(二)双螺旋粉体混合机

双螺旋粉体混合机,如图 5 - 9 所示,该机具有较好的控制系统,使混合物不磨碎或压溃,无死角,无沉积。广泛用于香辛料、饲料、酿造等行业的固粒粉或粉液体混合,纤维片状及喷液混合,对热敏性物料无过热危险,对密度悬殊或粒度不同的物料混合时不会产生分层离析现象,搅拌5~8 min 即可,其功效为单螺旋的数倍,滚筒式的10倍以上。机械采用不锈钢(P)、碳钢(C)两种材料。容积有:0.3 m³、0.5 m³、1 m³、2 m³、4 m³等多种。

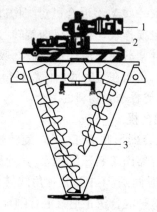

图5-9 双螺旋粉体混合机
1—电动机 2—传动机构 3—螺旋

三、混合机形式的选择

混合机选型时主要考虑以下几方面:a. 工艺过程的要求及操作目的,包括混合产品的性质、要求的混合度、生产能力、操作方式(间歇式还是连续式)。b. 根据粉料的物性分析对混合操作的影响,粉料物性包括粉粒大小、形状、分布密度、流动性、粉体附着性、凝聚性、润湿程度等,同时也要考虑各组分物性的差异程度。c. 由上述两点,初步确定适合给定过程的混合机形式。d. 混合机的操作条件,包括混合机的转速、装填率、原料组分比、各组分加入方法、加入顺序、加入速率和混合时间等。根据粉料的物性及混合机形式来确定操作条件与混合速度(或混合度)的关系以及混合规模。e. 需要的功率。f. 操作可靠性,包括装料、混合、卸料、清洗等操作工序。g. 经济性,主要有设备费用、维持费用和操作费用的大小。

第五节　香辛料的杀菌设备

杀菌是香辛料加工过程中最重要的环节之一。许多香辛料需要经过相应的杀菌处理,才能获得稳定的货架期。香辛料的杀菌方法分为热杀菌和冷杀菌,热杀菌是借助于热力作用将微生物杀死的杀菌方法;除了热杀菌以外所有杀菌方法都可以归类为冷杀菌。尽管人们早就认识到,热杀菌同时也会对香辛料营养或风味成分造成一定的影响,并且也在冷杀菌方面进行了大量的研究,但到目前为止,热杀菌仍然是香辛料行业的主要杀菌方式。根据杀菌处理时香辛料包装的顺序,可以将热杀菌分为包装香辛料和未包装香辛料两类方式。冷杀菌可以分为物理法和化学法两类。物理冷杀菌技术包括电离辐射、超高压、高压脉冲电场等杀菌技术。

香辛料的粉末制品,由于在原料收获时,其表面黏附着大量的微生物。虽然在其干燥和加工的过程中,微生物的含量和种类会产生变化,但产品若不经杀菌,仍然会含有大量的微生物,将会导致产品质量下降,保质期短,甚至产生致病菌中毒的严重后果。

我国的粉末香辛料制品,主要靠减少制品中的含水量来抑制微生物的生长繁殖,另外大多香辛料本身具有一定的抑菌作用,所以产品就具有一定的保质期。但杀菌香辛料的工艺发展很快,已较为普及,所用的香辛料杀菌方法如表 5 – 2 所示。

表 5 – 2　香辛料的杀菌方法

杀菌方法		实例
非加热杀菌法	杀菌剂	次氯酸、次氯酸钠、漂白粉、过氧化氢、乙醇等
	辐射	紫外线、X 射线、β 射线、γ 射线等
	煤气	几年前主要用煤气,现在已禁用
加热杀菌法	干热	用高温的空气或氮气杀菌
	蒸汽	饱和蒸汽(湿热)、加热水蒸气
	微波	微波低温加热杀菌

目前,蒸汽杀菌法应用最为广泛,安全性好,但也存在提高杀菌强度后挥发性风味物质容易损失的缺点。预计辐射杀菌不会导致产品质量变化,安全性好,能被广大消费者所接受,发展前景良好。

一、饱和蒸汽杀菌设备

饱和蒸汽杀菌设备的工作原理如图 5-10 所示。

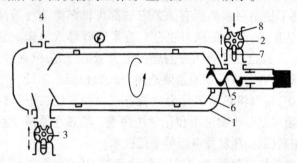

图 5-10 饱和蒸汽杀菌机

1—加压容器 2—回转加料器 3—回转卸料器 4—蒸汽
5—螺旋输料器 6—旋转滚筒 7—刮板 8—输料转子

旋转滚筒 6 在加压容器 1 中转动,容器 1 中通入饱和蒸汽,粉末香辛料从回转加料器 2 加入,经螺旋输料器 5 送到杀菌区,杀菌后的物料从回转卸料器 3 排出。设备杀菌温度可以在 100~145℃调节,并可调节产品水分含量,设备能够实现自动清洗。

另外,有的杀菌设备在杀菌时,还可以对物料进行搅拌。

二、过热水蒸气杀菌设备

采用过热水蒸气对粉体进行杀菌的设备有高速搅拌型杀菌机、气流式杀菌装置。其工作原理是:把饱和水蒸气用电热器加热成过热状态,让其直接与粉体接触,完成杀菌工作。这种装置被许多香辛料和制药厂使用,本来过热水蒸气可以干燥相同质量的低温物料,所以可以称为"干的水蒸气"。杀菌条件根据原料的种类、粒度、污染程度不同而异,一般压力 0.1~0.3 MPa,温度 140~180℃、时间 5~15 s。

(一)高速搅拌型粉体杀菌机

高速搅拌型粉体杀菌机如图5-11所示,粉料从进料口入,经搅拌桨叶搅拌杀菌,然后由出料口排出。过热水蒸气从进口和轴上直接喷出,瞬间完成杀菌作业。

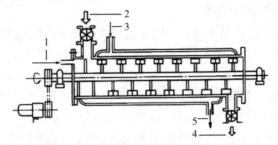

图5-11　高速搅拌型粉体杀菌机

1—过热水蒸气入口　2—进料口　3—饱和水蒸气入口　4—出料口　5—冷凝水

(二)气流式杀菌装置

气流式杀菌装置示意图如图5-12所示,其工作原理:原料由定量加料器1和闭风器2连续地加到管道中,与20~30 m/s的过热水蒸气相遇后,粉体处于悬浮状态随气流运动,同时在管道的输送中完

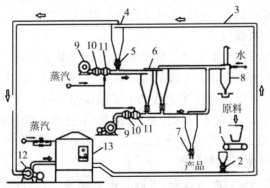

图5-12　气流式杀菌装置

1—定量加料器　2—闭风器　3—气流管　4—旋风分离器　5—排料口
6—分离器　7—排料阀　8—除尘器　9—涡轮鼓风机　10—空气过滤器
11—加热器　12—蒸汽循环泵　13—加热器

成杀菌,由分离器4分离粉料和过热水蒸气,过热水蒸气回收利用,粉料由排料口5排出,经2次热空气干燥后成为杀菌粉末香辛料制品,由排料阀7连续排出。

三、电离辐射杀菌

电离辐射杀菌是指利用γ射线或高能电子束(阴极射线)进行杀菌,是一种适用于热敏性物品的常温杀菌方法,属于"冷杀菌"。香辛料电离辐射杀菌设备系统通常称为辐照装置、辐射装置和照射装置等,主要由以下几部分组成:辐射源、产品传输系统、安全系统(包括联锁装置、屏蔽等)、控制系统、辐照室及其他相关的辅助设施(如菌检实验室、剂量实验室、安全防护实验室、产品性能测试实验室,以及通风系统、水处理系统、仓库等)。大型辐射装置,受辐射的产品一般采用机械方式传输,传输系统包括:a.过源机械系统:产品辐照箱在辐照室内围绕辐射源运行的传输机械设备。通常采用有气缸推动转运箱的辊道输送系统、单轨悬挂输送系统及积放式悬挂输送系统。b.迷道输送系统:将产品辐照箱从操作间(装卸料间)向辐照室转运时通过迷道的输送机械。c.装卸料操作机械:在操作间将需要辐照的产品装至辐照箱上,并将已辐照过的产品从迷道输送机送出的辐照箱上卸下的机械设备。

辐照装置的核心是处于辐照室内的辐射源及产品传输系统。目前用于香辛料电离辐射处理的辐射源有产生γ射线的人工放射性同位素源和产生电子束或X射线的电子加速器2种。辐射装置可以根据辐射源的类型(放射性同位素、加速器)和传输系统(静止、间歇,单道连续、多道连续)等进行分类。

(一)γ射线辐照装置

γ射线的穿透能力较强,可以采用大包装形式对物料进行照射。但γ射线源活度会以对数规律衰减。如^{60}Co源活度的半衰期为5.27年。典型的γ射线辐照装置主体是带有很厚水泥墙的辐照室,主要由辐射源升降系统和产品传输系统组成,按工艺规范进行产品辐照。通过迷道把辐照室和产品装卸大厅相沟通。辐照室中间有一个深水井,安装了可升降的辐射源架,在停止辐照时,辐射源降至安全的贮源位置。辐照时装载产品的辐照箱围绕源架移动,得到均匀的辐照。辐照室水泥屏蔽墙的厚度取决于放射性核素类型、设计预定的最大活度和屏蔽材料的密度。目前主要使用的 γ 射线同位素放射源主要是^{60}Co,通常做成用双层不锈钢壳密封的棒状(称为钴棒)。单根钴棒称为线源,放射强度有限。实际应用的辐射源通常由众多根钴棒平行排列成板状源,一般的板状钴源强度可在数十至上百万居里。

（二）电子束辐照装置

电子束辐照装置是指用电子加速器产生的电子束进行辐照、加工产品的装置。电子束辐照装置包括电子加速器、产品传输系统、辐射安全系统;产品装卸和贮存区域;供电、冷却、通风等辅助设备;控制室、剂量测量和产品质量检验实验室等。优点是辐射功率大、剂量率高及装置(电能)能源利用可控制等。缺点是与 γ 射线相比,电子射线的穿透力较低,此外装置系统复杂。电子加速器是利用电磁场使电子获得加速,提高能量,将电能转变为辐射能的装置。电子加速器系统包括辐射源、电子束扫描装置和有关设备(如真空系统、绝缘气体系统、电源等)。电子加速器有多种类型,目前加工用电子加速器主要有直流高压型和脉冲调制型加速器。它们都能产生能量高于150 keV 的电子束。

（三）X 射线辐照装置

对 X 射线辐照装置的理论和实验研究已有多年的历史,过去由于电子加速器成本较高及 X 射线能量转换效率偏低,实用化应用不多,但近年来随着加速器和靶工艺学的进展,以及^{60}Co 价格的上升,对 X 射线辐照装置的开发利用又引起了人们的重视。X 射线辐照装置既可以采用可使产品翻身的带式双通道传输送系统,也可以采用悬挂式产品传输系统。由于 X 射线是利用加速器产生的,因此可以实现电子束射和 X 射线两用辐射照装置。

第六节　香辛料的包装设备

包装是香辛料生产的重要环节。为了贮运、销售和消费,各种香辛料均需要得到适当形式的包装。香辛料包装大体上可以分为两类,即内包装和外包装。内包装是指直接将香辛料装入包装容器并封口或用包装材料将香辛料包裹起来的操作;外包装是在完成内包装后再进行贴标、装箱、封箱、捆扎等操作。内、外包装均可以采用人工和机械两种方式进行,但现代香辛料加工均尽量采用生产效率高、产品质量稳定的机械设备进行包装。香辛料包装机械设备品种繁多,总体上也可分为内、外包装机械两大类。内包装机械设备,又可进一步分为装料、封口、装料封口机三类,还可以根据香辛料状态、包装材料形态和装料封口环境进行分类;外包装机械主要有贴标机、喷码机、装箱机、捆扎机等。香辛料从原料加工到消费的整个流通环节是复杂多变的,受到生物性和化学性的侵染,受到流通过程中出现的诸如光、氧、水分、温度、微生物等各种环境因素的影响。包装是保证香辛料品质的有效途径之一。

我国香辛料干制品大多为散装,如用木箱、麻袋、化纤袋等的大包装;小包装制品多用塑料袋,也有用复合纸袋或纸袋的包装;而金属罐或玻璃瓶等包装容器使用很少。

塑料袋包装的香辛料干制品主要是人工称量,用小型塑料封口机封口,或用自动封口机封口,许多粉末香辛料也用这种方法进行包装。固体香辛料装入包装容器的操作过程通常称为充填。由于性质比较复杂和形状(一般有颗粒状、块状、粉状、片状等几何形状)的多样性,所以总体上固体物料的充填远比液体物料灌装困难,并且其充填装置多属专一性,形式较多,不易普遍推广使用。尽管如此,仍然可以将固体装料机按定量方式分为容积式定量充填机、称重式定量充填机和计数式定量充填机3种类型。

(1)容积式定量充填机:容积式定量充填机是按预定容量将物料充填到包装容器的设备。容积充填设备结构简单、速度快、生产率高、成本低,但计量精度较低。容积式定量充填机主要有4种。

①容杯式定量充填机:这类充填机利用容杯对固体物料进行定量充填。可调容杯由直径不同的上、下容杯相叠而成,通过调整上、下容杯的轴向相对位置,可实现通过改变容积实现改变定量的目的。这种容杯调整幅度不大,主要用于同批物料的视密度随生产或环境条件发生变化时的调整。

②螺杆式定量充填机:螺杆式定量充填机的每圈螺旋槽都有一定的理论容积,在物料视密度恒定前提下,控制螺杆转数就能同时完成计量和填充操作。由于螺杆转数是时间的函数,可通过控制转动时间实现螺杆转数的控制。为了提高控制精度,还可以在螺杆上装设转数计数系统。适用于装填流动性良好的颗粒状、粉状、稠状物料,但不宜用于易碎的片状物料或密度较大的物料。

③转鼓式定量充填机:转鼓形状有圆柱形、菱柱形等,定量容腔在转鼓外缘。容腔形状有槽形、扇形和轮叶形,容腔容积有定容和可调两种,通过调节螺丝改变定量容腔中柱塞板的位置,可对其容量进行调整。

④柱塞式定量充填机:柱塞式定量充填机通过柱塞的往复运动进行计量,其容量为柱塞两极限位置间形成的空间大小。柱塞的往复运动可由连杆机构、凸轮机构或气缸实现。通过调节柱塞行程可改变单行程取料量,柱塞缸的充填系数 K 需由试验确定,一般可取 K 的范围是 $0.8 \sim 1.0$。柱塞式充填机的应用比较广泛,粉、粒状固体物料及稠状物料均可应用。

(2)称重式定量充填机:称重式定量充填机是按预定重量将产品充填到包装容器内的充填机,适用范围很广。在自动包装机中,称重计量法常用于散状、密度不稳定的松散物料及形体不规则的块、枝状物品定量。称重计量的精度主要取决于称量装置的精度,一般可达 0.1% 。因此,对于价值高的物品也多用称重法计量。称重方法可有多种方式。最简单的方式是将产品连同包装容器一起称重,这种称量方式受包装容器本身的重量精度影响。为了提高精度,可以用扣除容器重量的方式进行重量定量。此种情形下,充填机要设一个对容器称重的机构。称重式定量充填机常用振动喂料器或螺旋喂料器供料。

(3)计数式定量充填机:计数式充填机是按预定件数将产品充填至包装容器的充填机。按计数方式的不同,分为单件计数充填机和多件计数充填机两类。单件计数式采用机械计数、光电计数、扫描计数方法,对产品逐件计数。

一、粉末全自动计量包装机

近年推出的粉末全自动计量包装机,在产量大的工厂得到了良好的应用,其定量包装机原理示意图如图5-13所示。包装机设有可调容杯,可调容杯由一个上容杯和一个下容杯组合而成。通过调整装置改变上下容杯的相对位置,由于容积改变,其质量也改变,但这种调整是有限度的。

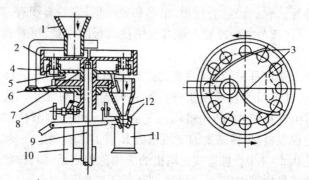

图5-13　粉末全自动计量包装机示意图
1—料斗　2—转盘　3—刮板　4—计量杯　5—底盘　6—导轨
7—托盘　8—容杯调节机构　9—转轴　10—支柱　11—包装容器　12—料斗

调整方法有自动和手动2种。手动机构调整方法是根据装罐过程检测其质量波动情况,用人工转动手轮,传动调节螺杆,机构升降下容杯来达到的,当然也可用机构调整上容杯升降来实现。如用自动调整方法,则比较复杂,在粉料进给系统中,加电子检测装置,以测得各瞬时物料容量变化的电讯号,经过放大装置放大后,驱动电动机,传动容杯调节机构,以及对调节容杯组合的容积,达到自动调节控制。

二、给袋式全自动酱料包装机

给袋式全自动酱料包装机包装流程包括:上袋、打印生产日期、打开袋子、填充物料、热封口、冷却整形、出料。适用于包装液体、浆体物料,如辣椒酱、香辛料调味汁等物料的袋装。本生产线符合香辛料加工机械的卫生标准。机器上与物料和包装袋接触的零部件均采用符合香辛料卫生要求的材料加工,以保证香辛料的卫生和安全。包装袋类型有自立袋(带拉链与不带拉链)、平面袋(三边封、四边封、手提袋、拉链袋)、纸袋等复合袋。

三、瓶罐封口机械设备

这类机械设备用于对充填或灌装产品后的瓶罐类容器进行封口。瓶罐有多种类型,不同类型的瓶罐采用不同的封口形式与机械设备。常见的瓶罐及其封口形式如下。

(一)卷边封口机

卷边封口是将罐身翻边与涂有密封填料的罐盖(或罐底)内侧周边互相钩合,卷曲并压紧,实现容器密封。罐盖(或罐底)内缘充填的弹韧性密封胶,起增强卷边封口气密性的作用。这种封口形式主要用于马口铁罐、铝箔罐等金属容器。封罐机的卷封作业过程实际上是在罐盖与罐身之间进行卷合密封的过程,这一过程称为二重卷边作业。形成密封的二重卷边的条件离不开四个基本要素,即圆边后的罐盖、具有翻边的罐身、盖钩内的胶膜和具有卷边性能的封罐机。所用板材的厚度和调质度(马口铁经过轧制塑性变形或热处理后所具有的综合机械性能)也会影响到密封的二重卷边的形成及封口质量。

(二)旋盖封口机

旋合式玻璃罐(瓶)具有开启方便的优点,在生产中应用广泛。玻璃罐盖底部内侧有盖爪,玻璃罐颈上的螺纹线正好和盖爪相吻合,置于盖子内的胶圈紧压在玻璃罐口上,保证了它的密封性。常见的盖子有四个盖爪,而玻璃罐颈上有四条螺纹线,盖子旋转 1/4 转时即获得密封,这种盖称为四旋式盖。此外还有六旋式盖、三旋式盖等。如图 5-14 所示为 LHSCIA 爪式旋开盖真空自动封口机,该机主要由输瓶链带、理盖器、配盖预封部分、蒸汽管路系统、排气封盖部分、电控系统和传动系统等组成。供盖装置由贮盖筒、理盖转盘、铲板、溜盖槽和滑道等组成。

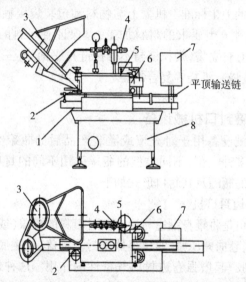

图 5-14　LHSCIA 爪式旋开盖真空自动封口机
1—输瓶链带　2—配盖预封部分　3—理盖器　4—蒸汽管道系统
5—排气室　6—封盖部分　7—电控屏　8—机座

(三) 多功能封盖机

在大型的自动化灌装线上,封盖机一般与灌装机联动,并且作一体机型设计,从而减小灌装至封盖的行程,使生产线结构更为紧凑。目前还开发出了自动洗瓶、灌装、封盖三合一的机型。然而,无论作为灌装机的联动设备,或是独立驱动的自动封盖机,其结构及工作原理是基本一致的。一些自动封盖机已设计成多功能的形式,可同时适用于玻璃瓶和聚酯瓶的封盖。只要更换封盖头及一些零部件便可适应不同盖型的封口。全自动封盖机,主要由理盖器、滑盖槽、封盖装置、主轴、输瓶装置、传动装置、电控装置和机座等组成。可适用皇冠盖及防盗盖的封口。

四、无菌包装机械

无菌包装就是在无菌环境条件下,把无菌的或预杀菌的产品充填到无菌容器中并进行密封。无菌包装的操作包括香辛料物料的预杀菌、包装材料或容器的灭菌、充填密封环境的无菌化。理论上讲,无论是液体还是固体香辛料均可采用无菌方式进行包装。但实际上,由于固体物料的快速杀菌存在难度,或者固体物料本身有相对的贮藏稳定性,因此,一般无菌包装多指香辛料液体产品的无菌包装。目前常用的无菌包装设备主要有 3 种类型。

(一)卷材成型无菌包装机

主机包括:包装材料灭菌、纸板成型封口、充填和分割等机构。辅助部分是提供无菌空气和双氧水等的装置。包装卷材经一系列张紧辊平衡张力后进入双氧水浴槽,灭菌后进入机器上部的无菌腔并折叠成筒状,由纸筒纵缝加热器封接纵缝;同时无菌的物料从充填管灌入纸筒,随后横向封口钳将纸筒挤压成长方筒形并封切为单个盒;离开无菌区的准长方形纸盒由折叠机将其上下的棱角折叠并与盒体黏接成为规则的长方形(俗称砖形),最后由输送带送出。

(二)预制盒式无菌包装机

与普通包装一样,无菌包装也可用预制包装容器进行包装。主要包括盒胚的输送与成型系统、容器的灭菌系统、无菌充填系统及容器顶端的密封系统等。这类机器的优点是灵活性大,可以适应不同大小的包装盒,变换时间仅需 2 min;纸盒外形较美观,且较坚实;产品无菌性也很可靠;生产速度较快,而设备外形高度低,易于实行连续化生产。缺点是必须用制好的包装盒,从而会使成本有所增加。

(三)大袋无菌包装机

大袋无菌包装是将灭菌后的料液灌装到无菌袋内的无菌包装技

术。由于容量大(范围在 20～200 L),无菌袋通常是衬在硬质(如盒、箱、桶等)外包装容器内,灌装后再将外包装封口。这种既方便搬运又方便使用的无菌包装也称为箱中袋无菌包装。

五、贴标与喷码机械

香辛料内包装往往需要粘贴商标之类的标签以及印上日期、批号之类的字码。这些操作须在外包装以前完成。对于小规模生产的企业,这些操作可以用手工完成,但规模化香辛料生产多使用高效率的贴标机和喷码机。

贴标签机是将印有商标图案的标签粘贴在香辛料内包装容器特定部位的机器。由于包装目的、所用包装容器的种类和贴标粘接剂种类等方面的差异,贴标机有多种类型。按操作自动化程度可分为半自动贴标机和自动贴标机。

喷码机是一种工业专用生产设备,可在各种材质的产品表面喷印上(包括条形码在内的)图案、文字、即时日期、时间、流水号、条形码及可变数码等,是集机电于一体的高科技产品。一般安装在生产输送线上的喷码机,根据预定指令,周期性地以一定方式将墨水微滴(或激光束)喷射到以恒定速度通过喷头前方的包装(或不包装)产品上面,从而在产品表面留下文字或图案印记效果。喷码机有多种形式,总体上可分为墨水喷码机和激光喷码机两大类。两种类型的喷码机均又可分为小字体和大字体 2 种形式。墨水喷码机又可分为连续墨水喷射式和按需供墨喷射式;按喷印速度分为超高速、高速、标准速、慢速;按动力源可分为内部动力源(来自内置的齿轮泵或压电陶瓷作用)和外部动力源(来自外部的压缩空气)两类。

六、外包装机械设备

外包装作业一般包括 4 个方面:外包装箱的准备工作(例如将成叠的、折叠好的扁平的纸箱打开并成型),将装有香辛料的容器进行装箱、封箱、捆扎。完成这 4 种操作的机械分别称为成箱机、装箱机、封箱机、捆扎机(或结扎机)。这些单机不断改进发展的同时,又出现了全自动包装线,把内包装香辛料的排列、装箱和捆包联合起来,即将小件香辛料集排装入箱、封箱和捆包于一体同步完成。由于包装容器有罐、瓶、袋、盒、杯等不同种类,而且形状、材料又各不相同,因而外包装机械的种类和形式较多。

(一)装箱机

装箱机用于将罐、瓶、袋、盒等装进瓦楞纸箱。装箱机形式因产品形状和要求不同而异。可分为两大类型。

1.充填式装箱机

由人工或机器自动将折叠的平面瓦楞纸箱坯张开构成开口的空箱,并使空箱竖立或卧放。然后将被包装香辛料送入箱中。竖立的箱子用推送方式装箱,卧放的箱子利用夹持器或真空吸盘方式装箱。

2.包裹式装箱机

将堆积于架上的单张划有折线的瓦楞纸板一张张地送出,将被包装香辛料推置于纸板的一定部位上,然后按纸板的折线制箱,并进行胶封,封箱后排出而完成作业。

(二)封箱机

封箱机是用于对已装罐头或其他香辛料的纸箱进行封箱贴条的机械。根据黏结方式可将封箱机分为胶黏式和贴条式两类。由于胶黏剂或贴条纸类型不同,上述两类机型内还存在结构上差异。常见封箱机结构主要由辊道、提升套缸、步伐式输送器、折舌、上下纸盘架、上下水缸、压辊、上下切纸刀、气动系统等部分组成。前道装箱工序送来的已装箱的开口纸箱进入本机辊道后,在人工辅助下,纸箱沿着倾斜辊道滑送到前端,并触动行程开关,这时辊道下部的提升套缸(在气动系统的作用下)便开始升起,把纸箱托送到具有步伐式输送器的圈梁顶上,纸箱到位后即接通信号,发出动作指令,步伐式输送器即开始动作。步伐式输送器推爪将开口纸箱推进拱形机架。在此过程中,折舌钩首先以摆动方式将箱子后部的小折舌合上,随后由固定折舌器将纸箱前部的折舌合上,此后再由两侧折舌板将箱子的大折舌合上并经尾部的挡板压平服。

（三）捆扎机

捆扎机是利用各种绳带捆扎已封装纸箱或包封物品的机械。如果主要是用来捆扎包装箱的,则常称为捆箱机。捆扎机发展很迅速,种类繁多,形式各异。按操作自动化程度,捆扎机可分为自动和半自动两种,按捆扎带穿入方式可分为穿入式和绕缠式两种,按捆扎带材料可分为纸带、塑料带和金属带捆扎机等。全自动捆扎机配有自动输送装置和光电定位装置。输送带将捆扎物送到捆扎机导向架下,光电控制机构探测到其位置后,即触发捆扎机对物件进行捆扎,然后沿输送带送出。

第六章　香辛料质量标准及应用

由于香辛料应用品种增加,应用领域扩大,应用形式多样化,使对香辛料产品质量的要求不仅停留在对植物性产品本身的质量要求上,而是在植物性产品基础上有更大的拓展和全面提升。对香辛料的质量要求不仅包括理化指标和感官指标,而且包括了香辛料的微生物指标、洁净度指标、外来物和香辛料植物附属物指标。

香辛料产品质量的标准化需要对产品的质量进行分等分级。对香辛料进行分等分级,能更合理有效地体现优质优价,同时终端产品能覆盖更大范围的目标人群。产品洁净度,通俗理解就是产品的看相和干净程度。洁净度是一个综合指标,它主要由附着物(沙土)、附属物、夹带异种植物、色泽及微生物污染等因素决定,当外来物(指异种植物和泥沙等)、附属物(与产品属同种植物的其他植物部分)指标符合要求时产品的洁净度高,否则洁净度低。微生物指标则要求产品不得带大肠杆菌、致病菌、有害菌及其毒素(如黄曲霉毒素)等,同时对细菌总数也有较高要求,设立香辛料微生物指标能有效地从生产、加工、贮存、流通和销售各个环节规范香辛料企业卫生条件,进一步减低有害微生物对消费者的安全威胁,降低人体受微生物侵害的风险,为安全使用香辛料提供了可靠保障,使香辛料质量面貌有较大改观。

在香辛料的生产、加工过程中,需参照相应的国家标准来对香辛料进行取样操作、成分检测,控制其质量标准。但需要引起注意的是目前香辛料行业存在着种种问题,导致香辛料产品容易发生重金属污染、微生物严重超标等安全质量问题,对香辛料产品的质量和食品安全都会产生不良影响。香辛料行业存在的问题主要有:a.香辛料产品标准化工作不够完善。目前,我国香辛料标准化水平与国际国内香辛料产业化发展不相适应,各类各级标准欠缺严重,难以满足香辛料市场化、产业化发展需要,也难以满足香辛料质量安全控制的需要。b.种植环节中农药残留与重金属污染。随着现状农业种植过程中农药、化肥等化学用品的频繁使用,香辛料原料在种植环节中容易受到农残污染。c.贮存运输环节中微生物超标。香辛料产品在原料处理、原料保存、产品加工过程中由于操作不规范、贮存环境不达标、未做杀菌处理等因素,容易导致微生物超标从而变相引发其他的食品质量安全问题。d.加工环节中操作不规范,我国香辛料的生产加工起步较晚,大部分处于粗加工状况,不同香辛料加工具有不同特点,不规范的加工操作常导致香辛料的质量出现问题。只有在种植环节、储运环节、加工环节等采取综合质量控制措施,如产地环境源头控制、仓储保存有效防菌、辅料产品合格选择、产品加工工艺科学、动态杀菌控制等才能有效对香辛料产品质量安全进行防治。

我国香辛料行业正处于作坊式生产向机械化、工业化生产的过渡阶段,解决香辛料行业的问题需要采取积极有效的对策,进一步完善香辛料生产管理和质量控制标准。

(1)实现香辛料行业标准化:采取措施健全香辛料行业的标准体系,形成国家标准、行业标准相互协调和配套的机制。从植物种植标准化、环境标准化、栽培管理标准化、采收标准化、加工标准化、贮藏运输标准化等入手,始终将标准化贯穿于香辛料产品生产加工贸易全过程,严格执行标准规范。确保香辛料生产链各环节的标准化实施,提高产品的合格率和高质量率,有利于提高我国香辛料产品的全过程质量控制。

(2)完善香辛料检验检测标准:建立行业统一的香辛料检验检测体系,制定一批完善的香辛料质量检测标准,并建立香辛料检测信息统一平台,及时将香辛料检测信息在行业和社会内进行公布,保障香辛料质量安全。

(3)构建香辛料质量安全追溯系统:实施“从农田到餐桌”的香辛料产品全程可追溯,构建统一的香辛料质量安全追溯系统,对香辛料产品进行生产、收购、加工和销售的全程标准化质量控制,一旦出现问题及时对产品进行召回和控制。

(4)开展香辛料风险评估预警研究:根据香辛料的检测信息、追溯信息、市场信息等,开展香辛料质量风险的早期预警和质量风险评估研究,可为规范香辛料产品市场流通和保障消费者利益创造有利条件。

第一节　香辛料中添加剂限量标准

《食品卫生法》中的食品添加剂是指为改善食品品质和色、香、味,以及防腐和加工工艺的需要而加入食品中的化学合成或天然物质。香辛料中使用食品添加剂的目的是保持香辛料的质量、增加其风味、保持或改善其功能性质、感官性质和简化加工过程等。食品添加剂按功能作用可分为32类,在香辛料生产过程中使用的主要有增味剂、乳化剂、着色剂、甜味剂、抗氧化剂、防腐剂等。

食品添加剂的使用存在着不安全性的因素,因为有些食品添加剂不是传统食品的成分,对其生理生化作用尚不了解,或还未做长期全面的毒理学试验等。有些食品添加剂本身虽不具有毒害作用,但由于产品不纯等因素也会引起毒害作用。这是因为合成食品添加剂时可能会带进残留的催化剂、副反应产物等工业污染物。对于天然的食品添加剂也可能带入尚不了解的动植物中的有毒成分,另外,天然物在提取过程中也存在化学试剂或被微生物污染的可能。为了规范和安全使用食品添加剂,国家卫生计生委制定实施了 GB 2760—2014《食品安全国家标准　食品添加剂使用标准》,该标准全面地规定了我国食品添加剂使用限量,该标准囊括了香辛料中食品添加剂的使用限量,在香辛料中使用的食品添加剂及其允许最大使用量,如表6–1所示。

表6–1　香辛料中食品添加剂的允许使用品种及最大使用量

添加剂	食品分类号	食品名称	最大使用量/(g/kg)	备注
氨基乙酸(又名甘氨酸)	12.0	调味品	1.0	

添加剂	食品分类号	食品名称	最大使用量/(g/kg)	备注
L－丙氨酸	12.0	调味品	按生产需要适量使用	
单、双甘油脂肪酸酯	12.09	香辛料类	5.0	
纽甜	12.09.03	香辛料酱（如芥末酱、青芥酱）	0.012	
二氧化硅	12.09	香辛料类	20.0	
硅酸钙	12.09.01	香辛料及粉	按生产需要适量使用	
果胶	12.09	香辛料类	按生产需要适量使用	
海藻酸钠	12.09	香辛料类	按生产需要适量使用	
红花黄	12.0	调味品（12.01 盐及代盐制品除外）	0.5	
红曲米、红曲红	12.0	调味品（12.01 盐及代盐制品除外）	按生产需要适量使用	
琥珀酸二钠	12.0	调味品	20.0	
黄原胶	12.09	香辛料类	按生产需要适量使用	
姜黄	12.0	调味品	按生产需要适量使用	
聚甘油脂肪酸酯	12.0	调味品（仅限用于膨化食品的调味料）	10.0	
ε－聚赖氨酸盐盐酸盐	12.0	调味品	0.50	
卡拉胶	12.09	香辛料类	按生产需要适量使用	
辣椒红	12.0	调味品（12.01 盐及代盐制品除外）	按生产需要适量使用	

续表

添加剂	食品分类号	食品名称	最大使用量/（g/kg）	备注
亮蓝及其铝色淀	12.09.01	香辛料及粉	0.01	以亮蓝计
	12.09.03	香辛料酱（如芥末酱、青芥酱）	0.01	
柠檬黄及其铝色淀	12.09.03	香辛料酱（如芥末酱、青芥酱）	0.1	以柠檬黄计
三氯蔗糖	12.09.03	香辛料酱（如芥末酱、青芥酱）	0.4	
山梨糖醇	12.0	调味品	按生产需要适量使用	
双乙酸钠	12.0	调味品	2.5	
双乙酰酒石酸单双甘油酯	12.09	香辛料类	0.001	
天门冬酰苯丙氨酸甲酯乙酰磺胺酸	12.0	调味品	1.13	
甜菊糖苷	12.0	调味品	0.35	以甜菊醇当量计
安赛蜜	12.0	调味品	0.5	
硬脂酸钙	12.09.01	香辛料及粉	20.0	
硬脂酸钾	12.09.01	香辛料及粉	20.0	
藻蓝	12.09.01	香辛料及粉	0.8	
皂荚糖胶	12.0	调味品	4.0	
蔗糖脂肪酸酯	12.0	调味品	5.0	
栀子黄	12.0	调味品（12.01 盐及代盐制品除外）	1.5	
栀子蓝	12.0	调味品（12.01 盐及代盐制品除外）	0.5	

此外，按照 GB 2760—2014《食品安全国家标准　食品添加剂使用标准》的规定，还有 75 种食品添加剂可在各类食品中按生产需要适量使用，这些食品添加剂分别是 5′-呈味核苷酸二钠（又名呈味核苷酸二钠）、5′-肌苷酸二钠、5′-鸟苷酸二钠、D-异抗坏血酸及其钠

盐、DL‑苹果酸钠、L‑苹果酸、DL‑苹果酸、α‑环状糊精、γ‑环状糊精、阿拉伯胶、半乳甘露聚糖、冰乙酸（又名冰醋酸）、冰乙酸（低压羰基化法）、赤藓糖醇、醋酸酯淀粉、单或双甘油脂肪酸酯、改性大豆磷脂、柑橘黄、甘油（又名丙三醇）、高粱红、谷氨酸钠、瓜尔胶、果胶、海藻酸钾（又名褐藻酸钾）、海藻酸钠（又名褐藻酸钠）、槐豆胶（又名刺槐豆胶）、黄原胶（又名汉生胶）、甲基纤维素、结冷胶、聚丙烯酸钠、卡拉胶、抗坏血酸（又名维生素C）、抗坏血酸钠、抗坏血酸钙、酪蛋白酸钠（又名酪朊酸钠）、磷酸酯双淀粉、磷脂、氯化钾、罗汉果甜苷、酶解大豆磷脂、明胶、木糖醇、柠檬酸、柠檬酸钾、柠檬酸钠、柠檬酸一钠、柠檬酸脂肪酸甘油酯、葡萄糖酸‑δ‑内酯、葡萄糖酸钠、羟丙基淀粉、羟丙基二淀粉磷酸酯、羟丙基甲基纤维素（HPMC）、琼脂、乳酸、乳酸钾、乳酸钠、乳酸脂肪酸甘油酯、乳糖醇（4‑β‑D吡喃半乳糖‑D‑山梨醇）、酸处理淀粉、羧甲基纤维素钠、碳酸钙（包括轻质和重质碳酸钙）、碳酸钾、碳酸钠、碳酸氢铵、碳酸氢钾、碳酸氢钠、天然胡萝卜素、甜菜红、微晶纤维素、辛烯基琥珀酸淀粉钠、氧化淀粉、氧化羟丙基淀粉、乙酰化单或双甘油脂肪酸酯、乙酰化二淀粉磷酸酯、乙酰化双淀粉己二酸酯。

第二节　常见香辛料标准

本节主要介绍花椒、八角、桂皮等11种常见香辛料的最新国家标准。

一、花椒

鲜花椒、冷藏花椒、干花椒和花椒粉标准参照GB/T 30391—2013进行。

（一）术语和定义

（1）花椒：花椒（*Zanthoxylum bungeanum* Maxim.）、竹叶椒（*Z. annatum* DC.）和青椒（*Z. schinifolium* Sieb. et Zucc.）的果皮。

（2）鲜花椒：未干制的新鲜花椒。

（3）冷藏花椒：经杀青、冷藏的鲜花椒。

（4）干花椒：晒干或干燥后的花椒。

（5）花椒粉：干燥花椒经粉碎得到的粉状物。

（6）过油椒：提取了花椒油素或经过油炸后的花椒。

（7）闭眼椒：干燥后果皮未开裂或开裂不充分、椒籽不能脱出的花椒果实。

（8）霉粒：霉变的花椒果实。

（9）色泽：成品花椒固有的颜色与光泽。

（10）杂质：除花椒果实、种子、果梗以外的所有物质。

（11）外加物：来自外部、不是花椒果实固有的物质，包括染色剂及其他人为添加物。

（二）采收、干制

1. 采收

鲜花椒采收时，应根据品种和级别要求，确定具体采收时间。可手摘或剪采。鲜花椒可采带花椒复叶 1~2 个；干制花椒只采摘伞状、总状果穗或果实。

2. 干制

采用晾晒或加热（50~60℃）干燥进行干制，晾晒时应将鲜花椒摊平于洁净、无污染的场所。

（三）要求

1. 分级

以花椒精油含量为依据，将鲜花椒、冷藏花椒、干花椒、花椒粉分为一、二两个等级。

2. 感官指标

花椒及花椒粉的感官指标应符合表 6-2 的要求。

表 6-2　鲜花椒、冷藏花椒、干花椒和花椒粉感官指标

项目	鲜花椒及冷藏花椒	干花椒	花椒粉
油腺形态	油腺大而饱满	油腺凸出，手握硬脆	
色泽	青花椒呈鲜绿或黄绿色；红花椒呈绿色、鲜红色或紫红色	青花椒褐色或绿褐色；红花椒鲜红或紫红色	青花椒粉为棕褐色或灰褐色；红花椒粉为棕红或褐红色

续表

项目	鲜花椒及冷藏花椒	干花椒	花椒粉
气味	气味清香、芳香,无异味	清香、芳香,无异味	芳香,舌感麻味浓、刺舌
杂质	无刺、霉腐粒,具种子,或果穗具1~2片复叶及果穗柄	闭眼椒、椒籽含量≤8%,果梗≤3%,霉粒≤2%,无过油椒	—

3. 理化指标

花椒及花椒粉理化指标应符合表6-3的要求。

表6-3　鲜花椒、冷藏花椒、干花椒和花椒粉理化指标

项目	鲜花椒及冷藏花椒		干花椒		花椒粉	
	一级	二级	一级	二级	一级	二级
精油(mL/100 g)≥	0.9	0.7	3.0	2.5	2.5	1.5
不挥发性乙醚提取物(质量分数)/%≥	1.8	1.6	7.5	6.5	7.0	5.0
水分(质量分数)/%≤	80.0		9.5	10.0	10.5	
总灰分(质量分数)/%≤	3.0		5.5		4.5	
杂质(质量分数)/%≤	10.0		5.0		2.0	
外加物	不得检出					

4. 卫生指标

花椒卫生指标应符合表6-4的要求。

表6-4　鲜花椒、冷藏花椒、干花椒和花椒粉卫生指标

项目	指标		检验方法
	鲜花椒及冷藏花椒	干花椒及花椒粉	
总砷/(mg/kg)≤	0.07	0.30	GB 5009.11
铅/(mg/kg)≤	0.42	1.86	GB 5009.12
镉/(mg/kg)≤	0.11	0.50	GB 5009.15
总汞/(mg/kg)≤	0.01	0.03	GB/T 5009.17

项目	指标		检验方法
	鲜花椒及冷藏花椒	干花椒及花椒粉	
马拉硫磷/(mg/kg)≤	1.82	8.00	GB/T 5009.20
大肠菌群/(MPN/100 g)≤	30		GB 4789.3
霉菌/(CFU/g)≤	10 000		GB 4789.16
致病菌(指肠道致病菌及致病性球菌)	不得检出		

(四)试验方法

1.取样方法及试样制备

按照 GB/T 12729.2—2020 或(五)1.执行。粉末试样制备按 GB/T 12729.3—2020 执行。

2.感官检验

观察样品的色泽、油腺形态、果形,有无霉粒、过油椒、杂质;鼻嗅或品尝其滋味;手感粗糙、硬脆、易碎者含水量适宜,反之含水量高;湿手搓捏椒粒,若手指染红或沾黏糊状物,表明花椒含有添加物;若内果皮呈红色或紫红色,表明含有染色剂。

3.理化指标

理化指标的测定参照 GB/T 12729.1～12729.13—2008《香辛料和调味品》有关内容。

4.异物检验

(1)等体积称量检验:用量筒分别量取花椒标准样、待检验花椒样品各 200 mL,分别称重,若花椒样品质量大于标准样的 5% 时,表明花椒样品含异物。

(2)浸泡检验:称取待检验花椒样品 20 g,置于烧杯中,加入 100 mL水,浸泡 20 min,若椒粒变形、水浑浊或变色,表明花椒含染色剂或异物。

5.卫生指标检验

按 GB 4789.3、GB 4789.16、GB 5009.11、GB 5009.12、GB/T

5009. 15、GB 5009. 17、GB/T 5009.20 的规定执行。

(五)检验规则

1. 取样

(1)组批:同品种、同等级、同生产日期、同一次发运的花椒产品为一批,凡品种混杂、等级混淆、包装破损者,由交货方整理后再进行抽检。

(2)抽样:成批包装的花椒按 GB/T 12729.2—2020 取样,散装花椒应随机从样本的上、中、下抽取小样,混合小样后再从中抽取实验室样品,未加工的鲜花椒和干花椒的实验室样品总量不得少于 2 kg,花椒粉的取样量不少于 500 g;批量在 1000 kg 以上的货物抽取 0.5%、500~1000 kg 取1%、200~500 kg 取2%、20 kg 以下取 2 kg 的混合小样。

2. 检验类别和判定规则

(1)出厂检验:出厂检验项目为感官、水分、挥发油、总灰分和杂质。

(2)形式检验:形式检验项目为本标准中(三)要求所列的全部项目。正常生产每 6 个月进行 1 次形式检验。

此外有下列情形之一时,也应进行形式检验:新产品鉴定;原辅材料、工艺有较大改变,影响产品质量;产品停产 6 个月以上,重新恢复生产;出厂检验与前 1 次形式检验结果有较大差异。

(3)判定规则:出厂检验及判定规则:出厂检验项目全部符合标准的,判定为合格。出厂检验项目如有 1 项或 1 项以上不符合标准的,可在同批产品中加倍抽样复验,复验后仍不符合的,按实测结果定级或判为不合格。

形式检验判定规则:形式检验项目全部符合标准要求时,判该批产品形式检验合格;形式检验项目有 1 项及以上项目不合格,可取备样复验,复验后仍不符合标准要求的,判该批产品形式检验不合格。

(六)标志

下列各项应直接标注在包装上:a.品名、等级、产地。b.生产企业名址、电话。c.保质期、合格标志。d.净重。e.生产日期。

（七）包装、贮存和运输

1. 包装

包装材料应符合食品卫生要求。内包装应用聚乙烯薄膜袋（厚度≥0.18 mm）密封包装，外包装可用编织袋、麻袋、纸箱（盒）、塑料袋或盒等。所有包装应封口严实、牢固、完好、洁净。

2. 贮存和运输

（1）贮存：冷藏花椒应在 −5 ～ −3℃下冷藏。冷库应干燥、洁净，不得与有毒、有异味的物品混放。干花椒、花椒粉常温贮存，库房应通风、防潮、垛高不超过 3 m，严禁与有毒害、有异味的物品混放。

（2）运输：运输途中应防止日晒雨淋，严禁与有毒害、有异味的物品混运；严禁使用受污染的运输工具装载。冷藏花椒在运输途中应保持在 25℃下。

二、八角

八角标准参照 GB/T 7652—2016 进行。

（一）术语和定义

（1）大红八角：秋季成熟期采收，经脱青处理后晒干或烤干的八角果实。

（2）角花八角：春季成熟期采收，经脱青处理后晒干或烤干的八角果实。

（3）干枝八角：落地自然干燥的八角果实。

（4）脱青：用加热处理，使八角鲜果原有的叶绿素消失的方法。

（5）自然干燥：直接晒干或晾干八角。

（6）色泽：八角成品的不同色泽，有棕红、褐红和黑红之分。

（7）碎口：八角破裂后 1～4 瓣连结在一起的碎体。

（8）杂质：八角果实外的其他物质（包括果梗）。

（9）香味：成品八角特有的芳香味。

（10）黑果：加工不当造成颜色全部变黑的果实。

（11）挥发油：八角经水蒸馏得到的芳香油。

（12）总灰分：八角在高温下炙灼至完全灰化的残渣。

(二)技术要求

1. 规格

大红八角分一级、二级、三级,角花八角分一级、二级,干枝八角为统级,共6个级别。

2. 感官指标

八角的感官指标应符合表6-5的规定。

表6-5 八角的感官指标

类别	级别	颜色	气味	果形特征
大红	一 二 三	棕红或褐色	芳香	角瓣短粗、果壮肉厚、无黑变、无霉变、干爽
角花	一 二	褐红	芳香	角瓣瘦长、果小肉薄、无黑变、无霉变、干爽
干枝	统级	黑红	微香	壮瘦皆备、碎角多、无霉变、干爽

3. 理化指标

八角的理化指标应符合表6-6的规定。

表6-6 八角的理化指标

类别	级别	果体大小/(个/kg)	碎口率/(%)	杂质含量/(%)	水分含量/(%)	总灰分含量/(%)	挥发油含量/(%)
大红	一级	≤850	≤6	≤0.5			
	二级	≤1200	≤10	≤1.0			
	三级	不限	≤20	≤1.5	≤12.5	≤3.0	≥7.5
角花	一级	≤1200	≤3	≤1.0			
	二级	不限	≤15	≤1.5			
干枝	统级	不限	不限	≤2.0			

4. 卫生指标

八角中二氧化硫残留量应小于30 mg/kg。

(三)试验方法

1. 检验流程

(1)第一流程:颜色→气味→杂质含量→果数→碎口率→水分。

(2)第二流程:挥发油→灰分→二氧化硫残留量。

2. 感官指标

(1)颜色:用肉眼观察鉴定。

(2)气味:鼻嗅辨八角是否具有该等级应有的芳香味。

(3)干爽度:手握有刺感,折测声脆者为含水量适合,手感柔软为含水量高。

3. 理化指标

(1)果数:用天平称取1000 g样品(精确至0.1 g),数计果数,缺瓣的凑足八瓣为一果,不足八瓣的四舍五入。

(2)碎口率:用上述样品,记下读数,然后用镊子将1~4瓣碎体选出,称其质量,按式(6-1)计算碎口率。

$$S = \frac{m_2}{m_1} \times 100\% \qquad\qquad (6-1)$$

式中:S——碎口率,%;

m_2——试样质量,g;

m_1——碎口质量,g。

(3)杂质:按GB/T 12729.5—2020规定执行。

(4)水分:按GB 5009.3—2016规定执行。

(5)灰分:按GB 5009.4—2016规定执行。

(6)挥发油测定(蒸馏法)。

①仪器:1000 mL的硬质平底烧瓶、挥发油测定器(0.1 mL刻度)和回流冷凝管。

②测定:称取已粉碎混匀的样品20~25 g(精确到0.001 g),置烧瓶中,加蒸馏水500 mL、玻璃珠数粒,振摇混合后,连接挥发油测定器与回流冷凝管,自冷凝管上端加水至充满测定器的刻度,并部分溢流入烧瓶时为止,然后缓缓加热至沸,并保持微沸状态5 h。由测定器下端的旋塞将水缓缓放出,至油层上液面达到零刻度线上面50 mm处

为止,放置 1 h,再开启旋塞让油层下降至其上液面恰与零刻度线平齐,读取油量毫升数。

③计算。挥发油含量按式 6 - 2 计算。

$$C = \frac{V \times \rho}{m} \times 100\% \qquad (6-2)$$

式中:C——挥发油含量,%;

V——刻度管中油层的容量,mL;

ρ——挥发油平均密度,23℃时取 0.98 g/mL;

m——样品质量,g。

(7)卫生指标:二氧化硫残留量的测定按 GB/T 5009.34—2016 的规定执行。

(四)检验规则

1.组批

同产地、同等级、同一批采收发运的八角作为一个检验批次。

2.抽样

按 GB/T 12729.2—2020 的规定执行。

3.判定规则

①经检验符合八角技术要求的产品,该批产品按本标准判定为相应等级的合格产品。

②卫生指标或理化指标检验结果中任意一项指标不合格,该产品按本标准判定为不合格产品。

③果梗属于杂质,验收时应予以拣除。

4.复验

贸易双方对检验结果有异议时,须加倍抽样复验,复验以 1 次为限,结论以复验结果为准。

(五)包装、标志、贮存和运输

(1)包装:八角应使用洁净、无毒和完好且不影响八角质量的材料包装。

(2)标志:包装上应标明产地、收获日期、等级规格、毛重、净重及防潮标志。

（3）贮存：八角应贮存在通风、干燥的库房中，并能防虫、防鼠。堆垛要整齐，堆间要有适当的通道以利通风。严禁与有毒、有害、有污染、有异味的物品混放。

（4）运输：八角在运输中应注意避免雨淋、日晒。严禁与有毒、有害、有异味物品混运。禁用受污染的运输工具装载。

三、丁香

丁香标准参照 GB/T 22300—2008 进行。

（一）术语和定义

（1）整丁香：丁香的干燥花蕾，上部花托中有子房 2 室，内含胚珠，4 片分开的尖花萼片成冠状包裹着圆顶柱头，柱头由 4 个尚未绽放的膜质鳞状花瓣重叠而成，花瓣含有内曲、呈直立状的雄蕊。

（2）无头丁香：没有柱头，仅剩花托和萼片的丁香。

（3）有瑕疵的丁香：由于干燥不完全而发酵，外观呈淡棕色，带粉白色斑点，表面有皱褶的丁香。

（4）母丁香：丁香的果实，为棕色卵形浆果，顶部有 4 个内曲花萼片。

（5）丁香梗：丁香花柄的干燥碎片。

（6）丁香粉：丁香研磨后得到的不含其他添加物的粉末。

（二）要求

1. 外观和感官特性

整丁香或丁香粉应具有浓烈刺激性芳香味和特有的滋味；不得有异味、霉变。整丁香应呈红棕至黑棕色。丁香粉应呈淡紫罗兰棕色。丁香中不得带有活虫、死虫、昆虫肢体及其排泄物。按 GB/T 12729.13—2008 的规定，测定丁香粉中的污物。

2. 外来物

外来物包括以下物质：a. 污物、灰尘、石子、木屑等。b. 除丁香以外的植物碎片、藤蔓、花梗。c. 废丁香。

按 GB/T 12729.5—2020 的规定，测定丁香中外来物含量，应符合表 6-7 的规定。

3. 整丁香的分级

整丁香的分级如表6-7所示。

表6-7 整丁香的分级

等级	无头丁香/% ≤	藤蔓、母丁香/% ≤	有瑕疵的丁香/% ≤	外来物/% ≤
1级	2	0.5	0.5	0.5
2级	5	4	3	1
3级	不规定	6	3	1

4. 理化指标

(1)整丁香:整丁香理化指标应符合表6-8的规定。

表6-8 整丁香理化指标

项目		指标	检验方法
水分(质量分数)/% ≤		12	GB 5009.3
挥发油(干态)/(mL/100 g)	1级、2级≥	17	ISO 6571
	3级≥	15	

(2)丁香粉:丁香粉理化指标应符合表6-9的规定。

表6-9 丁香粉理化指标

项目	指标			检验方法
	1级	2级	3级	
水分(质量分数)/% ≤	10	10	10	GB 5009.3
总灰分(质量分数,干态)/% ≤	7	7	7	GB 5009.4
酸不溶性灰分(质量分数,干态)/% ≤	0.5	0.5	0.5	GB 5009.4
挥发油(干态)/(mL/100 g) ≥	16	16	14	ISO 6571
粗纤维(质量分数)/% ≤	13	13	13	ISO 5498

(三)取样方法

整丁香和丁香粉的取样按GB/T 12729.2—2020的规定执行。实验室最小取样量为 200 g。

(四)试验方法

丁香(整的和粉状)样品按丁香要求表 6 - 8 和表 6 - 9 规定的方法检验,以确定其是否符合本标准要求。

分析用粉末样品的制备按 GB/T 12729.3—2020 的规定执行。

总灰分按 GB 5009.4 的规定执行,但灰化温度应为(600 ± 2.5)℃。

(五)包装、标志、贮存和运输

1. 包装

整丁香或丁香粉应包装在洁净、完好的容器里,包装材料不得影响其质量、应能防潮和防止挥发性物质的散失。

2. 标志

下列各项应标志在每一个包装或标签上:产品名称、商品名或商标名称;制造者或包装者姓名、地址;批号、代号;净重;等级。

3. 贮存

丁香应贮存在通风、干燥的库房中,地面要有垫仓板并能防虫、防鼠。堆垛要整齐,堆间要有适当的通道以利于通风。严禁与有毒、有害、有污染、有异味的物品混放。

4. 运输

丁香在运输中应注意避免日晒、雨淋。严禁与有毒、有害、有异味的物品混运。禁用受污染的运输工具装载。

四、月桂叶

月桂叶为 *Laurus nobilis* L. 的干叶,椭圆形,顶部尖(或钝),短叶柄,边沿波浪状,叶面绿色(有时黄色),背面色浅,叶长 20 ~ 100 mm、宽 20 ~ 45 mm。干叶光亮柔软,可见叶脉,背面暗淡,叶脉更明显。月桂叶(整的或碎叶)标准参照 GB/T 30387—2013 进行。

(一)要求

1. 外观和感官特性

月桂叶味微苦,略带刺激性,揉搓时会散发出令人愉快、浓烈、清新的气味。对月桂叶要求:a. 月桂叶不得有异味,更不得发霉。b. 月桂叶不得带活虫,不得霉变,更不得带肉眼可见的死虫、虫尸碎片及啮齿动物的残留物,必要时可借助放大镜观察,当放大倍数大于10倍时,应在检验报告中加以说明。月桂叶按产地和叶的大小进行分类。

2. 外来物

外来物总量按 ISO 927 的规定测定,其质量分数应不大于2%。外来物包括不属于月桂叶的所有物质,尤其是茎及所有其他外来的动植物和矿物质。

3. 理化指标

月桂叶理化指标应符合表 6 - 10 的规定。相应检测方法参照 GB/T 12729.1 ~ 12729.13。

表 6 - 10　月桂叶理化指标

项目	指标	试验方法
水分(质量分数)/%　≤	8	ISO 939
总灰分(质量分数,干基)/%　≤	7	ISO 928
酸不溶性灰分(质量分数,干基)/%　≤	2	ISO 930
挥发油(干基)/(mL/100 g)　≥	1	ISO 6571
粗纤维(质量分数,干基)/%　≤	30	ISO 5498

(二)取样

取样按 ISO 948 执行。

分析用粉末试样的制备按 ISO 2825 执行,粉末试样应全部通过 500 μm 的筛。

五、盐水胡椒

盐水胡椒标准参照 GB/T 30386—2013 进行。

(一)术语和定义

盐水胡椒:部分成熟的鲜绿胡椒果盐渍得到的产品。

盐水总酸度:盐水胡椒中所有酸性物质的酸度,以柠檬酸的质量分数表示。柠檬酸是三元酸,其摩尔质量为 192.13 g/mol。

胡椒碱含量:本标准测得的刺激性成分(胡椒碱)的含量。含量以质量分数表示。

氯化物含量:本标准测得的胡椒盐水中所含氯离子的质量分数(以氯化钠计)。

(二)要求

1.颜色和大小

胡椒果应具有成熟鲜胡椒特有的浅绿至绿色,果径 3~6 mm,同批次产品大小应大致相同。

2.气味和滋味

具有鲜绿胡椒果特有的气味、滋味,不得有其他异味。

3.外来物

不属盐水胡椒的物质均属外来物,外来物按 ISO 927 测定,总质量分数应不超过1%。特别注意:轻质果、针头果、碎果不属外来物。

4.不完善果

不完善果包括:褐色果、黑果、轻果、碎果和针头果。在 500 g 沥干胡椒粒中分拣、称量,不完善果最大应不超过4%(质量分数)。

5.无霉变、无虫,不含防腐剂、着色剂和调味剂

不得霉变、带虫,不得添加防腐剂、着色剂、调味剂等添加物。

6.沥干质量

沥干质量应不少于净质量的50%(质量分数)。盐水胡椒中胡椒果净质量和沥干质量的测定方法如下。

先称量盐水胡椒(整包装)的质量(m),精确至 0.1 g,然后称量筛的质量(m_1)精确至 1 g(容量小于等于 850 mL 的包装用直径 200 mm 的筛,大于800 mL 的用直径 300 mm 的筛)。将筛放在合适的容器上,将盐水胡椒倒在筛上,将筛水平倾斜20°,当胡椒倒入的瞬间开始计时,精确计时 2 min,计时结束立刻将筛连同筛中物一起称量(m_2)。将装过盐水胡椒的容器沥洗、烘干、称量(m_3),精确至 0.1 g。

保留盐水供测定胡椒盐水中氯离子。

计算净质量(m_N)$m_N = m - m_3$,计算沥干净质量(m_E)$m_E = m_2 - m_1$。

式中:m_N——净质量,g;

　　m_E——沥干质量,g;

　　m——盐水胡椒(整包装)的质量,g;

　　m_1——筛的质量,g;

　　m_2——筛和沥干胡椒的质量,g;

　　m_3——盐水胡椒包装的质量,g。

7.盐水胡椒中胡椒碱含量

ISO 5564 规定了胡椒碱的测定方法,但由于氯化钠的存在,盐水胡椒中胡椒碱的测定难以获得稳定结果。下面介绍的是盐水胡椒中胡椒碱含量测定的校正方法。

用乙醇萃取样品中的刺激性成分,在 343 nm 下进行光谱测定,然后计算胡椒碱含量。测定所用试剂均为分析纯试剂,乙醇体积分数96%。所用仪器如 ISO 5564 所述,其他仪器如下:塑料容器:直径大于 10 cm;调温烘箱:(50 ± 5)℃;分析天平:感量 0.001 g。

(1)试样的准备:将青胡椒果沥干盐水。称取(精确至 0.01 g)沥干后的胡椒果 50~60 g,置于塑料容器中,摊平后放入 50℃烘箱中烘24 h。其中塑料容器质量 m_0;塑料容器和沥干胡椒果质量 m_4;烘干后称重,塑料容器和干胡椒果质量 m_5。

(2)试验方法:如下所示。

①氯化钠含量测定:采用硝酸银沉淀滴定法测定氯离子,用自动滴定电位计指示终点。

试样为测定沥干净质量时,盐水胡椒沥干后收集到的盐水。从滴定管中取试样(溶液)约 0.5 g,称量(精确至 0.0001 g),用蒸馏水或去离子水稀释至约 50 mL。用 0.1 mol/L 硝酸银溶液滴定试样(溶液)的氯离子,1 mL 硝酸银溶液相当于 5.844 mg 氯化钠。

氯化物含量(S),以氯化钠质量分数表示,见表(6-3)。

$$S = 0.5844 \times \frac{V}{m} \qquad (6-3)$$

式中:V——硝酸银溶液体积,mL;

　　m——试样质量,g。

②水分含量(H)测定:按 ISO 939 的规定执行。

③胡椒碱含量(P)的测定:按 ISO 5564 测定胡椒果(沥干、干燥、研碎后)的胡椒碱含量(干基)。

(3)结果表示。

胡椒碱含量(干态),按式 6-4 计算:

$$P_0 = P \bigg/ \left[\left(1 - \frac{H}{100}\right)\left(1 + \frac{S}{100}\right) - \frac{S}{100} \times \frac{250}{100} \times \frac{m_4 - m_0}{m_5 - m_0} \right] \quad (6-4)$$

式中:P_0——盐水胡椒(干态)中胡椒碱含量(质量分数,校正值);

P——胡椒碱含量(干基)(质量分数);

H——胡椒果水分含量(质量分数);

S——氯化钠含量(质量分数);

m_0——塑料容器质量,g;

m_4——塑料容器和沥干胡椒果质量,g;

m_5——塑料容器和干胡椒果质量,g。

8.盐水胡椒参数和加工条件

(1)盐水胡椒的质量要求应符合表6-11规定的要求。

表6-11 盐水胡椒的质量要求

项目	指标	试验方法
外观	清澈、无沉淀	感官检验
乙酸或柠檬酸(质量分数)/% ≤	0.6	(四)总酸度的测定(以柠檬酸表示)
氯化物含量(质量分数,以氯化钠计)/%	12~15	(二)7(2)①氯化钠含量测定
pH 值	4.0~4.5	pH 计

(2)盐水胡椒应在卫生符合要求的环境条件下加工。

(三)取样

取样方法参照 GB/T 12729.2—2020。

(四)总酸度的测定(以柠檬酸表示)

1.原理

用酚酞作指示剂,氢氧化钠为滴定液,测定盐水的总酸度。

2.试剂

仅使用分析纯试剂、蒸馏水或纯度相当的水。乙醇体积分数:95%～96%。氢氧化钠溶液:0.1 mol/L。

酚酞溶液:将约2 g的酚酞溶于1 L乙醇中,用移液管吸取该溶液10 mL,然后用水稀释至1 L。

3.仪器

常用实验室仪器,其他仪器如下:烧杯(50～100 mL)、移液管(10 mL)、滴定管(20 mL)、磁力搅拌器、分析天平(感量0.001 g)。

4.方法

(1)试样按式(6-5)估算从滴定管取出的试样(液)量(5～20 mL),用100 mL烧杯称量,精确至0.001 g。

$$\frac{5}{a} \leqslant m \leqslant \frac{10}{a} \tag{6-5}$$

式中:m——试样质量,g;

a——预估的总酸度,以柠檬酸的质量分数表示。

(2)柠檬酸含量的测定:在盛有试液的50 mL烧杯中加入酚酞溶液至满刻度。用0.1 mol/L氢氧化钠溶液进行两次平行滴定,酚酞的粉红色出现即为滴定终点。

(3)结果表示。

总酸度a,用柠檬酸质量分数表示,如式(6-6)所示:

$$a = \frac{M \times c \times V}{3 \times m} \tag{6-6}$$

式中:a——总酸度;

M——柠檬酸摩尔质量,192.13 g/mol;

c——氢氧化钠的浓度,mol/L;

V——氢氧化钠溶液体积,mL;

m——试样质量,g。

注:由于柠檬酸是三元酸,一定摩尔数的当量体积比相同摩尔数的乙酸(一元酸)的当量体积大三倍,由于柠檬酸与乙酸的相对分子质量比为192.13/60.04＝3.2,用柠檬酸表示的酸度(a)与用乙酸表

示的酸度(b)很接近,其关系表示为:$a/b = 1.07$。

六、大豆蔻

大豆蔻(果荚和种子)标准参照 GB/T 30379—2013 进行。干燥、成熟的大豆蔻果实,颜色为棕色至粉红色,呈卵型或三角形,外表有螺纹状;果实可剪收,其果柄可摘除,正常生长的果荚里有完好的种子。大豆蔻果荚去壳后可得到大豆蔻种子。

1. 气味、滋味

具有大豆蔻果荚和种子特有的新鲜气味,不得有异味、腐烂和霉味。

2. 无虫、无霉变

大豆蔻果荚和种子不得带活虫,不得霉变,更不得带肉眼可见的死虫、虫尸碎片及啮齿动物的残留物,必要时可借助放大镜观察,当放大倍数大于 10 倍时,应在检验报告中加以说明。

3. 外来物

大豆蔻不得带污物或灰尘。按 ISO 927 规定的方法测定,大豆蔻果荚和种子中花萼果梗碎片及其他外来物的含量应分别不大于 5% 和 2%(质量分数)。

4. 空壳果、畸形果

从样品中随机取 100 个果荚,剥开果壳,计算空壳果(果内无种子)和畸形果(果内种子少)的数目,空壳果或畸形果的比例应不大于 5%。

5. 未熟果、枯萎果

分拣出未熟果和枯萎果(果荚发育不完全),按 ISO 927 的规定测定,其质量分数应不大于 7%。

6. 轻种子

轻种子包括红色、棕色、碎裂、未成熟和枯萎的种子;按 ISO 927 的规定测定,大豆蔻种子中轻种子的质量分数应不大于 5%。

7. 理化指标

按规定的方法测定,大豆蔻(果荚或种子)的理化指标应符合表 6 - 12 的要求。

表 6 - 12　大豆蔻的理化指标

项目	指标		检验方法
	果荚	种子	
水分(质量分数)/% ≤	12	12	ISO 939
挥发油(干基)/(mL/100 g) ≥	1	1	ISO 6571
总灰分(质量分数,干基)/% ≤	8	8	ISO 928
酸不溶性灰分(质量分数,干基)/% ≤	2	2	ISO 930

注:水分含量、总灰分和酸不溶性灰分的测定用整果荚;挥发油的测定用果荚中的种子。

七、桂皮

桂皮(中国桂皮、印尼桂皮、越南桂皮)标准参照 GB/T 30381—2013 进行。

(一)术语和定义

整筒:削去外表皮的成熟嫩枝皮,洗净干燥后,自然卷成的单卷或多卷的筒状。

削皮:将成熟桂皮树嫩枝的外表皮削去,再剥取桂皮。

不削皮:不削去成熟桂皮树嫩枝的外表皮,直接剥取桂皮。

桂碎:采收、分级、搬运和包装过程中产生的、大小不等的碎片(削皮或不削皮)。

桂皮粉:各形式桂皮经研碎后得到的、不含添加物的粉状产品。

(二)形式和分级

1. 形式

(1)中国桂皮:来自 *Cinnamomum cassia* ex Blume 的树枝皮,有筒状的单卷或多卷重叠。

(2)印尼桂皮:来自 *Cinnamomum burmanii* (C. G. Nees) 的树干皮,有薄的或厚的、削皮的单卷或多卷,呈深红棕色。

(3)越南桂皮:来自 *Cinnamomum loureirii* Nees 的小树枝皮,有单卷和多卷。

2. 商品分级

(1)中国桂皮:筒长 250 ~ 380 mm 不等,直径 20 mm,有削皮和不削皮,厚度通常为 3 mm(有时达 6 mm),具有甜的芳香味,有时略带涩味,中国桂皮分为 3 个级别,见表 6 - 13。

表 6 - 13　中国桂皮的分级

商品分级	中国桂皮的物理特性
广东桂皮	削皮或不削皮的筒状,不削皮产品为棕灰色,表面带灰白斑、粗糙不规则。不太令人愉快的气味。削皮的桂皮呈淡红棕色,表面光滑或接近光滑
广西桂皮	广西桂皮筒状(整的或碎片、削皮或不削皮),表面不像广东桂皮那样粗糙
桂碎(1 级和 2 级)	采收、分级、搬运和包装卷状(削皮或不削皮)产品的过程中产生的小碎片

(2)印尼桂皮:为筒状的单卷和多卷,长约 1 m、宽 50 ~ 100 mm 的条状树皮,皮厚 1 ~ 5 mm 不等。印尼桂皮分为 4 个等级,见表 6 - 14。

表 6 - 14　印尼桂皮的分级

商品分级	印尼桂皮的物理特性
AA 级:优选	直径 5 ~ 15 mm 的削皮卷状、黄色至棕黄色,无白斑,具有印尼桂皮特有的刺激性甜味
A 级	削皮;黄色至褐黄色,具有印尼桂皮特有的刺激性甜味
B 级	削皮或部分削皮;棕色至棕灰色,表面粗糙,具有印尼桂皮特有的刺激性甜味
C 级:桂碎	采收、分级、搬运和包装(削皮或不削皮)产品的过程中产生的小碎片

(3)越南桂皮:越南桂皮主要有单卷和多卷,呈棕灰色,长 150 ~ 300 mm 不等,直径 10 ~ 38 mm,皮厚达 6 mm。越南桂皮分为 4 个等级,见表 6 - 15。

表 6 - 15　越南桂皮的分级

商品分级	越南桂皮的物理特性
整卷(薄)	厚度达 1.5 mm,皮薄略粗糙,深棕色,纵向有脊状波浪,许多树瘤状疤痕凸起物
整卷(中)	皮厚 1.5 ~ 3.0 mm

商品分级	越南桂皮的物理特性
整卷（厚）	皮厚 3～6 mm,皮厚质轻,呈灰色,粗糙,无凸起物
桂碎	采收、分级、搬运和包装过程中产生的、大小不等的碎片

（三）要求

1. 气味、滋味

具有该产地产品所特有的气味和滋味。

2. 颜色

桂皮粉为淡黄色至红棕色。

3. 无霉变、不生虫

整桂皮不得带活虫,不得霉变,更不得带肉眼可见的死虫、虫尸碎片及啮齿动物的残留物,必要时可借助放大镜观察,当放大倍数大于 10 倍时,应在检验报告中加以说明。

若有争议,桂皮粉中残留物可按 ISO 1208 的规定进行测定。

4. 外来物

外来物包括茎、叶、壳和其他植物组织,以及砂土、灰尘,外来物含量按 ISO 927 规定的方法测定,其质量分数不得超过 1%。

5. 理化指标

桂皮(筒状、卷状和粉状)应符合表 6-16 的要求。

表 6-16 桂皮理化指标

项目	要求			试验方法
	中国桂皮	印尼桂皮	越南桂皮	
水分(质量分数)/%				
整桂皮 ≤	15	15	15	ISO 939
桂皮粉 ≤	14	14	14	
总灰分(质量分数,干基)/% ≤	4.0	5.0	4.5	ISO 928
酸不溶性灰分(质量分数,干基)/% ≤	0.8	1.0	2.0	ISO 930

项目	要求			试验方法
	中国桂皮	印尼桂皮	越南桂皮	
挥发油(干基)/(mL/100 g)				ISO 6571
整桂皮≥	1.5	1.0	3.0	
桂皮粉≥	1.1	0.8	3.0	

(四)取样

取样按 ISO 948 的规定执行。

八、生姜

生姜标准参照 GB/T 30383—2013 进行。

(一)描述

1.形状和外观

生姜是姜科植物 *Zingiber officinale* Roscoc 的带皮或不带皮的干燥块根茎;形状有长大于 20 mm 的不规则碎块、薄片、小切块和姜粉。生姜为黄白色,可刮皮或削皮后洗净、干燥,可用熟石灰漂白。生姜可按产地、加工方式或颜色进行分级。

2.气味和滋味

应具有生姜特有的、清新的刺激性气味。不得发霉、腐烂或带苦味。

(二)要求

1.通用要求

应符合食品安全和消费者保护法规有关掺杂(包括用天然或合成色素着色)、残留(如重金属和霉菌毒素)、杀虫剂和卫生规范的相关要求。当买卖双方达成协议后,才能进行诸如使用溴甲烷、磷化铝、环氧乙烷、辐照、加工助剂、化学漂白剂进行处理。

2.物理要求

(1)虫害:生姜不得带活虫,更不得带有可见的死虫或虫尸碎片;姜粉中污物按 ISO 1208 的规定测定。

（2）外来物和异物：按 ISO 927 的规定测定，生姜的外来物含量应不大于1%，异物含量应不大于 1.0%（质量分数）。

（3）无粗颗粒：姜粉中不得带纤维和粗颗粒，姜粉粒度应达到买卖双方约定的要求。

3. 理化指标

生姜及姜粉的理化指标应符合表6－17的规定。

表6－17　生姜及姜粉的理化指标

项目	指标	试验方法
水分（质量分数，干基）/% a）整的或片状 ≤ b）姜粉 ≤	12.0 11.0	ISO 939
总灰分（质量分数，干基）/% ≤	8.0	ISO 928
酸不溶性灰分（质量分数，干基）/% ≤	1.5	ISO 930
挥发油（干基）/（mL/100g） a）整的或片状 ≥ b）姜粉 ≥	1.5 1.0	ISO 6571
钙（质量分数，以氧化物计）/% a）未漂白 ≤ b）漂白（可选）* ≤	1.1 2.5	（五）钙的测定

注：* 表示由买卖双方约定。

4. 卫生要求

（1）生姜应按《国际推荐规范准则　食品卫生通则》及《香辛料和干制芳香植物卫生规范准则》相关的要求进行处理。

（2）还应满足以下要求：不带危害健康的微生物，具体由买卖双方协商；不带危害健康的杀虫剂；应符合进口国现行有效的食品安全法规。

（三）取样

取样按 ISO 948 的规定执行。整的或片状的生姜样品应研碎至全部通过 1 mm 孔径的筛，才可用于表6－17中各项指标的测定。

（四）试验方法

生姜按表6－17的规定测定。总灰分测定的灰化温度为（600±

25)℃[而不是 ISO 928 中规定的(550±25)℃]。

(五)钙的测定

试样经灰化得到总灰分,用盐酸处理,将钙以草酸钙形式沉淀后,用高锰酸钾溶液滴定。被测样品中钙的质量分数以氧化钙质量分数表示。

1.试剂

乙酸、浓盐酸($\rho_{20}=1.16$ g/mL)、饱和草酸铵溶液、0.05 mol/L 高锰酸钾标准滴定液、0.90 g/mL 氢氧化铵溶液。所用试剂为分析纯,水为蒸馏水。

稀盐酸:2 体积浓盐酸加 5 体积水。

质量分数 20% 的硫酸溶液:1 体积浓硫酸($\rho_{20}=1.84$ g/mL)加 4 体积水。

0.4 g/L 溴甲酚绿指示液:称取 0.1 g 溴甲酚绿(精确至 0.001 g),置研钵中,加 14.3 mL 浓度为 0.01 mol/L 氢氧化钠溶液研磨,定量移入 250 mL 容量瓶中,用水稀释至刻度。该指示液的 pH 为 3.8~5.4,在酸性介质中显黄色,在碱性介质中显绿色。

2.仪器

坩埚、定量滤纸、烧杯(250 mL)、蒸汽浴、水浴、分析天平、容量瓶、研钵。

3.方法

称取 2~4 g 样品,精确至 0.001 g。按 GB 5009.4—2016 灰化试样[(600±25)℃],用稀盐酸溶解坩埚中的灰分,在蒸汽浴上蒸干,再用稀盐酸溶解残渣后再蒸干。用 5~10 mL 浓盐酸处理残渣,然后加 50 mL 蒸馏水,置水浴上几分钟后滤入 250 mL 烧杯(A)中,用热水洗涤不溶性残渣,将洗涤液也收集于烧杯(A)中。往烧杯中滴加 8~10 滴 0.4 g/L 溴甲酚绿指示液,加 0.90 g/mL 氢氧化铵溶液至显蓝色(pH 为 4.8~5.0),然后逐滴加乙酸至溶液明显变绿(pH 为 4.4~4.6)。定量过滤溶液,将滤液和洗涤液收集于烧杯(B)中,煮沸后滴加乙酸铵溶液至沉淀形成,再滴加少量(过量)乙酸铵溶液,加热至沸,然后放置 3 h 以上,通过滤纸倾出并弃去上层清液,再用 13~

20 mL热水洗涤沉淀弃去清液。热稀盐酸溶解沉淀,再倾出清液,溶解残留于滤纸上的沉淀,合并入烧杯(C)中,用热水彻底洗涤滤纸,沸腾下加足量0.90 g/mL的氢氧化铵和少量乙酸铵溶液进行二次沉淀,放置3 h以上,用上述滤纸过滤,热水洗涤至滤液不含氯为止。将滤纸锥体顶点处戳破,将沉淀洗入烧杯(D)中,然后用质量分数20%的热硫酸洗涤滤纸,溶液在低于70℃下,用0.05 mol/L高锰酸钾溶液返滴定,直至稳定的粉红色出现时为终点。

4.结果表示

钙含量以氧化钙质量分数表示,如式(6-7)所示:

$$W_{\text{CaO}} = \frac{0.028 \times V}{m} \times 100\% \qquad (6-7)$$

式中:W_{CaO}——钙含量(质量分数);

　　　m——试样质量,g;

　　　V——高锰酸钾溶液体积,mL。

注:若滴定液浓度不是0.05 mol/L,则用实际使用浓度对应的校正系数进行计算。

九、辣椒

辣椒(整的或粉状)标准参照GB/T 30382—2013进行。

(一)术语和定义

未熟果:呈绿色至淡黄色、尚未成熟的辣椒果,与同批次的其他辣椒果明显不同。

斑痕果:黑色或带黑斑的辣椒果。

碎:加工过程中碎裂或部分缺失的辣椒果。

碎片:来自碎果的辣椒碎。

(二)要求

1.气味和滋味

辣椒(整的或粉状)具有浓烈的刺激性气味、滋味。

2.无虫、无霉变

辣椒及辣椒类(整的或粉状)不得带活虫,不得霉变,更不得带肉眼可见的死虫、虫尸碎片及啮齿动物的残留物,必要时可借助放大镜观察,当放大倍数大于 10 倍时,应在检验报告中加以说明;若有争议,可按 ISO 1208 的规定对残留物进行测定。

3. 外来物

不属辣椒或辣椒类的所有其他物质,以及梗、叶、砂土均为外来物;未熟果、斑点果、碎果和碎片不属于外来物。外来物含量按 ISO 927 的规定测定,应不超过 1%(质量分数)。

4. 未熟果、斑点果和碎果

(1)未熟果、斑点果、碎果和碎片的测定:将已除去外来物的整辣椒样品平摊在白纸上,分拣出未熟果、斑点果、碎果和碎片。分别称量未成熟果、斑点果、碎果和碎片的质量(m_0、m_1、m_2),精确至 0.1 g。

未成熟果的含量(质量分数)按式(6 - 8)计算:

$$\frac{m_0}{m} \times 100\% \tag{6-8}$$

斑点果的含量(质量分数)按式(6 - 9)计算:

$$\frac{m_1}{m} \times 100\% \tag{6-9}$$

碎果和碎片的含量(质量分数)按式(6 - 10)计算:

$$\frac{m_2}{m} \times 100\% \tag{6-10}$$

式中:m——初始样品质量,g;

m_0——未熟果质量,g;

m_1——斑点果质量,g;

m_2——碎果和碎片的质量,g。

(2)整辣椒中未熟果和斑点果应不超过 2%,碎果和碎片应不超过 5%(质量分数)。

5. 理化指标

辣椒(整的或粉状)理化指标应符合表6 - 18 的规定。

表6-18　辣椒(整的或粉状)的理化指标

项目	指标	试验方法
水分(质量分数)/% ≤	11	ISO 939
总灰分(质量分数,干基)/% ≤	10	ISO 928
酸不溶性灰分(质量分数,干基)/% ≤	1.6	ISO 930

(三)取样

取样按 ISO 948 的规定执行。

(四)试验方法

试验方法按以下规定执行:辣椒(整的或粉状)应按表6-18中要求的规定测定;分析用粉末试样的制备按 ISO 2825 的规定执行;分析用的辣椒粉,应有95%以上能通过孔径为 500 μm 的筛,其粒度才符合要求。

十、八角茴香油

八角茴香油标准参照 GB 1886.140—2015 进行。

(一)技术要求

1. 感官要求

八角茴香油感官要求应符合表6-19的规定。

表6-19　八角茴香油感官要求

项目	要求	检验方法
色泽	无色至浅黄色	将试样置于比色管内或一洁净白纸上,用目测法观察
状态	澄清液体或凝固体	
香气	具有大茴香脑的特征香气	GB/T 14454.2

2. 理化指标

八角茴香油理化指标应符合表6-20的规定。

表6－20　八角茴香油理化指标

项目		指标	检验方法
相对密度(20℃/20℃)		0.975～0.992	GB/T 15540
折光指数(20℃)		1.5525～1.5600	GB/T 14454.4
旋光度(20℃)		－2°～＋2°	GB/T 14454.5
溶混度(20℃)		1体积试样混溶于3体积90%(体积分数)乙醇中,呈澄清溶液	GB/T 14455.3
冻点/℃≥		15.0	GB/T 14454.7
特征组分含量,w/%	龙蒿脑≤	5.0	
	顺式大茴香脑≤	0.5	
	大茴香醛≤	0.5	
	反式大茴香脑≥	87.0	

(二)八角茴香油特征组分含量的测定

1. 仪器

色谱仪按 GB/T 11538—2006 中第 5 章的规定,毛细管柱:长 50 m,内径 0.24 mm。固定相:聚乙二醇,膜厚:0.25 m。色谱炉温度:70℃恒温 1 min;然后线性程序升温:70～220℃,速率 2℃/min;最后在 220℃恒温 20 min。进样口温度:250℃。检测器温度:250℃。检测器:氢火焰离子化检测器。载气:氮气。载气流速:1 mL/min。进样量:约 0.2 μL。分流比:100∶1。

2. 测定方法

面积归一化法:按 GB/T 11538—2006 中测定含量。

3. 重复性及结果表示

按 GB/T 11538—2006 中的规定进行。

食品添加剂八角茴香油气相色谱图(面积归一化法)参见图 6－1。

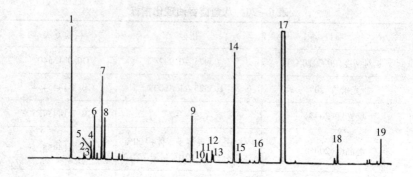

图 6-1　食品添加剂八角茴香油气相色谱图

说明：1—α-蒎烯　2—β-蒎烯　3—桧烯　4—δ-3-蒈烯　5—月桂烯

6—α-水芹烯　7—苧烯　8—1,8-桉叶素　9—芳樟醇

10—顺式-α-香柠檬烯　11—反式-α-香柠檬烯　12—4-松油醇

13—β-石竹烯　14—龙蒿脑　15—α-松油醇　16—顺式大茴香脑

17—反式大茴香脑　18—大茴香醛　19—小茴香灵

十一、辣椒油树脂

辣椒油树脂标准参照 GB 28314—2012 进行。

(一)感官要求

辣椒油树脂感官指标应符合表 6-21 的规定。

表 6-21　辣椒油树脂感官要求指标

项目	要求	检验方法
色泽	深红色至红色	取适量样品置于清洁、干燥的白瓷盘中，在自然光线下，观察其色泽和状态
状态	油状液体	

(二)理化指标

辣椒油树脂理化指标应符合表 6-22 的规定。

表 6 - 22　辣椒油树脂理化指标

项目	指标	检验方法
辣椒素含量，w/%	1.0 ~ 14.0	(三)辣椒素含量的测定(仲裁法)
残留溶剂/(mg/kg) ≤	50	GB/T 5009.37 残留溶剂
铅(Pb)/(mg/kg) ≤	2	GB 5009.12
总砷(以 As 计)/(mg/kg) ≤	3	GB/T 5009.11

注:商品化的辣椒油树脂产品应以符合本标准的辣椒油树脂为原料,可添加符合食品添加剂质量规格要求的乳化剂、抗氧化剂和(或)食用植物油而制成,其辣椒素含量指标符合标识值。

(三)辣椒素含量的测定(仲裁法)

1. 试剂和材料

甲醇、四氢呋喃,色谱纯;甲醇—四氢呋喃混合溶剂:体积比为1:1;辣椒碱标准品(纯度≥95%);二氢辣椒碱标准品(纯度≥90%)。

标准储备液:分别精确称取适量辣椒碱标准品和二氢辣椒碱标准品,精确到 0.0001 g,用甲醇溶解并定容。配成浓度均为 1 mg/mL 的辣椒碱和二氢辣椒碱的混合标准储备液,密封后贮于 4℃冰箱中备用。

标准使用液:分别吸取标准储备液 0、0.5、1、1.5、2.0、2.5 mL,分别用甲醇定容至 25 mL,此标准系列浓度为 0、20、40、60、80、100 μg/mL,现配现用。

2. 仪器和设备

高效液相色谱仪,配备紫外检测器;分析天平,感量 0.0001 g;分析天平,感量 0.001 g。

3. 参考色谱条件

色谱柱:C18,4.6 mm×250 mm,5 μm(或其他等效色谱柱)。流动相:甲醇—水溶液,体积比为 65:35。进样量:10 μL。流速:1 mL/min。紫外检测波长:280 nm。柱温箱温度:30℃。

4. 分析步骤

(1)试样液制备:准确称取适量试样(辣椒素含量约 1% 时称取1.000 g,约 2% 时称取 0.500 g,以此类推),用甲醇—四氢呋喃混合溶剂溶解并定容至 100 mL,经 0.45 μm 滤膜过滤后备用,此为试样液。

(2)测定:按参考色谱条件对试样液和标准使用液分别进行色谱分析。根据标准使用液中辣椒碱和二氢辣椒碱的含量绘制标准曲线,用标准物质色谱峰的保留时间定性,根据辣椒碱、二氢辣椒碱标准曲线及试样液中的峰面积定量。

5.结果计算

试样中辣椒碱含量以质量分数 w_1 计,数值以克每千克(g/kg)表示,按式(6-11)计算:

$$w_1 = \frac{c_1 \times V}{1000m} \qquad (6-11)$$

式中:c_1——由标准曲线查到的辣椒碱含量,μg/mL;

　　V——试样定容体积,mL;

　　1000——质量换算系数;

　　m——试样质量,g。

计算结果表示到小数点后 3 位。

试样中二氢辣椒碱含量以质量分数 w_2 计,数值以克每千克(g/kg)表示,按式(6-12)计算:

$$w_2 = \frac{c_2 \times V}{1000m} \qquad (6-12)$$

式中:c_2——由标准曲线查到的二氢辣椒碱含量,μg/mL;

　　V——试样定容体积,mL;

　　1000——质量换算系数;

　　m——样品质量,g。

计算结果保留到小数点后 3 位。

试样中辣椒素含量以质量分数 w_3 计,数值以%表示,按式(6-13)计算:

$$w_3 = \frac{w_1 + w_2}{9} \qquad (6-13)$$

式中:w_1——试样中辣椒碱含量,g/kg;

　　w_2——试样中二氢辣椒碱含量,g/kg;

9——辣椒碱与二氢辣椒碱折算为辣椒素含量的系数。

实验结果以平行测定结果的算术平均值为准。在重复性条件下获得的两次独立测定结果的绝对差值不大于算术平均值的5%。

第三节　香辛料的应用

在人们越来越崇尚"天然"的今天,各种合成香精的安全性受到普遍质疑。能够赋予食品以各种辛、香、辣味等特性的香辛料,被广泛应用于饮料、乳制品、酿造品、快餐食品等的增香调味。按照用途不同,可以选择不同类型的香辛料,如辣味型的生姜、大蒜、胡椒等,麻味型的花椒,苦味型的陈皮、砂仁等,着色型的辣椒、姜黄、藏红花等,芳香型的肉桂、丁香、肉豆蔻等,去异脱臭型的白芷、桂皮、良姜等,增香型的百里香、茴香、香叶等。

除少数种类可单独使用外,绝大多数的香辛料,需根据不同原料、不同烹调方法及不同口味要求等进行配合使用,以达到应有的感官要求。不同香辛料的药理和呈味机理的复合作用,更增加了复合香辛料的神秘色彩。目前市场上销售复合香辛调料,常见品种"十三香""五香粉""咖喱粉",各厂家均有各自配方,无统一标准。中国传统名吃名肴,均以其特殊、绝秘调料包来调和滋味。

应用香辛料也有规律可循。只要了解掌握各料的味道特征和加热中的变化、一般添加量等知识,就可在一定范围任意调配。除葱、蒜、辣椒、芹菜等几种外,若用于酱卤、烧、扒等长时间烹调制作菜肴,香辛调料投加总量一般在0.08% ~1% ,不会有过大的异味,超过药味过重,若反复使用老汤或卤汤,加量有递减趋势,一般可掌握在0.5%以下(当然香辛料之间的比例非常重要)。

在不同动物性制品中,香辛料有不同的使用方法,如牛肉中常添加胡椒、众香子、肉豆蔻、肉桂、姜、蒜、芫荽、洋葱、小豆蔻、肉豆蔻衣等;猪肉中常加胡椒、肉豆蔻衣、荜拨、丁香、肉桂、众香子、鼠尾草、月桂、生姜、芫荽子、牛至等。

在食品的风味中,香辛料起着十分重要的作用,如表6-23所示。

不同地区和民族的食品风味带有强烈的地方特色,这与其使用的香辛料种类密不可分。有些食品本身的风味不强或在加工中风味损失或破坏较大,使用香辛料可再现和强化食品的香气,协调风味,突出食品的风味。但应注意,如使用不当,不但不能达到调味的功能,甚至可能恶化食品的风味。

表6-23 香辛料在食品中应用

香辛料名称	加工食品	烹调食品
香辣椒	畜肉制品、香肠、罐头、沙司、番茄酱、调味汁、泡菜、利口酒、焙烤食品	以肉类、鱼类、番茄为原料做的菜肴,西式焖炖食品,色拉调味
茴香子	点心、利口酒、饮料、焙烤食品	色拉、汤、小甜饼干、蛋糕
罗勒	番茄加工品、肉制品、意大利调味汁、利口酒、沙司	适宜番茄菜肴及茄子、黄瓜、豌豆做的菜肴,西式焖炖食品
藏茴香	香肠、肉罐头、沙司、酒类、黑面包、藏茴香奶酪	奶酪菜肴、羊肉的矫臭、炖牛肉、汤、调味汁
小豆蔻	食肉加工品、咖喱粉、沙司、泡菜、酒类、香肠	肉类的矫臭
芹菜子	食肉加工品、咖喱粉、沙司、泡菜、利口酒、香肠	蔬菜、番茄汁、蔬菜色拉、汤、西式焖炖食品
桂皮	酒类、饮料、点心、沙司、咖喱粉	蛋糕、小甜饼干、西式馅饼、红茶、鸡尾酒
丁香	利口酒、香肠、焙烤食品、咖喱粉、沙司、番茄酱	肉类菜肴、烤苹果
枯茗	利口酒、香肠、咖喱粉、五香辣椒粉、泡菜、奶酪	肉类菜肴、肉酱汁、米类
莳萝	肉类加工品、泡菜、焙烤食品、沙司、咖喱粉、酒类、蔬菜汁	西洋菜肴、汤、色拉、肉类菜肴、煮香肠,加莳萝的醋
茴香	泡菜、罐头、咖喱、沙司、面包、点心、利口酒	鱼类菜肴、甜泡菜、汤、西式馅饼、点心
大蒜	许多加工食品	各类菜肴,鱼类、贝类、鸡、畜肉的去腥,蔬菜色拉、调味汁
生姜	肉类加工品、焙烤食品、饮料、汤料、咖喱粉、酱汁、沙司、点心类、利口酒	肉、鱼的去腥,烤薄饼、饼干
月桂	泡菜、西式火腿、香肠、利口酒	肉、鱼的去腥,烤猪肉、西式焖炖食品、咖喱

续表

香辛料名称	加工食品	烹调食品
芥末	芥末酱、泡菜、咸菜、加芥末的醋	肉类菜肴、芥末泡菜、色拉、牛排、汉堡牛肉饼、香肠、法兰克福香肠
肉豆蔻	食肉加工品、点心、焙烤食品、沙司、番茄酱、咖喱粉、香肠	肉糜菜肴、肉类菜肴、汉堡牛肉饼、奶油馅饼
洋葱	香肠、汤料、沙司、咖喱、番茄酱、调味汁	肉类的矫臭、汉堡牛肉饼、饺子、菜肉蛋卷、炒饭、肉酱汁
胡椒	香肠、西式火腿、熏制品、咖喱、汤料、色拉调味汁、泡菜、罐头、利口酒、清凉饮料	肉类菜肴、汤、炒蔬菜
迷迭香	食肉加工品	肉类的矫臭、鱼贝类菜肴、鸡肉菜肴、汤、西式焖炖食品、烧烤用的调味汁
鼠尾草	香肠、沙司、泡菜、利口酒、肉类罐头	猪肉、鸡肉的矫臭、汉堡牛肉饼,调味汁,肉馅食品
麝香草	汤料、焙烤食品、饮料、酒类、沙司、西式火腿、香肠、番茄酱、泡菜	肉类菜肴、西式食品、鱼类用的调味汁

一、香辛料在烧烤食品中的应用

在我国传统食品中烧烤食品占有一席之地,如著名的北京烤鸭。此外,在全国各大中小城市,烧烤小吃以其快捷、方便、味美而深受消费者青睐。其中,胡椒是使用最频繁的香辣粉之一,常和食盐一起使用。花椒、姜、洋葱等都是烧烤常用的香辛料,如烤鳗鱼等少不了花椒粉调味。日本的肉姜烧就是把姜磨成浆末状,涂抹在鱼或肉表面用明火烤。洋葱头的油泥状物具有很强的烤香型香气,用于烤鸡串、烤肉、汉堡包、烤鳗鱼等的调味,能大幅提高产品的香气。

水产类烧烤食品的品种很多,有贝壳类海鲜、海水鱼、淡水鱼等,一般都要使用香辛料以增加香味或产生刺激性味感,或赋予色泽。世界各地水产品用香辛料差别很大,如日本和朝鲜海鲜中常用的是花椒和辣根,西欧地区最常用的是小茴香。葫芦巴是印度水产品烹调中常用的香辛料;番红花是法式蒸鱼的必用香辛料,除了色泽外,赋予风味也是重要因素。水产食品常用香辛料可见表 6-24。

表 6-24　水产食品中的常用香辛料

水产品	香辛料
贝壳类	生姜、大蒜、洋葱、芹菜、芥菜子、胡椒、辣椒、欧芹、众香子、细香葱
熏炸煎鱼	生姜、大蒜、甘牛至、洋葱、莳萝、八角、小茴香、肉豆蔻、辣椒、花椒、肉桂、葛缕子
蒸鱼	番红花、姜黄、芥菜子、红辣椒、生姜、大蒜、细香葱

下面介绍几种香辛料在烧烤食品中的应用。

（一）广东烧鸭、挂炉鸭

广东烧鸭、挂炉鸭都属烤鸭，但在烧烤方法上不同。烧鸭是广东特产，皮香肉甘骨软，挂炉鸭皮松脆，以现吃现制为好。

广东烧鸭选用每只毛重在 1.25 kg 左右的肥鸭，宰杀后去净鸭毛，开肚取出内脏，除去脚及翅膀。每 100 kg 光鸭配料：盐 2 kg，香辛料粉 200 g，调味酱 1 kg，油 200 g，白糖 200 g，50°白酒 50 g，干葱花 100 g，麻酱 100 g 搅匀成酱料，每只鸭放五香粉少许，酱料一汤匙，放进鸭肚内用竹针将鸭肚口缝好，用清水将鸭洗净。上料后将鸭放入烧炉中，文火烤 15 min，烤干鸭身后，再用高温烧 15 min，即为成品。

挂炉鸭选用每只毛重在 1.5 kg 左右的肥鸭，宰杀后去净鸭毛，除去脚及翅膀，在翅膀底开腔取内脏，用 6 cm 长的小竹签撑住鸭腔。每只光鸭配料：桂皮 3.5 g，八角 3.5 g，盐 15 g。开水洗净鸭后，如天气炎热，为保证质量，每只鸭用麦芽糖 25 g 均匀地擦在鸭面上，在阳光下晒干水分，然后将配料放入鸭腔内。用铁叉在鸭翅膀处叉起，用明火烧烤，频频转动烧匀，遇有油泻出时，即用鬃刷扫平，烧 20 min，便可烧成美观可口的挂炉鸭。

（二）烧烤兔

采用盐、姜和花椒各适量，腌制兔肉 1 h。其中，姜、花椒可去除兔肉的部分草腥味，起到去异增香的作用。将甜面酱 500 g、豆豉 250 g、酱油 250 g、蜂蜜 125 g、蚝油 15 g、胡椒粉 15 g、花椒粉 25 g 和五香粉 250 g 调制成糊状，配制酱料。抹酱料时，兔子腹腔内多抹一些。兔肉表面少抹一些。再上炉烤制 20 min 左右即可。

(三)烤鸡

制作烤鸡时,净鸡需要用香辛料配制的浸泡卤腌制。每 50 kg 鸡用八角 150 g、陈皮 75 g、肉桂 50 g、白芷 25 g、山柰 25 g、草果 20 g、小茴香 15 g、砂仁 10 g、花椒 5 g、丁香 2.5 g、盐 4 kg、糖 250 g、水 25 kg,配制浸泡卤。用纱布将上述配方中的香辛料包扎好,与除去污物后浸泡过鸡的鸡血水一同倒入锅内,加盐煮沸后文火再煮 30 min,加糖,稍冷后加入姜、葱各 100 g,白酒 200 g,即为新卤,冷却后使用。新卤可反复烧煮,过滤使用,每次添加原配料的 1/4 量并补足水量,烧煮方法同新卤。为防止腐烂,夏天每日烧煮 1 次,春秋冬每 3 d 烧煮 1 次,必要时可多加些盐。

选用毛重 1.8 ~ 2.2 kg 的 50 日龄健康肉用鸡,体形大小适中。宰杀脱毛后,用尖锐小刀腹下开膛,掏出全部内脏(注意勿弄破胃肠、胆囊),除去肺、食管、血块、脚爪、脚皮。将鸡洗净后将腔内灌满卤,然后叠放在浸泡缸内,最上层压以重物。夏季浸泡 2 ~ 3 h,春、秋季浸泡 4 h,冬季浸泡 6 h。

在腌制好的鸡腔内装葱 1 根,料酒中浸泡加姜 2 片、香菇 1 块,用钢丝针穿线缝好开膛口,防止汤汁外溢。填料后,将鸡的一翅反叉,另一翅穿口反叉,绷直鸡体。挂在钩上(钩住双翅根部)再挂于架上,晾干鸡体表面水分。

按饴糖 40%、蜂蜜 20%、黄酒 10%、水 30% 的比例配好糖液,倒入铝锅煮沸,然后将鸡体全部浸入煮 30 s,使鸡体胀满,表面油亮光滑。鸡体表面不可沾水、油,否则糖液因涂不匀而形成花斑。涂糖后将鸡挂在架上风干,以免影响烤制质量。先使电烤炉炉温快速上升到 230℃,将鸡迅速放入,恒温烤制 5 min,然后打开烤炉排气孔,降温到 190℃烤 30 min,使鸡皮焦糖化。然后取出 1 只鸡,抽出钢丝针倒出少量汤液观察,若汤液呈淡褐色可立即关闭加热,焖 5 min 出炉;若汤液呈红色,需继续烤几分钟。烤制时,大、小鸡应分开。鸡出炉后,鸡腹朝上放盘内,防止汤汁流失。脱去挂钩、钢丝针,即为成品。

合格品表面金黄色油亮,略带枣红色,肌肉切面鲜艳光亮,白色或微红色,脂肪浅乳白色,骨肉细腻,压之无血水,鸡骨酥脆,脂肪滑腻,具有香味,无异味。

(四)烧烤调味汁

烧烤调味汁以天然香辛料的浸提液为基料,加多种辅料调配而成,含有多种成分,除食盐以外,还含有多种氨基酸、糖类、有机酸及复杂的香辛料成分。从味型上看以咸为主,甜、鲜、香、烤味为辅,能增加和改善口味,增添或改变菜肴色泽,除去异味,增添浓郁的芳香味。

1.烧烤调味汁 Ⅰ

(1)原料:花椒、八角、桂皮、豆蔻、山奈、小茴香、丁香、姜、葱、蒜。

(2)辅料:盐、酱油、料酒、白糖、糖稀、酱色、稳定剂。

(3)香辛料配比(质量比):花椒2、八角4、桂皮8、豆蔻2、山奈2、小茴香2、丁香1、姜20、葱20、蒜5。

(4)制作:按以上比例称取、粉碎、混合均匀备用。按以下方法制作。

水煮法:称取混合香辛料50 g,加入1000 mL水,煮沸2 h,过滤,定容1000 mL。

浸煮法:称取混合香辛料50 g,加入1000 mL水,在50~60℃浸泡4 h,再煮沸30 min,过滤,定容1000 mL。

高压水煮法:称取混合香辛料50 g,加入1000 mL水,高压锅中120℃煮1 h,过滤,定容1000 mL。

烧烤调味汁配比:以香辛料浸提液作基料,质量比为:浸提液100、盐20、糖10、酱油20、料酒10、味精1、酱色1、稳定剂0.2、糖稀10。

2.烧烤调味汁 Ⅱ

采用西红柿、胡萝卜、洋葱、苹果、姜加入白砂糖、食盐、酱油、食醋、香辛料等加工制成的调味品。用它烧烤的羊肉、牛肉、鸡肉、鱼片等味道十分鲜美。

(1)主要原辅料:西红柿、胡萝卜、洋葱、苹果、姜、白砂糖、冰醋酸、食盐、酱油、食醋、香辛料等。

(2)配方:西红柿泥40 kg、胡萝卜汁10 kg、洋葱1 kg、苹果泥1 kg、姜 1 kg、白砂糖 6 kg、冰醋酸 0.5 L、食盐 1 kg、酱油 0.5 kg、食醋 5 L、丁香 40 g、肉桂 50 g、天然调味叶 3 kg。

（3）操作要点：西红柿热烫去皮，去籽，磨碎成泥。胡萝卜去表皮、切片，然后煮沸水，加冰醋酸，把胡萝卜片放入煮沸水中煮 3 min，捞出打浆。洋葱去外衣，切去根，洗净，切碎磨成末。苹果洗净去皮，去核，切碎磨成泥。丁香、肉桂等洗净磨碎。在夹层锅中加入适量的水、醋、冰醋酸，加入各种香辛料加热煮沸，加盖焖 2 h，用绢布过滤，滤液为调味液。将所有配料加入搅拌锅中加热搅拌待盐溶化后打浆，再加调味液。

用调配好的烧烤调味汁烧肉或鱼，不需再加其他调味料。

（五）加馅烧烤油煎肠

1. 原料

2 号猪精肉（前腿肌肉，去脂肪，去筋）3.6 kg、猪腮肉 1.56 kg、猪背膘 0.6 kg、冰 1.08 kg、瘦五花肉（最高 30% 可见脂肪）4.44 kg、猪皮（已煮熟）0.36 kg、热水 0.36 kg。

2. 辅料

1 kg 肉馅添加的香辛料和添加剂：食盐 16 g、海拉宾（一种复合磷酸盐）3 g、海拉宾乌尔特拉斩拌助剂（以葡萄糖、乳糖、单甘酯为主的一种稳定剂）5 g、糖 20 g、防腐液 8 g、油煎肠香料 10 g、蒸煮肠液体香料 3 g、黑胡椒粉 1 g。

3. 加工方法

加工前，将猪皮清洗干净煮熟，加热水斩细，放入容器中冷却，备用；把猪皮用 2~3 mm 孔绞板，其他原料肉（瘦五花肉除外）用 3 mm 孔绞板分别绞一遍；将绞好的 2 号猪精肉、猪皮和食盐、斩拌助剂、防腐液、2/3 的冰等投入斩拌机，斩拌至 3℃；加入背膘，高速斩拌至 10℃；加入剩余的冰，继续斩拌至 12℃，制成基础馅；瘦五花肉用 8 mm 绞板绞一遍，加入香料，与基础馅混合均匀；将混合馅斩拌至 5 mm 左右；灌入合适的肠衣，在 76℃条件下蒸煮至中心温度达 72℃ 时止；冷却。

(六)胡椒食盐烤猪排

1. 配料

食盐2小勺,猪里脊肉4块,黄油3~4大勺,白兰地酒适量,黑胡椒2大勺。

2. 调制方法

在猪里脊肉上抹食盐和黑胡椒。将黄油放到铁锅上加热,再将肉放到上面烤,当烤出焦色后放白兰地酒烹,然后盛入盘中,再浇上事先准备好的美味沙司即可。

二、香辛料在肉制品中的应用

人类最早使用香辛料的历史是从肉类开始的。香辛料在肉制品中的作用有两个方面:去除、掩盖肉源腥膻味;留香、增香,提高肉制品风味。香辛料在中式肉制品中尤以香肠产品添加量最多,没有加香辛料的肉制品就没有象征性的肉源香气。香辛料的微生物特性,不仅影响到肉制品的品质,而且会影响产品的安全性。在肉灌制品中有些香辛料不能采用,如芥菜子,这是由于芥菜子中的酶与肉蛋白会产生一种不愉快乃至腐臭的气味。如芥菜子预先加热杀酶,也仅可用于新鲜香肠。此外,肉灌制品中也不常用菜椒。表6-25为与几种肉类加工相适应的主要香辛料。

表6-25　与几种肉类加工相适应的主要香辛料

肉类	主要香辛料
牛肉	胡椒、肉豆蔻、肉桂、洋葱、大蒜、姜、草果、小豆蔻、多香果
猪肉	胡椒、肉豆蔻、肉桂、丁香、月桂、百里香、陈皮、甘草、洋苏叶、小茴香、洋葱、大蒜
鸡肉	胡椒、肉豆蔻、肉桂、白芷、良姜、姜、葱、山奈
羊肉	胡椒、肉豆蔻、肉桂、丁香、多香果、洋苏叶、月桂、香叶、芹菜叶、甘牛至、鼠尾草
鱼肉	胡椒、肉豆蔻、姜、葱、洋葱、多香果、大蒜、小豆蔻、月桂、肉桂、香芹

(一)天然香辛料在肉制品中的使用原则

为了使加工的肉制品呈现出预期的独特风味与香味,天然香辛

334

料在肉制品中的使用要遵循以下几个使用原则。

1. 不能滥用

肉桂、小茴香、胡椒、大蒜、生姜、葱类等都可起到消除肉类异味、增加风味的作用,可作为一般香辛料使用,但大蒜的香味独特,应根据消费者的习惯来确定是否添加及添加量。

2. 不能过量

各种香辛料自身具有特殊香气,有的平淡,有的强烈,在使用剂量上不能等分。如肉豆蔻、甘草是使用范围很广的香辛料,使用量过大会产生涩味和苦味;月桂叶、肉桂等也会产生苦味;丁香过多会产生刺激味,并会抑制其他香辛料的香味;芥末、百里香、月桂叶、莳萝子使用过量会产生药味等。

3. 注重风味

设计每种复合香辛料时,应注重所加工产品的风味。如选用辣味香辛料时,需要根据其辣味成分:胡椒辣味是辣椒素和胡椒碱,生姜辣味是姜酮、姜醇等。

4. 互换性

某些芳香型香辛料,只要主要成分相类似,使用时可互相调换。如大茴香与小茴香,豆蔻与肉桂,丁香与多香果等。

5. 香辛料间的相乘或抵消效应

香辛料常常搭配使用,不同香辛料会产生相乘或抵消效应。如一般不将洋苏叶(天蓝鼠尾草)同其他多种香辛料并用。

6. 不同类型香辛料的使用比例

肉制品加工中使用的香辛料,有的以味道为主;有的香、味兼具;有的以香味为主,通常将这3类香辛料按6∶3∶1的比例混合使用。常用的各种香辛料风味分类如下:以呈味为主的香辛料中辣味的有辣椒、生姜、胡椒、芥末、草果、良姜、小豆蔻、大蒜、葱头,甘味的有甘草,麻味的有花椒,苦味的有陈皮、砂仁;以香和味兼有的香辛料有肉桂、山奈、丁香、大茴香、小茴香、芫荽、白芷、白豆蔻等;以芳香味为主的香辛料有洋苏叶、百里香、月桂叶、多香果等。

(二)西式肉制品加工中常用香辛料

1.以辛辣味为主的香辛料

胡椒:西式肉制品加工中,一般将胡椒粉或粒直接搅拌在肉馅中。

辣椒:干燥后粉碎成粒状加入肠馅中,可起增红、点缀与调味作用。

芥子:可作辛辣调味料,用于西式灌肠,如德国啤酒肠、德国猎人肠等。

辣根:辣根有强烈的辛辣味,一般用于罐藏食品调味,在西式肉制品中主要起调味、增香防腐作用,欧美食用普遍。

姜:姜有独特的辛辣气味和爽快风味,用于除腥调味。可将其榨成姜汁或制成姜粉等,加入灌肠、灌肚,以增加制品风味。

小豆蔻:小豆蔻是西式肉制品加工中一种重要的调味香料。含有小豆蔻的肉制品清香爽口,风味别致,并有清凉口感。常用于熏烤肉、鸡、鸭、肝肠、汉堡肉饼等肉制品中。

芫荽:种子是西式肉制品较常使用的香辛料之一。

罗勒:罗勒有辛甜的丁香样香气,有清凉感,对肉制品起增香、除腥气的作用。

迷迭香:迷迭香有清香凉爽气味和樟脑气,略带甘味和苦味,可去除肉类的腥味。在西方,通常在烤羊肉、烤鸡鸭、肉汤中加点迷迭香粉或其叶片共煮,可增加肉品的清香味。

鼠尾草:有强烈清香和苦味,略有涩味,芳香味与艾蒿相近。对矫正肉的腥味有良好效果。用于猪肉香肠、牛仔肉、炸鸡、烤肉、汉堡肉饼、火腿等。与月桂叶一起使用可除去羊肉的膻味。

百里香:百里香即使经长时间烹煮也能保存其香味,适合用在炖煮或烧烤肉制品上。百里香能去除肉腥膻味,多用于羊肉和鱼肉制品、肝香肠、血香肠。

甘牛至:甘牛至香味浓,有悦人的辛辣气,并带樟脑味,起提香、增味、去腥膻味作用,常用于德国猪肉干酪、肝香肠、白香肠、猪皮冻中。

牛至:牛至为香气型香辛料。牛至的干叶和花在北美通常用于制作比萨饼、午餐肉等。

杜松子浆果：杜松子浆果为常绿乔木杜松子树的果实。带有特有的刺鼻香味，用于作为西式肉制品（如培根）的腌制料，炖煮肉类时的调味，也可用于血香肠。

月桂叶：月桂叶香气清凉，带辛香和苦味，可去除肉腥味。干燥叶子味不重，但与食物共煮后则香味浓郁。月桂叶广泛用于清蒸猪肉罐头、汤汁类、肝酱类、烧烤肉制品及腌渍肉制品，如腌猪脚、猪舌、腌鸡等。

香荚兰：香味浓郁，有甜味，用于肝香肠、午餐肉中。

莳萝：莳萝有强烈的似小茴香气味，但味较清淡，温和，无刺激感。莳萝果实用于肉制品腌制，如午餐肉、香肠。

芹菜子：芹菜子在肉制品加工中可起到提味、增加营养、去膻味等作用。

龙蒿：在实际使用中龙蒿与鸡、鱼、鸡蛋能产生最传统的绝佳效果，如蛋卷肉馅等。龙蒿用于鸡肉，可有效减低鸡肉油腻程度和突出鸡肉的美味。

2. 香和味兼具的香辛料

肉豆蔻：可解腥增香，在西式肉制品中应用普遍。肉豆蔻皮，与肉豆蔻的香味成分几乎是同样的，和肉豆蔻同时并用或单独使用。

蒜：有强烈的蒜香味和辣味，香味有穿透性。用于肉制品可去除肉腥味，解油腻和增加制品蒜香味。蒜主要用于各类烟熏香肠。

小葱：味道较温和，辣味弱，在西式肉制品中有增加香味、除腥作用。

洋葱：有独特的辛辣味，味强烈，用于肉制品中有抑臭作用，是西式肉制品常用香料之一。可用于肝肠、猪皮冻、汉堡肉饼等，一般用洋葱粉、炸洋葱、烤洋葱。

多香果：多香果的香味近似桂皮、肉豆蔻、胡椒及丁香等的混合香味，因而有百味胡椒之称，用于波罗尼亚香肠、腌猪脚、猪皮冻等。

葛缕子：有解腥膻作用，用于各类香肠，如肝香肠。

欧芹：能有效掩去肉制品的不良味道而突出清新之处。

丁香:丁香在所有芳香性香辛料中最具芳香性,磨碎后加入肉制品中,香气显著。应注意在某些色泽艳丽或较清淡的产品中,防止由于丁香的使用量过大,造成产品发黑、发灰,影响质量。丁香在肉制品中主要起调味、增香作用,去腥膻脱臭为次,用于大香肠、肝香肠、猪皮冻中。

桂皮:气清香而凉似樟脑,味微甜辛,可提高肉的清香气,去除膻腥味,用于波罗尼亚香肠、血肠、西式火腿及午餐肉中。

3. 着色型香辛料

姜黄:姜黄有近似甜橙与姜、良姜的混合香气,略有辣味和苦味。与胡椒合用可强化胡椒味。在肉制品加工中起调味、增香作用。

藏红花:藏红花柱头有浓郁香味,味道甜略带苦味。用于烹制羊肉、家禽,起提味、增香作用。

4. 其他

阿月浑子果实:又称开心果,为漆树科黄连木属多年生落叶小乔木阿月浑子的绿色种仁。常用于西式灌肠(如午餐肉)肉馅中,起装饰、增加营养作用。

柠檬:所用部位为果实,柠檬味酸,气味清香,在西式肉制品加工中主要增加营养、提高风味和增添花色品种,及作为防腐剂、酸度调节剂和抗氧化剂的增效剂。

5. 香辛料在肉制品中的使用形态

西式肉制品生产厂多使用液体香辛料、微胶囊型、吸附型香辛料这3种类型的香辛料产品,具有使用方便、符合食品卫生要求且无可见杂质的优点。

香辛料本体直接加于西式肉制品中,是香辛料的传统使用方式。但香辛料本体易受虫害和细菌的污染,往往成为肉制品腐败的原因。除一些即做即卖的肉制品外,工厂化生产的带包装的西式肉制品很少直接使用香辛料本体,而采用将香辛料本体干燥后进行低温超微粉碎,最后经杀菌处理再用于肉制品中。

6. 西式肉制品加工中使用香辛料的方法

香辛料在西式肉制品中使用的目的是遮盖原料肉的腥膻气味并

赋予制品独特的风味。在实际使用中,应充分掌握香辛料特性及各种原料肉特性,根据当地消费者的口味,进行调配。

几乎所有的香辛料都有强烈的呈味性,此外以辛辣味为主的香辛料还可增进食欲。以香气为主的香辛料,往往有脱腥去膻、脱臭的效果,所以鸡肉、鱼肉、羊肉类,肝香肠、血香肠这些腥膻味重的西式肉制品,适合使用以香气为主的香辛料。猪肉、牛肉适合使用辛辣型香辛料,以及香和味兼具的香辛料。

胡椒、肉豆蔻是各种西式肉制品普遍使用的香辛料,白胡椒粉使用量为肉重的 0.2% ~0.4%,肉豆蔻粉为 0.05% ~0.1%。

西式肉制品香辛料的使用还有地域性的差异,如迷迭香、罗勒是意大利最有代表性的香草,而龙蒿是法国菜式中不可缺少的香草。迷迭香在意大利常用于烤羊肉,在英国则用于烤牛肉。

7. 香辛料与肉类香精及其他香精

香辛料虽然可以取得遮蔽肉中腥膻气味的效果,但却不能产生引起食欲的肉制品特有的肉香,肉类香精便可增强肉香味。肉制品使用熏烟味香精,不用烟熏就可产生烟熏味,还没有烟熏时产生的有毒物质,并可缩短加工时间。还有乳酪味、黄油味香精等。香辛料与肉类香精等共用,在西式肉制品加工中很普遍。

(三)香辛料在传统肉制品加工中的应用

香辛料在传统肉制品加工中主要以 4 种形式使用:整体物、粉碎物、抽提物及吸附物。整体物指经干燥、形状完整的香辛料,使用方便但呈味不充分;粉碎物指经干燥、粉碎呈颗粒状的香辛料,可直接与食品混合,能提高接触面积,但加工后残渣难分离、食品表面易呈黑点;抽提物指通过水相蒸馏、萃取等工艺,提取有效成分制成精油液,使用时直接加到食品中去;吸附物指将香辛料油、含油树脂与食盐、乳糖或淀粉等赋形剂结合的一种类型,该产品香气的散发性好,应用范围涉及到广泛的食品加工领域,如调味品行业中的风味酱油、醋、腐乳、渍菜的调味及调色;肉类制品如香肠、腊肉、鱼罐头的口感及外观的改善;以及制作特殊风味的凉果、肉松、休闲食品等。

采用香辛料油树脂使食品加工工艺简化,口味易于调节,从而加速新产品的开发。另外,香辛料油树脂也广泛用于膨化食品及炸鸡、方便食品中调味粉末的配制,在颜色、香味等方面突出了预期的效果。

用香辛料油树脂代替香辛料,具有计量准确、口味恒定、口感逼真、色泽易控制、简化工艺、使用方便、水油两用、应用面广、体积小、性能稳定等优点。香辛料油树脂可以根据具体产品的要求稀释到任意浓度,方便使用,如肉干的调味;在大块肉制品加工中可以使用水溶性香辛料进行注射,使香辛料快速分布均匀,可以外涂在产品的表面,增加风味,如丁香火腿;在酱卤产品煮制过程中直接加入,呈味迅速而且稳定,不留料杂,不需料袋,同时减少了搅拌的时间;禽类产品腌制时加入油树脂精粉可加快腌制速度,提高呈味效果;在烧烤肉制品中可以去掉香辛料的生味和杂味;在蒜味产品加工过程中可将乳化蒜精加入鸡皮或肥膘中起到杀菌的作用,延长保质期,防止蒜泥加入过量而产生糊味。

在肉制品加工实践中,中华民族有自己传统调配使用方法,即君、臣、佐、使调配大纲。君:代表自己产品的主味,也就是特色,包括香型、口感、回味。在调味品中,芳香浓郁的可做产品的香型,如大料汁、花椒汁、肉蔻汁等;辛、甜、苦、辣、酸,根据它们上嘴迟早的顺序,可做产品的口感和回味,如荜拨、良姜、山柰等。臣:确定出产品主味的同时,还要有辅助主味的更好原料称臣。相辅相成,使主味变得更好。佐:克制抑制的意思,不同的原料肉都有不好的腥味,佐即改变其不好味。使:调和作用,使诸味形成一个完整的风味。

气与味的调配:不同香辛料呈现不同的气味,其使用量的大小影响着整体风味的变化。不同香辛料各具特色,调配得当相互促进,能发挥各自优势;调配不当,则可能产生不利影响,有害身体。总结起来,几种情况必须牢记:单行相须、相使、相畏、相杀、相克、相反。单行是指一个产品,突出一种香气和单一口味或多种口味,也就是一气一味或一气多味,例如辣味肠,调味只用辣椒汁一味即可,因为辣椒汁香气独特,可以掩盖某些肉腥味,另外以辣遮百丑,属强刺激口感。怪味肠添加五味子,一气多味,单独使用,属酸香气,辛、甜、苦、辣、酸五味俱全,这些都是特殊口感香气。一般来讲,单一味不称味。相须、相使，两物以上同用，能够相互促进或一物使另一物某些气味或口感更好更浓。例如大茴汁、花椒汁配猪肉，丁香汁、白芷汁配鸡肉，苹果汁、大茴汁配牛肉。又比如：良姜汁与荜茇汁同用味更辛辣，肉蔻汁与桂皮汁香气更浓等。相杀、相克、相反，两种以上使用，起到降低、削弱、抵消等不良作用，这种情况则不能使用，例如花椒汁与牛肉气与味的调配，首先要突出产品的主香气，辛、甜、苦、辣、酸五味根据地区的不同，人们生活习惯不同，销售的层次不同，适当调配。例如麻辣牛肉必须是辣椒和牛肉香气，口感突出是辣味和麻味，这就是二气二味。例如叉烧肉，必须是肉蔻汁和桂皮汁，甜香气和糖甜味属一气一味等。

基础调味：产品首先应有一个基础风味，在基础风味的基础上，再突出产品特色，这样便于调配。例如五香汁，主要有砂仁汁、大茴汁、花椒汁、草果汁、桂皮汁、丁香汁、小茴汁、良姜汁、荜茇汁、甘草汁等，做五香产品为首选方剂。本方是以砂仁汁为"君"，大茴汁、花椒汁、丁香汁、桂皮汁、小茴汁为"臣"，草果汁去腥为"佐"，甘草汁调和诸味为"使"。该配方可做五香牛肉、里脊（注射滚揉）、火腿等产品。添加量为0.6‰~0.8‰，配合猪肉、牛肉、鸡肉香精更佳。在这个基础上，增加五香汁中某一品种量为"君"，所做出的产品风味就发生了变化。例如做猪肉制品增加大茴汁、花椒汁量，风味就发生变化，做鸡肉制品增加丁香汁量，做牛肉增加草果汁的量等，风味就变了，例如增加白蔻汁、香菜汁，就变成了清香型，增加辣椒汁就变成香辣型等。随心所欲任意调配，都能做出好风味。

表6-26中为几个肉制品添加配方，添加量以0.6‰（体积分数）计，若为0.8‰（体积分数）时只增加五香汁的量。

表6-26　肉制品添加配方（体积分数/‰）

君	臣	佐	使	产品特点
肉蔻汁0.1		五香汁0.5		突出肉蔻的油香味
白蔻汁0.1		五香汁0.5		突出白蔻的清香味
花椒汁0.3		五香汁0.3		回味是麻味，上嘴迟

续表

君	臣	佐	使	产品特点
辣椒汁 0.3		五香汁 0.3		回味是辣味,上嘴早
肉蔻汁 0.15	桂皮汁 0.1	草果汁 0.1 胡椒汁 0.1	五香汁 0.15	甜油香味,三明治用好
花椒汁 0.1	大茴汁 0.1	白蔻汁 0.1	五香汁 0.3	猪肉制品
丁香汁 0.1	白芷汁 0.1	五香汁 0.4		鸡肉制品
草果汁 0.15	白芷汁 0.1	五香汁 0.35		牛肉制品

　　选择使用调配:我国地大、人多、口味杂,调配需根据地区习惯进行。例如四川地区喜欢麻味,所以"君"选花椒汁,"臣"选辣椒汁、胡椒汁、干姜汁,"佐"加草果汁或山柰汁,"使"加甘草汁。花椒汁麻,但是上嘴迟,持续时间长;辣椒汁、胡椒汁辣,上嘴早,持续时间短,长短结合,麻辣结合,再加甘草汁柔和,麻得过瘾,辣得适度。湖南人喜辣并且是刺辣,所以辣椒汁为"君",干姜汁为"臣",山柰汁、良姜汁、荜茇汁任意调配,甜味不用或少用。南方喜甜,桂皮汁、大茴汁为"君",小茴汁、甘草汁为"臣",另外略加良姜汁、干姜汁等。北方口重、口杂,用大葱、大蒜、姜等作为香型,其他品种任意调使。

　　洋为中用,中西结合:肉制品市场的竞争,就是价格竞争;风味的竞争,也就是出品率的竞争,香辛料的竞争。西式产品出品率高,价格低,风味不适合人们食用习惯;传统产品出品率低,价格高,但备受人们青睐。在肉制品加工过程中,用水溶性香辛料调配西式产品和用西式工艺做传统产品已经取得了良好的效果。例如麻辣火腿、五香火腿肠。西式工艺做比传统产品出品率高,风味好(牛肉出品100%,猪手100%,肘子120%,以质量分数计)。

　　1.香辛料在粤式传统肉制品加工中的应用

　　粤式传统肉制品主要分为4大类:传统腌腊肉制品如广式腊肠、腊肉、腊板鸭等;广汕特色休闲肉制品如汕头猪肉脯、牛肉脯、五香牛肉干等;烧烤卤肉制品如卤猪杂、广州烧梅肉、广式烧鹅等;特色鱼肉制品如潮汕鱼肉丸、鲮鱼罐头等。不同种类传统肉制品营养风味各不相同,传统腌腊肉制品口味偏重、突出烟熏味,其他类型肉制品有"鲜、香、原"的风味特点。

香辛料在粤式传统肉制品中具有着香、矫臭、增色、调控微生物生长等作用。

(1)呈味增色:香辛料含低分子醇类、酯类、脂类等成分,加工中水溶性、油溶性成分缓慢释出而使传统肉制品中呈现不同风味。香辛料与肉制品中的糖类、蛋白质在酶促反应及非酶反应的促进作用下,使食物呈现不同深浅的酱卤色,部分香辛料自身色素含量也比较高,如姜黄、辣椒等。

(2)调控微生物生长:不同种类香辛料提取液、精油对菌种具有选择性促进和抑制作用,作用效力随浓度和作用时间的增加逐渐增大并具热稳定性。

(3)延长产品货架期:天然香辛料中含有一定量的黄酮类、萜类、生物碱类和不饱和烃类,具备抗氧化能力,对防止肉制品质量劣变、延长产品货架期有一定作用。

2.香辛料在即食优质蛋白乳糜中的应用

即食蛋白乳糜的主要原料是鸡胸肉和大豆,要想得到良好的风味,需要抑制大豆的豆腥味、鸡胸肉的腥臭味,突出豆香味和鸡肉的鲜香味。香辛料不仅对食品具有抑臭、赋香和调味的作用,还具有一定的抑菌防腐和药理作用。通过香辛料的选择使用,可改善鸡胸肉脂肪含量低而引起的风味不足和因大豆的加入所造成的口味缺陷,而使产品具有浓郁诱人的鲜香味,以提高产品的感官质量。

以鸡胸肉和大豆为原料,选择八角、桂皮、丁香、白芷、山奈、肉豆蔻、陈皮、小茴香、花椒、草豆蔻、草果、豆蔻 12 种肉制品常用的香辛料,以不同的配比制得乳糜。最佳配方为八角 0.2 g、桂皮 0.5 g、丁香 0.04 g、白芷 0.2 g、山奈 0.06 g、肉蔻 0.12 g、陈皮 0.2 g、小茴香 0.2 g、花椒 0.4 g、草蔻 0.08 g、草果 0.12 g、豆蔻 0.08 g,其中各种香辛料搭配和谐,风味圆满浓郁,但感官品评时发现香料味较重,肉香味不够突出。当在基础配方上总体用量减为 1/10 时,就起到了提味增香的作用。

三、香辛料在饮料中的应用

水果浓缩汁和天然植物提取液是水果饮料中常用的天然添加剂。天然提取物种类很多,例如甘草,加工后可作为饮料的天然抗氧化剂应用。在消费者注重天然风味及健康的因素下,运动饮料、特殊茶饮料、啤酒及乳品业的各个厂商为了摆脱低迷的市场,开始积极添加新风味的香料。

红茶饮料是以红茶茶叶的水提取液或其浓缩液、速溶红茶粉为原料,经加工而成,保持了红茶应有的风味的茶饮料。将银杏叶中的提取物,充分溶解在红茶饮料中制成的银杏红茶饮料,既不改变红茶本身具有的营养保健成分和作用,又增加了银杏叶中的营养保健物质,二者优势互补,相辅相成,营养更全面,效果更突出。

摩洛哥茶包(Lipton)在欧洲及北非地区被赞誉为美味灵感的主要来源,这种北非特色的茶包中采用了一系列香料,如桂皮、菊苣、玫瑰果、甘草、橙及薄荷,使其清新可口。除了奇异的香气以外,产品中所含的桂皮、甘草及薄荷的使用也使其定位于健康饮品。

英国 Firefly Tonics 公司的 Altu Black 是一种高质低糖可乐类饮料,是可口可乐和百事可乐的健康替代品。这种饮品是由牙买加姜根、马达加斯加波旁香草、斯里兰卡肉桂及其他各种各样的柑橘油做成的,它有一种自然香甜的味道,略像可乐。

四、香辛料在食品馅料中的应用

在制作馅心时,首先,要以主料的香味为主,辅料适应或衬托主料的香气,使主料的香味更为突出,如新鲜的鸡、鱼、虾、蟹等,味鲜香而纯正。做馅时,应保持并突出其固有的自然香味,这时可配以笋、茭白等蔬菜,以增加衬托其鲜香。其次,做馅时要以辅料的香味弥补主料的不足。例如:鱼翅、海参等海鲜馅原料,经过涨发、除去腥味后,本身已没有什么滋味,这时就需用鸡肉、火腿、猪蹄、高汤等做辅料,以增加其鲜香。

面点馅心按生熟可分为生馅和熟馅两大类。生馅就是原料经刀工处理后直接进行调味拌制而不需要加热成熟,直接包入面点坯皮的馅料。生肉馅又叫肉馅,是生馅的一种,以畜肉类为主,辅以其他如禽类或水产品等,斩剁后,一般经加水或掺冻,和调味品搅拌而成。其质量要求是鲜香、肉嫩、多卤汁、保持原料原汁原味,如猪肉大葱馅、猪肉三鲜馅、羊肉馅等。在北方生肉馅多以水打馅为主,南方则多以掺冻馅为主。下面就以水打馅、掺冻馅为例,简述香辛料在生肉馅制作中的应用。

(一)水打馅

水打馅又名水馅,因在馅中加鲜汤、花椒水或清水等液体而得名。其调制方法如下:将鲜畜肉绞碎或剁碎,放入容器中,加入酱油、盐搅拌,使酱油、盐吃入肉中,再徐徐加入鲜汤等继续搅拌,使之完全吃入馅中,然后放入香油、葱姜末、味精等调和而成。水打馅的特点是鲜香、肉嫩、爽滑。

(二)掺冻馅

掺冻是南方制馅常用的方法,适宜于小笼包子、汤包等。制作方法如下:将熬好的皮冻冷却凝结,剁碎后放入剁好的肉馅中,加入各种调味料拌和而成。掺冻馅的特点是鲜嫩、卤汁多、吃口好。

(三)水饺馅

在北方逢年过节都要吃饺子,现在南方也兴起吃饺子。同样的馅料,做出饺子的口味差异与其配料有关。下面介绍几种美味水饺馅的做法:

1. 三鲜水饺馅

原料:猪肉 400 g,水发干贝 20 g,水发海米、水发海参各 25 g,水发木耳 50 g,香油或麻油 25 g,酱油、精盐、味精、葱、姜适量。

做法:猪肉剁碎,姜切细末,加入酱油、精盐、味精、香油和清汤搅拌好,再将海参、海米、干贝、木耳、葱、姜等切碎切细,加入混好的馅中,搅拌成馅。

特点:鲜香嫩滑可口。

2. 红油水饺馅

原料:猪前腿瘦肉 300 g,海米 25 g,鸡蛋 1 个,红酱油、蒜、葱、姜、辣椒油、味精、精盐、料酒、香油适量。

做法:猪肉剁成泥。海米洗干净,用水泡好剁碎。姜捣汁,蒜剁成泥,加少许凉开水和香油调成汁。猪肉馅加精盐、料酒、酱油,用泡海米的水和匀,加入姜汁,再加入海米、鸡蛋,搅拌成馅。

五、香辛料在面制品中的应用

谷类食品中加香辛料的主要以面食为主。面制品中使用香辛料的目的主要是提供鲜明特征的香气,有时则为了掩盖某些面食品的不良气味。面食可分甜香面食和咸香面食两类。甜香面食以焙烤型加工为主,如面包、饼干等,西式面包常用肉桂、香荚兰或葛缕子以增香。如西式苹果馅饼中主要使用的香辛料是肉桂,配以少量的众香子、肉豆蔻衣、八角茴香和小茴香;法式面包卷以小豆蔻为主要的风味料;意大利风味小吃的炸面卷、松饼等中,肉豆蔻和肉桂是必用香辛料;当然芝麻是饼干中常用的增香物质。咸香面食是以蒸、煎、炸、煮、烤为主的食品,如比萨饼、南瓜饼、面条等。西式南瓜饼中可用入多种香辛料,主要有鼠尾草、百里香、黑胡椒、肉桂、肉豆蔻、生姜、丁香等;咸味面包卷中则以胡椒、细香葱、蒜、芫荽子以改良风味;美国的姜味面包是生姜、肉桂和胡椒粉的配合。许多膨化食品中也加入了香辛料,如微辣薯条以洋葱末、蒜末、辣椒末为主,配以少量的芹菜子粉、枯茗粉、丁香粉、众香子粉、肉桂粉和黑胡椒粉为风味料。与面制品配合的香辛料见表 6 – 27。

表 6 – 27 香辛料与面制品的配合

面食种类	香辛料
甜香面食	肉桂、薄荷、甘牛至、肉豆蔻、葛缕子、茴香、芝麻、香荚兰、罗勒
咸香面食	洋葱、蒜、韭菜、细香葱、鼠尾草、枯茗、众香子、欧芹、葛缕子

(一)面点制品用香辛料注意事项

香气是鉴定面点特色的重要感官指标之一,面点制作中应以自然香气为主,体现面点的自然风格特色。当制品的香气不能表达或代表面点的时候,常常使用香辛料。使用过程中应注意以下 2 个方面。

1.选择合适的天然香辛料

在面点制作、馅心烹调中,我国使用的天然香辛料比较多,有桂皮、花椒、八角、小茴香、丁香、桂花等,天然香辛料的合理使用赋予了某些面点品种以自然奇特的香气。一些家庭制作的面点,如葱花油饼、烙饼等,也都使用葱、茴香、花椒等天然香辛料。

2.控制使用合成香料

合成香料又称食用香精,可分为水溶性和油溶性两大类。水溶性香精是用蒸馏水、乙醇、丙二醇或甘油为溶剂,调配各种香料而成,一般为透明液体,由于其易于挥发,所以适用于冰激凌、冻类、羹类等,不宜用于高温成熟的面点品种。油溶性香精是用精炼植物油、甘油或丙二醇为溶剂与各种香料配制而成,一般是透明的油状液体。主要用于馒头、饼干、蛋糕等需高温加热面点的加香。

以上两类香精目前大多为模仿各种水果类香型而调和的果香型香精,使用较广的有橘子、香蕉、杨梅、菠萝等口味类型,此外,也有其他类型,如:香兰素、奶油、巧克力、乐口福、蜂蜜、桂花等香精品种。其中香兰素俗称香草粉,是使用最多的赋香剂之一,其用于蛋糕、饼干等烘焙面点品种中,既掩盖了蛋腥味,又使糕点香气宜人。

与其他添加剂一样,在使用合成香料时,应遵照产品所规定的用量使用,防止对人体有害。如:水溶性香精最大使用范围为 0.15% ~ 0.25%,油溶性香精最大使用范围为 0.05% ~ 0.15%。

(二)面点香气成分的保护

适宜的香气可以增加面点的特色,但烹饪过程中产生的香气,由于氧化或蒸发等原因,一般都具有散失性,虽然有一小部分仍保留在面点成品中,但随着时间的流逝也不断地减弱,特别是随着成品温度的下降,其香味散失越明显。为了保护面点中的香气成分不至于过分散逸,在面点制作中应注意以下几点:其一,面点要及时熟制,及时品尝。防止温度降低,香气散失殆尽,最好及时趁热品尝。其二,根据原料的特性不同,采用合适的加工方法,掌握最佳的投放时机。其三,提倡使用包馅制品。成熟后面皮形成了不透气的隔热层,封闭了馅料中的香气,使之不致散逸,当趁热品尝、咬破面皮时,卤汁涌出,香气始出,最重要的是完整保留了香气。

六、香辛料在食品汤料中的应用

现市场供应的汤料有方便汤料、方便面汤料多种,以方便面汤料的生产量大。几乎所有的方便面汤料都以重香辛料为特色,在矫味的同时,增强风味强度。汤料用香辛料见表6－28。

表6－28　汤料用香辛料

汤料种类	香辛料
鱼汤料	胡椒、生姜、百里香、丁香、芹菜、肉桂、八角、洋葱、月桂叶
牛肉汤料	胡椒、肉豆蔻、大蒜、迷迭香
猪肉汤料	胡椒、肉豆蔻、百里香、鼠尾草、小茴香、姜粉、芹菜子
鸡肉汤料	胡椒、红辣椒、芹菜子、丁香、肉豆蔻、洋葱、大蒜、小茴香、菜椒
蔬菜汤料	桂皮、丁香、洋葱、月桂叶、芹菜子

在产品形态上,一般很少用未加工的原料辣椒,都是干燥后粉碎成粗细不同的粉末状。辣椒的用途遍及中式和西式餐饮的许多菜肴。如中式的麻婆豆腐、辣子鸡丁、担担面的汤料等;西式的有意大利面条的沙司等;另外,韩国的辣白菜叶汁、高丽酱等都使用大量辣椒。

面条的汤料中经常加进蒜味油脂。葱头同生姜和大蒜一样,不仅是香辣调料,还是植物性天然提取物的重要品种,其产品形态一般为液态。葱头的油泥状物具有很强的烤香型香气,可将其用于各种塔菜、汤料,能大幅提高产品的香气,比如各种汤面浓缩调料、乌斯塔沙司、意大利面条用沙司等。

美味佳汤历来受人们所喜爱。我国的制汤技术高超,有各种各样的具有中华民族特色的名汤,如排骨莲子汤、三鲜汤、花生红枣汤、百合木耳汤,以及具有西北地方风味的牛肉汤、羊肉汤等,这些汤都有一定的滋补、强身作用,为民间营养佳品。

现在已开发出各式香辛复合方便汤料。方便面是人们普遍食用的方便食品之一,方便面的生产厂家遍及全国各地,市场竞争非常激烈。方便面的质量基本上可分为两大部分,一是面条的质量,二是汤料的质量。方便面的风味很大程度上依赖汤料调出的滋味,方便面的名称大多以汤料的风味命名,如牛肉面、鸡肉面突出的是牛肉风味、鸡肉风味。

汤料的配方设计,总体要反映出符合本品种的色、香、味特色,然后根据需求、产地的口感,合理比例进行调配,反复试验,征求意见,最后确定调味汤料的配方。汤料形式包括有粉包、油包、酱包、软罐头。汤类种类包括有:液体猪肉汤类、"羊肉酱风味"的汤料等。

(一)液体猪肉汤料

使用猪肉为主原料制成的液体猪肉汤料,除具有自然界中多种复杂的鲜味成分外,还具有嗜好性的多种猪肉香气成分。此产品在拌凉菜或烹调时使用,可简便地实现荤素结合,美味可口;可作方便食品的汤料使用。使用香辛料配比(占肉质量的百分数):肉豆蔻1.3%、八角0.7%、姜5%、葱6%、小茴香0.5%。

(二)"羊肉酱风味"的汤料

配方:羊肉100 kg,色拉油20 kg,棕榈油20 kg,羊油10 kg,香油2 kg,鲜葱3.2 kg,鲜姜1.6 kg,辣椒面1.0 kg,胡椒面0.5 kg,白砂糖2.5 kg,食盐2.5 kg,八角0.16 kg,羊骨汤60 kg,酱油25 kg,味精0.5 kg,山梨酸钾0.05 kg,异维生素C钠0.05 kg,卡拉胶0.24 kg,成品酱合计150~160 kg。

(三)牛羊肉汤料

主要使用香辛料包括辣椒、香菜。其他的香辛料原料要求无虫蚀、无异味、无霉变并具有各自特有的香味。

1. 工艺流程

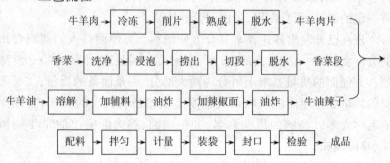

2. 工艺要求

(1)牛(羊)肉的处理:将新鲜牛(羊)肉在低于 - 10℃的温度下冷冻,用削肉机削成薄片,放入沸腾的调料水中马上捞出,然后经冻干后备用。

(2)香菜的处理:将新鲜香菜洗净后放入 pH 7.5~8.0 的水中浸泡 1 min 左右捞出,切成 2 cm 左右的小段,经冻干脱水后备用。

(3)辣椒面的处理:将牛油溶解烧至八成热,按一定比例加入一些调料油炸 1 min 左右过滤,再加入辣椒面进行油炸,冷却后备用。

(四)牛肉炸酱汤料

使用香辛料包括葱、蒜、砂仁、豆蔻、胡椒、花椒、八角茴香、桂皮、丁香。制备牛肉炸酱汤类前,先将葱、蒜剥皮、清洗,葱切成约 10 cm 长的葱段;蒜要用刀垛成蒜蓉;姜清洗干净后切成薄片状与砂仁、肉蔻、山楂片一起用纱布包住,捆扎结实后制成调料包。胡椒、花椒、八角茴香、桂皮、丁香最好以粉状加入,这样可以增加成品汤料的风味。适量的香辛料可去除牛肉特有的不良风味,但不宜过多。

牛肉炸酱的配方(质量分数/%):牛肉 25,牛油 6,棕榈油 5,砂糖 12,味精 8,番茄酱 20,甜面酱 30,水 20,精盐 2.5,酱油 6,料酒 0.8,葱 1.0,姜 1.5,蒜 2.0,花椒粉 0.3,胡椒粉 0.3,辣椒粉 0.3,八角茴香粉 0.3,肉豆蔻 0.05,山楂片 0.1,砂仁 0.05,桂皮粉 2.1,丁香 0.02,山梨酸钾 0.03。

(五)大米风味汤料

日本开发具有大米营养风味、以米为基质的风味汤料,其特点是以磨碎大米制成米浓汤为基料、添加含量低的调味液和必要风味原料。

汤料基料可用白米或糙米或两种米混合物,欧美风味的原料可用秋葵、咖哩、调味番茄酱、玉米、南瓜等。日本风味原料可使用扇贝等贝类、萝卜、香菇等蔬菜及紫苏、梅、纳豆等。这些风味原料均煮熟,完全磨碎后使用。此外,也可添加化学调味料谷氨酸钠、呈味核苷酸、维生素、矿物营养素等。将调整好的调味液与风味料添加到米基料中,混合后得到浓汤状混合物,于80℃以上温度充填到包装容器内,密封后于121℃加热杀菌15 min以上。包装容器除使用罐头外,也可用耐热性复合薄膜,还可在无菌状态下填充到纸容器中。

1. 基料调制方法

取白米480 g淘洗干净,放入7.8 L水浸泡30 min,煮沸后用文火煮,再用均质机均质得白米基料7.8 kg,另取白米、糙米各240 g进行同样处理。

2. 咖喱风味米汤料

取上述白米基料(或白米糙米基料)2.3 kg,清炖鸡汤1.61 kg,牛乳690 g,加热后加盐、味精、咖喱粉;利用热罐装法装入罐中(200 g/罐)密封,121℃加热杀菌15 min。

3. 番茄风味米汤料

取上述白米基料2.3 kg,清炖鸡汤2.07 kg,调味番茄酱230 g,加热后加食盐、红辣椒,利用热罐装法装入200 g罐中,密封,121℃加热杀菌15 min。

七、香辛料在火锅调料中的应用

目前使用香辛料种类最多的还是以四川麻辣火锅为代表,其次为四川卤菜,其香辛料可与麻辣火锅香料互用,只是在品种用量上有一些差别。

(一)川味火锅香料

川味火锅中常用的香辛料有甘菘、丁香、八角等。

1. 甘菘

在麻辣火锅汤料或卤菜中常用的一种毛绒绒、黑褐色的根状香料,成都人称为香草,重庆人称其为香菘,其名称为甘菘,又名甘菘香。甘菘气味辛香,近似强烈的松节油气味,具有理气止痛、醒脾的作用,是被用作治疗胸腹胀痛、胃痛呕吐、食欲不振、消化不良的一味中药。在麻辣火锅汤料或卤水中加入此香料,其香味浓郁。不过要注意量的把握,一次用量不宜超过 5 g,否则香气"腻人"。

2. 丁香

在烹调中的用量应在 1 ~ 2 g 以内,不可多用。

3. 八角

在烹调中无论是火锅、红烧、卤水均可使用。由于对其香味的喜好因人而异,故在使用中比较灵活,以 5 ~ 10 g 为宜。

4. 小茴香

广泛用于红烧、卤水、麻辣火锅中。在火锅中可适当加大用量,比如 10 ~ 20 g 或更多一些。

5. 草果

烹调中可拍破或整粒使用,作为香辛料与牛肉同烧或同卤,其风味尤佳。草果在麻辣火锅和卤水中也不得多用,放 3 ~ 5 个较为合适。

6. 砂仁

用于火锅和卤菜中不可过多,以 3 g 以内为宜。

7. 灵草

又名灵香草、零陵香,为报春花科珍珠菜属植物。属多年生草本,有浓烈香气,性味甘平。在麻辣火锅中运用,一般用量不超过 5 g。

(二)川味火锅料的调制

川味火锅虽然品种繁多,但归结起来只有两大类:一类是白汤火锅,另一类是红汤火锅。当然,最具川味特色的还要数红汤火锅。

红汤火锅的典型代表为"毛肚火锅"。"毛肚火锅"起源于山城重庆,是红汤火锅的鼻祖,如今许多红汤火锅品种都是在它的基础上派生出来的。正宗的重庆"毛肚火锅"调制时重用牛油,主要依靠牛油来提香,而且其传统做法几乎不加其他香料,花椒除外。这种火锅的特点是,味道厚重,麻辣味特别突出,汤汁红亮略显浓稠。成都地区的红汤火锅调制时主要用菜油,同时辅以适量的牛油,并加入了各种香辛料。

制作红汤火锅的关键在于火锅底料的炒制。炒制火锅底料时,不仅要掌握好各种原料的用量和比例,而且要掌握好正确的炒制方法。虽然各个火锅店炒制火锅底料时所选用的原料和采用的方法有一定差异,但基本原料和基本方法一致。

火锅底料的炒制,以 5 份锅底料计,用到的原料:菜油 2500 g、牛油 1500 g、郫县豆瓣 1500 g、干辣椒 250 g、生姜 100 g、大蒜 200 g、大葱 200 g、冰糖 150 g、醪糟汁 500 g、八角 100 g、山奈 50 g、桂皮 50 g、小茴 50 g、草果 25 g、紫草 25 g、香叶 10 g、香草 10 g、公丁香 5 g。

菜油先炼熟;牛油切成小块,郫县豆瓣剁细;干辣椒入沸水锅中煮约 2 min 后,捞出绞成茸,即成糍粑。辣椒、生姜拍破;大蒜去皮剥成瓣;大葱挽结;冰糖敲碎;八角、山奈、桂皮掰成小块;草果拍破。

炒锅置中火上,炙锅后倒入菜油烧热,放入牛油熬化,投入生姜、蒜瓣、葱结爆香,接着下入郫县豆瓣和糍粑辣椒,转用小火慢慢炒 1 ~ 1.5 h,至豆瓣水气炒干、香气四溢且辣椒微微发白时,拣出锅中葱结不用。

随即下入八角、山奈、桂皮、小茴香、草果、紫草、香叶、香草、公丁香等,继续用小火炒 15 ~ 20 min,至锅中香料色泽变深时,下入冰糖、醪糟汁,用小火慢慢熬至醪糟汁中的水分完全蒸发,这时将锅端离火口,加盖焐至锅中原料冷却,即成火锅底料。

火锅底料大批量的炒制方法和小批量的炒制方法有一定差异。小批量的炒制一般要将其中的香料打成粉末,并减少其用量,同时还要适当地缩短香料的炒制时间。

火锅底料炒制好以后,面上都浮有一层油。可将这层油打出一部分作为老油,以备下次炒制时作"母油"使用,这样可使火锅底料的香味更加浓郁醇厚。

参考文献

[1] 王国强. 全国中草药汇编[M]. 北京:人民卫生出版社,2000.

[2] 王建新,衷平海. 香辛料原理与应用[M]. 北京:化学工业出版社,2004.

[3] 徐清萍. 香辛料生产技术[M]. 北京:化学工业出版社,2008.